职业教育机电类
系列教材

计算机辅助设计

——AutoCAD 2018 中文版基础教程

微课版 | 第5版

杨洪兴 高清冉 刘海燕 / 主编

王军 赵子金 王舒瑶 蔡继永 刘宗川 / 副主编

ELECTROMECHANICAL

人民邮电出版社
北 京

图书在版编目（CIP）数据

计算机辅助设计：AutoCAD 2018中文版基础教程：微课版 / 杨洪兴, 高清冉, 刘海燕主编. -- 5版. -- 北京：人民邮电出版社, 2022.10（2023.7重印）
职业教育机电类系列教材
ISBN 978-7-115-58746-6

Ⅰ．①计… Ⅱ．①杨… ②高… ③刘… Ⅲ．①计算机辅助设计－AutoCAD软件－职业教育－教材 Ⅳ．①TP391.72

中国版本图书馆CIP数据核字(2022)第033641号

内 容 提 要

本书结合实例讲解 AutoCAD 绘图知识，重点培养学生的绘图技能，提高学生解决实际问题的能力。全书共 12 章，主要内容包括 AutoCAD 用户界面及基本操作，设置图层、颜色、线型及线宽，绘制直线、圆及简单平面图形，绘制多边形、椭圆及简单平面图形，编辑图形，二维高级绘图，参数化绘图，书写文字和标注尺寸，查询信息、图块及外部参照，绘制机械图，三维建模，打印图形等。

本书既可作为职业院校机械类相关专业“计算机辅助设计与绘图”课程的教材，也可作为工程技术人员及计算机爱好者的自学参考书。

◆ 主　　编　杨洪兴　高清冉　刘海燕
　副 主 编　王　军　赵子金　王舒瑶　蔡继永　刘宗川
　责任编辑　刘晓东
　责任印制　王　郁　焦志炜
◆ 人民邮电出版社出版发行　　北京市丰台区成寿寺路 11 号
　邮编　100164　电子邮件　315@ptpress.com.cn
　网址　https://www.ptpress.com.cn
　三河市祥达印刷包装有限公司印刷
◆ 开本：787×1092　1/16
　印张：16.75　　　　　　　　2022 年 10 月第 5 版
　字数：416 千字　　　　　　 2023 年 7 月河北第 2 次印刷

定价：59.80 元

读者服务热线：(010)81055256　印装质量热线：(010)81055316
反盗版热线：(010)81055315
广告经营许可证：京东市监广登字 20170147 号

习近平总书记在党的二十大报告中强调，各级党委和政府要高度重视技能人才工作，大力弘扬劳模精神、劳动精神、工匠精神，激励更多劳动者特别是青年一代走技能成才、技能报国之路，培养更多高技能人才和大国工匠，为全面建设社会主义现代化国家提供有力人才保障。在我国，AutoCAD 已经广泛应用于机械、建筑、测绘及装潢等行业，成为工程技术人员必须掌握的设计绘图工具之一。本书以全面贯彻党的二十大精神为指导思想，以社会主义核心价值观为引领，传承中华优秀传统文化，坚定文化自信，使内容更好体现时代性、把握规律性、富于创造性，以职教 20 条"提出的"建设一大批校企'双元'合作开发的国家规划教材""配套开发信息化资源""岗课赛证"综合育人和相应专业"1+X"证书的要求为目标，详细介绍AutoCAD 的操作方法、绘图方法和绘图技巧。

AutoCAD 是 CAD 技术领域中一个基础性的应用软件，其丰富的绘图功能及简便易学的优点，受到了广大工程技术人员的普遍欢迎。目前，AutoCAD 已广泛应用于机械、电子、建筑及船舶等工程设计领域，极大地提高了设计人员的工作效率。

本书根据教育部高职高专最新教学指导方案的要求，并以《全国计算机信息高新技术考试技能培训和鉴定标准》中"职业技能四级"（操作员）要求的知识点为标准，专门为职业院校编写。学生通过本书的学习，可以掌握 AutoCAD 的基本操作方法和实用技巧，并为顺利通过相关的职业技能考试打下坚实的基础。

本书实用性强，具有以下特色。

* 在内容的组织上突出了易懂、实用的原则，精心选取了 AutoCAD 的一些常用功能，以及与机械绘图密切相关的知识。
* 本书专门安排了一章内容介绍用 AutoCAD 绘制典型零件图的方法。通过这部分内容的学习，学生可以了解用 AutoCAD 绘制机械图的特点，并掌握一些实用的绘图技巧，从而提高解决实际问题的能力。

本书是在第 4 版图书的基础上修订而成的，保持了原有教材的整体框架结构及鲜明特色。编者在考虑了广大读者的使用意见的基础上，着重对其中的实践性教学内容进行了修订。

建议本书教学时间为 72 学时：教师用 32 学时来讲解课程理论内容，再配以 40 学时的上机实践，即可较好地完成教学任务。全书分为 12 章，主要内容如下。

* 第 1 章：介绍 AutoCAD 技术的基本概念和 AutoCAD 的基本操作方法。
* 第 2 章：介绍图层、线型和颜色的设置及图层状态的控制。
* 第 3～4 章：介绍直线、圆和圆弧、椭圆及矩形等基本几何图形的绘制方法。
* 第 5 章：介绍常用的图形编辑方法。
* 第 6 章：介绍 AutoCAD 的一些高级功能并讲解绘制复杂图形的一般方法。

- 第 7 章：介绍参数化绘图的方法。
- 第 8 章：介绍书写文字及标注尺寸的方法。
- 第 9 章：介绍查询图形信息、图块和外部参照的用法。
- 第 10 章：通过实例说明绘制机械图的方法和技巧。
- 第 11 章：介绍创建三维实体模型的方法。
- 第 12 章：介绍打印输出图形的方法。

本书配有二维码，读者可通过扫码观看视频，先看再练，轻松学习。也就是说，读者可用一种全新方式高效地学习 AutoCAD，即边观看视频边模仿操作。

本书由杨洪兴、高清冉、刘海燕任主编，王军、赵子金、王舒瑶、蔡继永、刘宗川任副主编，具体分工如下：杨洪兴、赵子金、王军编写第 1 章～第 4 章，高清冉、王军、王舒瑶编写第 5 章～第 8 章，刘海燕、王军、蔡继永、刘宗川编写第 9 章～第 12 章。

限于编者的水平，书中难免存在疏漏之处，敬请各位读者指正。

编　者

2023 年 5 月

目 录

第1章
AutoCAD 用户界面及基本操作

要想利用 AutoCAD 顺利地进行工程设计，首先应学会怎样与绘图程序"对话"，即如何下达命令和产生错误后应怎样处理等；其次要熟悉 AutoCAD 窗口界面，并了解组成 AutoCAD 程序窗口每一部分的功能。

本章将介绍 AutoCAD 的一些基本操作和 AutoCAD 2018 用户界面。

通过本章的学习，读者可以了解 AutoCAD 2018 用户界面的组成和各组成部分的功能，并掌握一些常用的基本操作等。

【学习目标】

- 调用 AutoCAD 命令的方法。
- 选择对象的常用方法。
- 快速缩放、移动图形及全部缩放图形。
- 重复命令和取消已执行的操作。
- 新建、打开及保存文件。
- 熟悉 AutoCAD 2018 用户界面。

1.1
AutoCAD 基本操作

本节介绍用 AutoCAD 绘制图形的基本过程，并介绍常用的基本操作。

1.1.1 绘制一个简单图形

下面通过例 1-1 介绍如何绘制一个简单图形。

【例 1-1】 用 AutoCAD 绘制一个简单图形。

（1）启动 AutoCAD 2018。

（2）单击 按钮，选择【新建】/【图形】命令，打开"选择样板"对话框，如图 1-1 所示。该对话框中列出了用于创建新图形的样板文件，

例 1-1

默认的样板文件是"acadiso.dwt"。单击 打开(U) 按钮，开始绘制新图形。

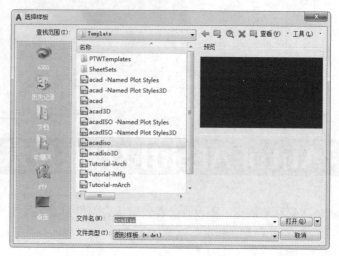

图 1-1　"选择样板"对话框

（3）按下状态栏上的⊕、∠及▯按钮。注意，要关闭▦、▨和┿按钮（默认是按下的）。

（4）单击"默认"选项卡中"绘图"面板上的∕按钮，AutoCAD 提示如下。

命令：_line 指定第一点：	//单击点 A，如图 1-2 所示
指定下一点或[放弃(U)]：520	//向下移动光标，输入线段长度并按 Enter 键
指定下一点或[放弃(U)]：300	//向右移动光标，输入线段长度并按 Enter 键
指定下一点或[闭合(C)/放弃(U)]：130	//向下移动光标，输入线段长度并按 Enter 键
指定下一点或[闭合(C)/放弃(U)]：800	//向右移动光标，输入线段长度并按 Enter 键
指定下一点或[闭合(C)/放弃(U)]：c	//输入选项"C"，按 Enter 键结束命令

结果如图 1-2 所示。

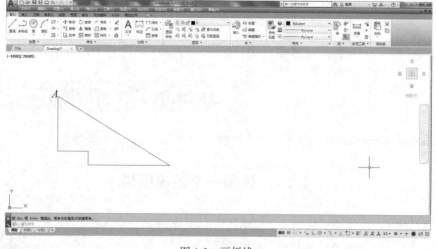

图 1-2　画折线

（5）按 Enter 键重复画线命令，画线段 BC，如图 1-3 所示。

（6）单击程序窗口上部的↶按钮，线段 BC 消失，再单击该按钮，连续折线也消失。

单击 ⟲ 按钮，连续折线又显示出来，继续单击该按钮，线段 *BC* 也显示出来。

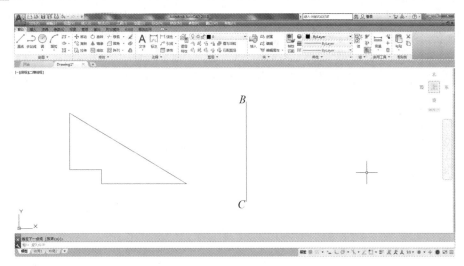

图 1-3　画线段 *BC*

（7）输入画圆命令的全称 CIRCLE 或简称 C，AutoCAD 提示如下。

命令：CIRCLE	//输入命令，按 Enter 键确认
指定圆的圆心或[三点(3P)/两点(2P)/切点、切点、半径(T)]：	
	//单击点 *D*，指定圆心，如图 1-4 所示
指定圆的半径或[直径(D)]：150	//输入圆的半径，按 Enter 键确认

结果如图 1-4 所示。

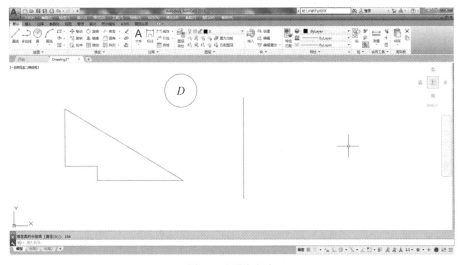

图 1-4　画圆（1）

（8）单击"默认"选项卡中"绘图"面板上的 ⊙（圆）按钮，AutoCAD 提示如下。

命令：_circle 指定圆的圆心或[三点(3P)/两点(2P)/切点、切点、半径(T)]：	
	//将鼠标指针移动到端点 *E* 处，系统自动捕捉该点，单击鼠标左键确认
指定圆的半径或[直径(D)] <100.0000>：200	//输入圆的半径，按 Enter 键

结果如图 1-5 所示。

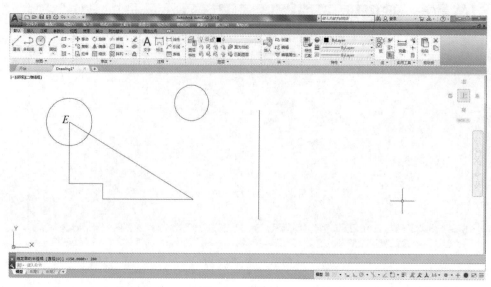

图 1-5　画圆（2）

（9）单击导航栏上的 按钮，鼠标指针变成手的形状 ✋。按住鼠标左键向右拖动鼠标指针，直至图形不可见为止，按 Esc 键或 Enter 键退出。

（10）单击导航栏上的 按钮，图形又全部显示在窗口中，如图 1-6 所示。

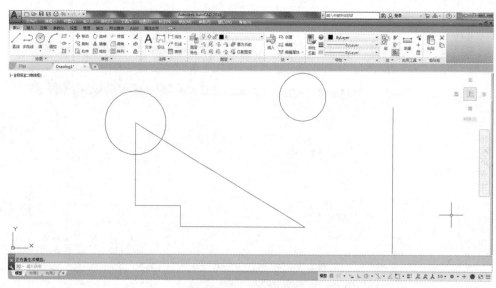

图 1-6　全部显示图形

（11）单击导航栏 按钮下边的 按钮，在弹出的列表中选择"实时缩放"选项，鼠标指针变成放大镜形状 🔍，此时按住鼠标左键并向下拖动鼠标指针，图形缩小，如图 1-7 所示。按 Esc 键或 Enter 键退出，也可单击鼠标右键，在弹出的快捷菜单中选择【退出】命令。该快捷菜单上的【范围缩放】命令可使图形充满整个图形窗口显示。

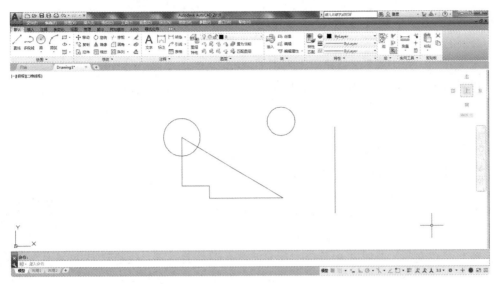

图 1-7　缩小图形

（12）单击"默认"选项卡中"修改"面板上的 ✏️（删除对象）按钮，AutoCAD 提示如下。

命令：_erase
选择对象：　　　　　　　　//单击点 F，如图 1-8 左图所示
指定对角点：找到 4 个　　　//向右下方移动鼠标指针，出现一个实线矩形窗口
　　　　　　　　　　　　　　//在点 G 处单击鼠标左键，矩形窗口内的对象被选中，被选对象灰化显示
选择对象：　　　　　　　　//按 Enter 键删除对象
命令：ERASE　　　　　　　 //按 Enter 键重复命令
选择对象：　　　　　　　　//单击鼠标选中点 H
指定对角点：找到 2 个　　　//向左下方移动鼠标指针，出现一个虚线矩形窗口
　　　　　　　　　　　　　　//在点 I 处单击，矩形窗口内及与该窗口相交的所有对象都被选中
选择对象：　　　　　　　　//按 Enter 键删除圆和直线

结果如图 1-8 右图所示。

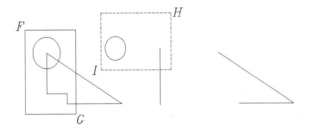

图 1-8　删除对象

1.1.2　工作空间

利用状态栏上的 ⚙ 按钮可以切换工作空间、另存或自定义工作空间。工作空间是 AutoCAD 用户界面中包含的工具栏、面板及选项板等的组合。当用户绘制二维图形或三维图形时，就切

换到相应的工作空间，此时 AutoCAD 仅显示与绘图任务密切相关的工具栏及面板等，而隐藏一些不必要的界面元素。

单击 ⚙ 按钮，弹出菜单，该菜单上列出了 AutoCAD 的工作空间名称，选择其中之一，就切换到相应的工作空间。AutoCAD 提供的默认工作空间有以下 3 个。

- 草图与注释。
- 三维基础。
- 三维建模。

用户可以修改已定义的工作空间，也可根据绘图需要创建新的工作空间。

【例 1-2】 修改及创建工作空间。

（1）利用默认的样板文件"acadiso.dwt"创建新图形。

（2）单击 ⚙ 按钮，在弹出的菜单中选择"草图与注释"选项，进入"草图与注释"工作空间，如图 1-9 所示。该空间包含菜单浏览器、快速访问工具栏、功能区、绘图窗口、命令提示窗口、状态栏及导航栏等内容。

例 1-2

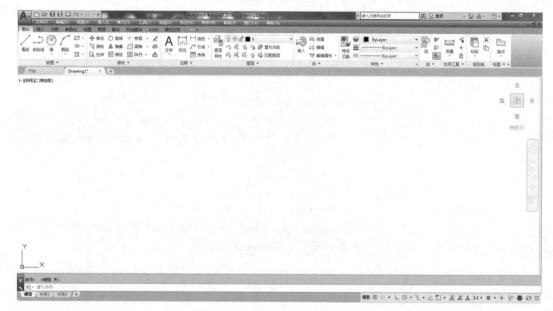

图 1-9 "草图与注释"工作空间

（3）单击快速访问工具栏上的 ▾ 按钮，选择"显示菜单栏"选项，显示 AutoCAD 主菜单。

（4）选择菜单命令【工具】/【工具栏】/【AutoCAD】/【绘图】，打开"绘图"工具栏，如图 1-10 所示。用户可移动工具栏或改变工具栏的形状。将鼠标指针移动到工具栏边缘处，按下鼠标左键并移动鼠标指针，工具栏就随鼠标指针移动。将鼠标指针放置在拖出的工具栏的边缘，当鼠标指针变成双面箭头时，按住鼠标左键，拖动鼠标指针，工具栏的形状就发生变化。

（5）单击 ⚙ 按钮，在弹出的菜单中选择"将当前工作空间另存为"选项，弹出"保存工作空间"对话框。该对话框的"名称"下拉列表中列出了已有的工作空间，选择其中之一或直接在列表中输入新的工作空间名称，单击 保存 完成。

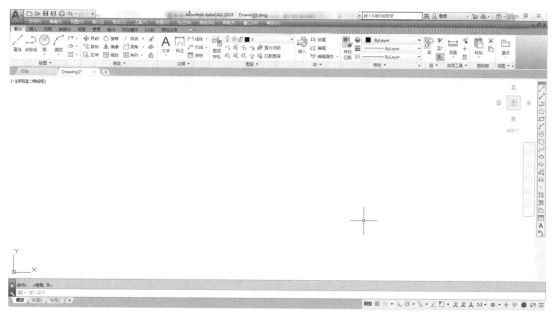

图 1-10　打开"绘图"工具栏

1.1.3　调用命令

启动 AutoCAD 命令的方法一般有两种：一种是在命令行中输入命令的全称或简称，另一种是用鼠标指针选择一个菜单命令或单击工具栏中的命令按钮。

1. 使用命令行输入命令

使用命令行输入命令时，系统会自动显示一个命令列表，用户可以从中进行选择。使用 AUTOCOMPLETE 命令可以关闭自动功能，也可以控制使用哪些自动功能。

命令行还有搜索的功能，输入命令的开头或中间的几个字母，AutoCAD 就会弹出包含这些字母的所有命令。移动鼠标指针到某个命令上，系统会显示出该命令的功能简介。此外，若命令右边出现带问号及地球标志的按钮，单击该按钮将打开帮助文件或启动 Google 进行搜索。

除搜索命令外，还可通过命令行查找文件中包含的图层、文字样式、标注样式及图块等命名对象，方法与搜索命令相同。在显示的结果列表中，选择某一个命名对象，就能完成相应的切换操作，如切换图层或改变当前的标注样式等。

AutoCAD 命令的执行过程是交互式的，当输入命令或必要的绘图参数后，需按 Enter 键或空格键确认，系统才执行该命令。一个典型的命令执行过程如下。

```
命令: circle                        //输入画圆命令的全称 CIRCLE 或简称 C, 按 Enter 键
指定圆的圆心或[三点(3P)/两点(2P)/切点、切点、半径(T)]:      90,100
                                    //输入圆心的 x、y 坐标, 按 Enter 键
指定圆的半径或[直径(D)] <50.7720>: 70   //输入圆的半径, 按 Enter 键
```

（1）方括号"[ ]"中以"/"隔开的内容表示各个选项。若要选择某个选项，则需输入圆括号中的字母，字母可以是大写形式，也可以是小写形式，还可以用鼠标指针选择该选项。例如，想通过三点画圆，就单击"三点(3P)"选项，或者输入"3P"。

（2）单击亮显的命令选项，可执行相应的功能。

（3）尖括号"<>"中的内容是当前默认值。

在 AutoCAD 的命令执行过程中，系统有时要等待用户输入必要的绘图参数，如输入命令选项、点的坐标或其他几何数据等，输入完成后也要按 Enter 键，系统才能继续执行下一步操作。

 当使用某一个命令时按 F1 键，系统将显示该命令的帮助信息。

2．利用鼠标发出命令

用鼠标选择一个菜单命令或单击功能区面板上的命令按钮，系统就执行相应的命令。利用 AutoCAD 绘图时，用户在多数情况下是通过鼠标发出命令的。鼠标各按键定义如下。

- 左键：拾取键，用于单击功能区面板的按钮及选取菜单选项以发出命令，也可在绘图过程中指定点和选择图形对象等。
- 右键：一般作为 Enter 键，命令执行完成后，经常通过单击鼠标右键来结束命令。在有些情况下，单击鼠标右键将弹出快捷菜单，该菜单上有【确认】、【取消】及【重复】命令。右键的功能是可以设定的，选取菜单命令【工具】/【选项】，打开"选项"对话框，如图 1-11 所示。用户可以在该对话框"用户系统配置"选项卡的"Windows 标准操作"分组框中自定义鼠标右键的功能。例如，可以设置鼠标右键仅仅相当于 Enter 键。

图 1-11　"选项"对话框

- 滚轮：向前转动滚轮，放大图形；向后转动滚轮，缩小图形。在默认情况下，缩放增量为 10%。按住鼠标滚轮并拖动鼠标指针，则平移图形；双击滚轮，则全部缩放图形。

1.1.4　选择对象的常用方法

用户在使用编辑命令时，选择的多个对象将构成一个选择集。系统提供了多种构造选择集的方法。在默认情况下，用户可以逐个拾取对象或利用矩形窗口、交叉窗口一次选取多个对象。

1. 用矩形窗口选择对象

当系统提示选择要编辑的对象时，用户在图形元素的左上角或左下角单击鼠标左键，然后向右拖动鼠标指针，AutoCAD 显示一个实线矩形窗口，使此窗口完全包含要编辑的图形实体，再单击鼠标左键，则矩形窗口中的所有对象（不包括与矩形边相交的对象）被选中，被选中的对象将以灰色的形式表示出来。

下面通过 ERASE 命令来演示这种选择方法。

【例1-3】 用矩形窗口选择对象。

（1）打开素材文件 "dwg\第 1 章\1-3.dwg"，如图 1-12 左图所示。

（2）用 ERASE 命令将图 1-12 左图修改为图 1-12 右图的样式。

例 1-3

```
命令：_erase
选择对象：                    //在点 A 处单击鼠标左键，如图 1-12 左图所示
指定对角点：找到 6 个          //在点 B 处单击鼠标左键
选择对象：                    //按 Enter 键结束
```

结果如图 1-12 右图所示。

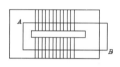 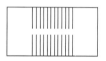

图 1-12　用矩形窗口选择对象

 当 HIGHLIGHT 系统变量处于打开状态（等于 1）时，系统才以高亮形式显示被选择的对象。

2. 用交叉窗口选择对象

当 AutoCAD 提示"选择对象"时，在要编辑的图形元素右上角或右下角单击鼠标左键，然后向左拖动鼠标指针，此时出现一个虚线矩形窗口，使该窗口包含被编辑对象的一部分，而让其余部分与窗口相交，再单击一点，则窗口内的对象和与窗口相交的对象全部被选中。

下面通过 ERASE 命令来演示这种选择方法。

【例1-4】 用交叉窗口选择对象。

（1）打开素材文件 "dwg\第 1 章\1-4.dwg"，如图 1-13 左图所示。

（2）用 ERASE 命令将图 1-13 左图修改为图 1-13 右图的样式。

例 1-4

```
命令：_erase
选择对象：                    //在点 C 处单击鼠标左键，如图 1-13 左图所示
指定对角点：找到 31 个         //在点 D 处单击鼠标左键
选择对象：                    //按 Enter 键结束
```

结果如图 1-13 右图所示。

3. 给选择集添加或去除对象

编辑过程中，用户构造选择集常常不能一次完成，

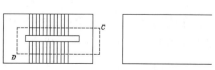

图 1-13　用交叉窗口选择对象

需向选择集中添加对象或从选择集中删除对象。在添加对象时，可直接选取或利用矩形窗口、交叉窗口选择要加入的图形元素。若要删除对象，可先按住 Shift 键，再从选择集中选择要清除的多个图形元素即可。

例 1-5

下面通过 ERASE 命令来演示修改选择集的方法。

【例 1-5】 修改选择集。

（1）打开素材文件 "dwg\第 1 章\1-5.dwg"，如图 1-14 左图所示。

（2）用 ERASE 命令将图 1-14 左图修改为图 1-14 右图的样式。

命令: _erase	//在点 A 处单击鼠标左键，如图 1-14 左图所示
选择对象: 指定对角点: 找到 25 个	//在点 B 处单击鼠标左键
选择对象: 找到 1 个，删除 1 个	//按住 Shift 键，选取线段 C，该线段从选择集中去除
选择对象: 找到 1 个，删除 1 个	//按住 Shift 键，选取线段 D，该线段从选择集中去除
选择对象: 找到 1 个，删除 1 个	//按住 Shift 键，选取线段 E，该线段从选择集中去除
选择对象:	//按 Enter 键结束

结果如图 1-14 右图所示。

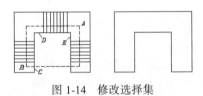

图 1-14　修改选择集

1.1.5　删除对象

ERASE 命令用来删除图形对象，该命令没有任何选项。要删除一个对象，用户可以用鼠标指针先选择该对象，然后单击"修改"面板上的 ✐ 按钮，或者输入 ERASE 命令（命令简称 E）。也可先发出删除命令，再选择要删除的对象。

1.1.6　撤销和重复命令

发出某个命令后，用户可随时按 Esc 键终止该命令，此时，系统又返回到命令行。

用户经常遇到的一个情况是，在图形区域内偶然选择了图形对象，该对象上出现了一些高亮的小框，这些小框被称为关键点，可用于编辑对象（在第 5 章中将详细介绍）。用户若要取消这些关键点，按 Esc 键即可。

在绘图过程中，用户会经常重复使用某个命令，重复刚使用过的命令的方法是直接按 Enter 键。

1.1.7　取消已执行的操作

在使用 AutoCAD 绘图的过程中，不可避免地会出现各种各样的错误，用户要修正这些错误可使用 UNDO 命令或单击快速访问工具栏上的 ⤺ 按钮。如果想要取消前面执行的多个操作，可反复使用 UNDO 命令或反复单击 ⤺ 按钮。

当取消一个或多个操作后，又想恢复原来的效果，用户可使用 MREDO 命令或单击快速访问工具栏上的 按钮。

1.1.8 快速缩放及移动图形

AutoCAD 的图形缩放及移动功能是很完备的，使用起来也很方便。绘图时，可以通过导航栏上的 、 按钮来完成这两项功能。

1. 通过 按钮缩放图形

单击 按钮，AutoCAD 进入实时缩放状态，鼠标指针变成放大镜形状 ，此时按住鼠标左键并向上拖动指针，就可以放大视图，向下拖动指针就可以缩小视图。要退出实时缩放状态，可按 Esc 键、Enter 键或单击鼠标右键打开快捷菜单，然后选择【退出】命令。

2. 通过 按钮平移图形

单击 按钮，AutoCAD 进入实时平移状态，鼠标指针变成手的形状 ，此时按住鼠标左键并拖动指针，就可以平移视图。要退出实时平移状态，可按 Esc 键、Enter 键或单击鼠标右键打开快捷菜单，然后选择【退出】命令。

1.1.9 利用矩形窗口放大视图及返回上一次的显示

在绘图过程中，用户经常要将图形的局部区域放大，以方便绘图。绘制完成后，又要返回上一次的显示，以观察图形的整体效果。利用鼠标右键单击快捷菜单的相关命令及导航栏上的 和 按钮可实现这两项功能。

1. 通过 按钮放大局部区域

单击 按钮，AutoCAD 提示"指定第一个角点"，拾取 A 点，再根据 AutoCAD 提示拾取 B 点，如图 1-15 左图所示。矩形窗口 AB 是设定的放大区域，其中心是新的显示中心，系统将尽可能地将该矩形内的图形放大以充满整个绘图窗口，图 1-15 右图所示为放大后的效果。

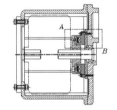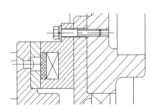

2. 通过 按钮返回上一次的显示

单击 按钮，AutoCAD 将显示上一次的视图。若用户连续单击此按钮，系统将恢复前几次显示过的图形（最多 10 次）。绘图时，常利用此项功能返回到原来的某个视图。

图 1-15　窗口缩放

1.1.10 将图形全部显示在窗口中

在绘图过程中，有时需将图形全部显示在绘图窗口中。要实现这个目标，可双击鼠标中键，或者单击导航栏 按钮上的 按钮，选择【范围缩放】命令。

 导航栏或面板上的按钮有些是单一型的，有些是嵌套型的。嵌套型按钮右侧或下方带有小黑三角形，按下此类按钮将弹出一些新按钮。

1.1.11　设定绘图区域的大小

AutoCAD 的绘图空间是无限大的，但用户可以设定在程序窗口中显示的绘图区域的大小。绘图时，事先对绘图区域的大小进行设定将有助于用户了解图形分布的范围。当然，用户也可在绘图过程中随时缩放（使用 按钮）图形，以控制其在屏幕上显示的效果。

设定绘图区域的大小有以下两种方法。

方法一：将一个圆充满整个程序窗口显示出来，依据圆的尺寸就能轻易地估计出当前绘图区域的大小了。

【例 1-6】　设定绘图区域的大小。

（1）单击"绘图"面板上的 ⊙ 按钮，AutoCAD 提示如下。

例 1-6

```
命令：_circle 指定圆的圆心或 [三点(3P)/两点(2P)/切点、切点、半径(T)]：
                                    //在屏幕的适当位置单击鼠标左键
指定圆的半径或 [直径(D)]：50          //输入圆的半径
```

（2）选取菜单命令【视图】/【缩放】/【范围】，直径为 100 的圆将充满整个绘图窗口，如图 1-16 所示。

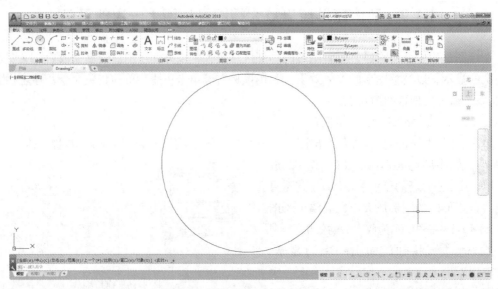

图 1-16　设定绘图区域的大小（1）

方法二：用 LIMITS 命令设定绘图区域的大小，该命令可以改变栅格的长、宽尺寸及位置。所谓栅格是点在矩形区域中按行、列形式分布形成的图案，如图 1-17 所示。当栅格在程序窗口中显示出来后，用户就可根据栅格分布的范围估算出当前绘图区域的大小了。

【例 1-7】　用 LIMITS 命令设定绘图区域的大小。

（1）选取菜单命令【格式】/【图形界限】，AutoCAD 提示如下。

例 1-7

```
命令：'_limits
指定左下角点或 [开(ON)/关(OFF)] <0.0000,0.0000>：100,80
```

//输入 A 点的 x、y 坐标值，或者用鼠标左键任意单击一点，如图 1-17 所示

指定右上角点 <420.0000,297.0000>: @150,200

//输入 B 点相对于 A 点的坐标，按 Enter 键

（2）选取菜单命令【视图】/【缩放】/【范围】，或者单击导航栏上的 🔍 按钮，则当前绘图窗口长、宽尺寸近似为 150×200。

（3）将鼠标指针移动到程序窗口下方的 ▦ 按钮上，单击鼠标右键，在弹出的快捷菜单中选择【捕捉设置】命令，打开"草图设置"对话框，取消对"显示超出界限的栅格"复选项的选择。

（4）关闭"草图设置"对话框，单击 ▦ 按钮，打开栅格显示，再选择菜单命令【视图】/【缩放】/【实时】，按住鼠标左键向下拖动鼠标指针使矩形栅格缩小，该栅格的长、宽尺寸为 150×200，且左下角点的 x、y 坐标为（100,80），如图 1-17 所示。

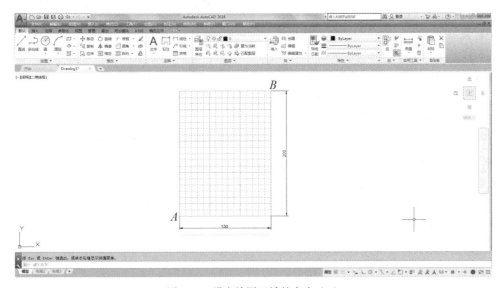

图 1-17　设定绘图区域的大小（2）

1.2
图形文件管理

图形文件管理一般包括创建新文件、打开已有文件、保存文件、浏览和搜索图形文件等，下面分别进行介绍。

1.2.1　建立新图形文件

建立新图形文件命令的启动方法如下。

- 菜单命令：【文件】/【新建】。
- 工具栏：快速启动工具栏上的 ▭ 按钮。

- 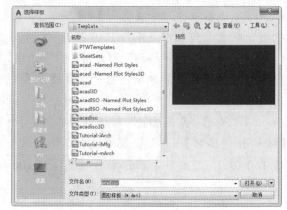 ：【新建】/【图形】。
- 命令：NEW。

启动新建图形命令，打开"选择样板"对话框，如图 1-18 所示。在此对话框中，用户可以选择样板文件或基于公制、英制测量系统创建新图形。

1．使用样板文件创建新图形

在具体的设计工作中，为使图样统一，许多项目都需要设定为统一标准，如字体、标注样式、图层和标题栏等。建立标准绘图环境的有效方法是使用样板文件，在样板文件中已经保存了各种标准设置。因此，每当创建新图形时，就以样板文件为原型文件，将它的设置复制到当前图样中，使新图形具有与样板图形相同的绘图环境。

图 1-18 "选择样板"对话框

AutoCAD 中有许多标准的样板文件，它们都保存在 AutoCAD 安装目录中的"Template"文件夹中，扩展名为".dwt"。用户也可以根据需要建立自己的标准样板文件。

2．使用默认设置创建新图形

在"选择样板"对话框的 打开(O) 按钮旁边有一个带箭头的 按钮，单击此按钮，弹出下拉列表，该列表部分选项如下。

- 【无样板打开-英制】：基于英制测量系统创建新图形。系统使用内部默认值控制文字、标注、默认线型和填充图案文件等。
- 【无样板打开-公制】：基于公制测量系统创建新图形。系统使用内部默认值控制文字、标注、默认线型和填充图案文件等。

1.2.2 打开图形文件

打开图形文件命令的启动方法如下。

- 菜单命令：【文件】/【打开】。
- 工具栏：快速启动工具栏上的 按钮。
- ：【打开】/【图形】。
- 命令：OPEN。

启动打开图形命令，弹出"选择文件"对话框，如图 1-19 所示。该对话框与微软公司 Office 系列软件中相应对话框的样式及操作方式是类似的，用户可直接在对话框中选择要打开的一个或多个文件（按住 Ctrl 键或 Shift 键选择多个文件），也可在"文件名"文本框中输入要打开文件的名称（可以包含路径）。此外，还可在文件"名称"列表框中通过双击文件名打开文件。该对话框顶部有"查找范围"下拉列表，左边有文件位置列表，用户可利用它们确定要打开文件的位置。

"选择文件"对话框还提供了图形文件预览功能。用鼠标左键单击某一个图形文件名称，则系统在"预览"分组框中显示该文件的小型图片，这样用户在打开图形文件前就可查看文件内容。

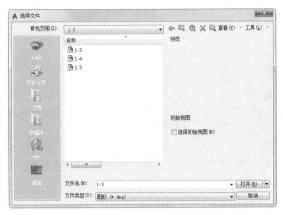

图 1-19 "选择文件"对话框

如果需要根据名称、位置或修改日期等条件来查找文件，可通过"选择文件"对话框"工具"下拉列表中的【查找】命令实现。此时，系统打开"查找:"对话框，用户可利用某种特定的过滤器在其子目录、驱动器、服务器或局域网中搜索所需要的文件。

1.2.3 保存图形文件

将图形文件存入磁盘时，一般采取两种方式：一种是以当前文件名保存图形；另一种是指定新文件名存储图形。

1. 快速保存

快速保存命令的启动方法如下。

- 菜单命令:【文件】/【保存】。
- 工具栏：快速启动工具栏上的 🖫 按钮。
- 🅰:【保存】。
- 命令：QSAVE。

发出快速保存命令后，系统将当前图形文件以原文件名直接存入磁盘，而不会给用户任何提示。若当前图形文件名是默认名且是第一次存储文件，则系统弹出"图形另存为"对话框，如图 1-20 所示。在该对话框中，用户可指定文件存储位置、文件类型及输入新文件名等。

2. 换名存盘

换名存盘命令的启动方法如下。

- 菜单命令:【文件】/【另存为】。
- 工具栏：快速访问工具栏上的 🖫 按钮。
- 🅰:【另存为】。
- 命令：SAVEAS。

启动换名保存命令，系统弹出"图形另存为"对话框，如图 1-20 所示。用户在该对话框的"文件名"文本框中输入新文件名，并可在"保存于"及"文件类型"下拉列表

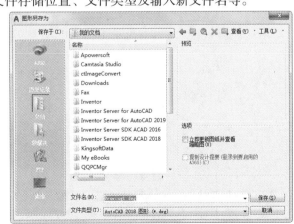

图 1-20 "图形另存为"对话框

中分别设定文件的存储路径和类型。

1.3 AutoCAD 用户界面详解

启动 AutoCAD 2018 后，打开"开始"界面，如图 1-21 所示；单击 开始绘制 按钮新建图形，或者打开"样板"下拉列表选择样板文件新建图形，打开的 AutoCAD 主界面如图 1-22 所示，主界面主要由菜单浏览器、快速访问工具栏、功能区、绘图窗口、命令提示窗口、状态栏及导航栏等部分组成，下面分别介绍各部分的功能。

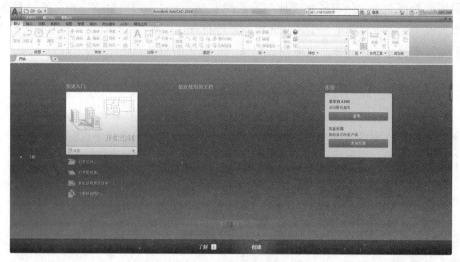

图 1-21　"开始"界面

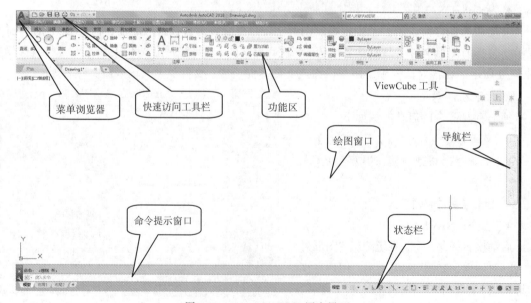

图 1-22　AutoCAD 2018 用户界面

1.3.1　菜单浏览器

单击菜单浏览器按钮 **A**，展开菜单浏览器，如图 1-23 所示。该菜单包含"新建""打开"及"保存"等常用选项。在菜单浏览器顶部的搜索栏中输入关键字或短语，就可定位相应菜单命令，选择搜索结果，即可执行命令。

单击菜单浏览器顶部的 按钮，显示最近使用的文件。单击 按钮，显示已打开的所有图形文件。将鼠标指针悬停在文件名上时，将显示预览图片及其文件路径、修改日期等信息。

图 1-23　菜单浏览器

1.3.2　快速访问工具栏

快速访问工具栏用于存放经常访问的命令按钮，在按钮上单击鼠标右键，弹出快捷菜单，如图 1-24 所示。选择【自定义快速访问工具栏】命令就可向工具栏中添加按钮，选择【从快速访问工具栏中删除】命令就可删除相应按钮。

单击快速访问工具栏上的 按钮，选择"显示菜单栏"选项，显示 AutoCAD 主菜单。

除快速访问工具栏外，AutoCAD 还提供了许多其他工具栏。在菜单命令【工具】/【工具栏】/【AutoCAD】下选择相应的选项，即可打开相应工具栏。

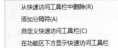

图 1-24　快捷菜单

1.3.3　功能区

功能区由"默认""插入"及"注释"等选项卡组成，如图 1-25 所示。每个选项卡又由多个"面板"组成，如"默认"选项卡是由"绘图""修改"及"图层"等面板组成的。面板上布置了许多命令按钮及控件。

单击功能区顶部的 按钮，展开或收拢功能区。

单击某一面板上的 按钮，展开该面板。单击 按钮，固定面板。

图 1-25　功能区

用鼠标右键单击任一选项卡标签，弹出快捷菜单，选择【显示选项卡】命令下的选项卡名称，关闭相应选项卡。

选择菜单命令【工具】/【选项板】/【功能区】，可打开或关闭功能区，对应的命令为 RIBBON 及 RIBBONCLOSE。

在功能区顶部位置单击鼠标右键，弹出快捷菜单，选择【浮动】命令，就可移动功能区，还能改变功能区的形状。

1.3.4　绘图窗口

绘图窗口是用户绘图的工作区域，该区域无限大，其左下方有一个表示坐标系的图标，此图标指示了绘图区的方位。图标中的箭头分别指示 x 轴和 y 轴的正方向。

当移动鼠标时，绘图区域中的十字形指针会跟随移动，与此同时，在绘图区底部的状态栏中将显示指针点的坐标数值。单击该区域可改变坐标的显示方式。

绘图窗口包含了两种绘图环境，一种称为模型空间，另一种称为图纸空间。在此窗口底部有 3 个选项卡 模型 布局1 布局2 ，默认情况下"模型"选项卡是按下的，表明当前绘图环境是模型空间，用户在这里一般按实际尺寸绘制二维图形或三维图形。当选择"布局 1"或"布局 2"选项卡时，就切换至图纸空间。用户可以将图纸空间想象成一张图纸（系统提供的模拟图纸），可在这张图纸上将模型空间的图样按不同缩放比例布置在图纸上。

1.3.5　命令提示窗口

命令提示窗口位于 AutoCAD 程序窗口的底部，用户输入的命令、系统的提示及相关信息都反映在此窗口中。在默认情况下，该窗口仅显示一行，将鼠标指针放在窗口的上边缘，指针变成双向箭头，按住鼠标左键向上拖动鼠标指针就可以增加命令窗口显示的行数。

按 F2 键打开命令提示窗口，再次按 F2 键又可关闭此窗口。

1.3.6　状态栏

状态栏上将显示绘图过程中的许多信息，如十字形指针的坐标值、一些提示文字等，还包含许多绘图辅助工具。

利用状态栏上的 ✿ 按钮可以切换工作空间。工作空间是 AutoCAD 用户界面中包含的工具栏、面板及选项板等的组合。当用户绘制二维图形或三维图形时，就切换到相应的工作空间，此时 AutoCAD 仅显示出与绘图任务密切相关的工具栏及面板等，隐藏一些不必要的界面元素。

单击 ✿ 按钮，弹出菜单，该菜单上列出了 AutoCAD 工作空间名称，选择其中之一，就切换到相应的工作空间。

1.4 AutoCAD 多文档设计环境

AutoCAD 是一个多文档设计环境，在此环境下，用户可同时打开多个图形文件。图 1-26 所示为打开 4 个图形文件时的程序界面（窗口层叠）。

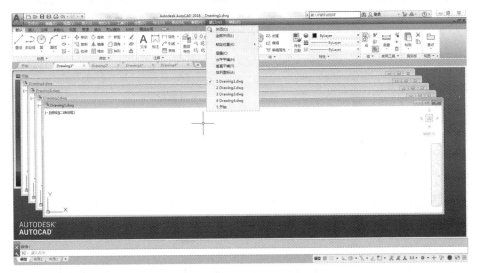

图 1-26　多文档设计环境

虽然可以同时打开多个图形文件，但当前激活的文件只有一个，用户只需在某个文件窗口内单击一点就可激活该文件。此外，用户也可通过图 1-26 所示的"窗口"菜单在各文件间切换。该菜单列出了所有已打开的图形文件，文件名前带符号"√"的文件是当前文件。若用户想激活其他文件，只需选择相应的文件名即可。

利用"窗口"菜单还可控制多个图形文件的显示方式，例如，可将它们以层叠、水平或竖直等排列形式布置在主窗口中。

 连续按 Ctrl + F6 组合键，系统就依次在所有图形文件间切换。

处于多文档设计环境时，用户可以在不同图形间执行无中断、多任务操作，从而使工作变得更加灵活方便。例如，设计者正在图形 A 中进行操作，当需要进入另一个图形 B 中绘图时，无论系统当前是否正在执行命令，都可以激活另一个窗口进行绘制或编辑，在完成操作并返回图形文件 A 中时，系统将继续执行以前的操作命令。

多文档设计环境具有 Windows 的剪切、复制及粘贴等功能，因而可以快捷地在各个图形文件间复制、移动对象。此外，用户也可直接选择图形实体，然后按住鼠标左键将它拖放到其他图形中去使用。如果考虑到复制的对象需要在其他的图形中准确定位，则还可在复制对象的同时指定基准点，这样在执行粘贴操作时就可根据基准点将图形复制到正确的位置。

操作与练习

1. 启动 AutoCAD 2018，将用户界面重新布置，如图 1-27 所示。

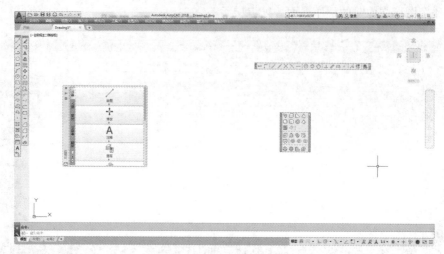

图 1-27　重新布置用户界面

2. 创建及存储图形文件、熟悉 AutoCAD 命令的执行过程和快速查看图形等。

（1）利用 AutoCAD 提供的样板文件 "acadiso.dwt" 创建新文件。

（2）进入 "草图与注释" 工作空间，用 LIMITS 命令设定绘图区域的大小为 10 000×8 000。

（3）按下状态栏上的 ▦ 按钮，再单击导航栏上的 🔍 按钮，使栅格显示并充满整个绘图窗口。

（4）单击 "绘图" 面板上的 ⊙ 按钮，AutoCAD 提示如下。

```
命令: _circle 指定圆的圆心或[三点(3P)/两点(2P)/切点、切点、半径(T)]:
                                           //在屏幕上单击一点
指定圆的半径或[直径(D)] <30.0000>: 50       //输入圆的半径
命令:                                       //按 Enter 键重复上一个命令
CIRCLE 指定圆的圆心或[三点(3P)/两点(2P)/ 切点、切点、半径(T)]:
                                           //在屏幕上单击一点
指定圆的半径或[直径(D)] <50.0000>: 100      //输入圆的半径
命令:                                       //按 Enter 键重复上一个命令
CIRCLE 指定圆的圆心或[三点(3P)/两点(2P)/ 切点、切点、半径(T)]: *取消*
                                           //按 Esc 键取消命令
```

（5）单击导航栏上的 🔍 按钮，使圆充满整个绘图窗口。

（6）利用导航栏上的 ✋、🔍 按钮移动和缩放图形。

（7）以文件名 "User-1.dwg" 保存图形。

可以将 AutoCAD 图层想象成透明胶片，用户把各种类型的图形元素绘制在这些胶片上，AutoCAD 将这些胶片叠加在一起显示出来。如图 2-1 所示，在图层 A 上绘制了挡板，图层 B 上绘制了支架，图层 C 上绘制了螺钉，最终显示结果是各层内容叠加后的效果。

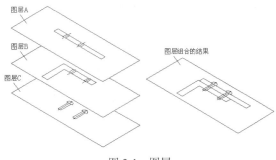

图 2-1　图层

本章主要介绍图层、线型、线宽、颜色的设置，以及图层状态的控制。通过本章的学习，读者可以掌握创建图层、控制图层状态及修改非连续线外观的方法。

【学习目标】

- 创建图层，设置图层、颜色、线型及线宽等属性。
- 改变对象所在的图层、颜色、线型及线宽等。
- 控制非连续线的外观。

2.1 创建图层及设置颜色、线型和线宽

用 AutoCAD 绘图时，图形元素处于某个图层上。在默认的情况下，当前层是 0 层，若没有切换至其他图层，则所画图形在 0 层上。每个图层都有与其相关联的颜色、线型及线宽等属性信息，用户可以对这些信息进行设定或修改。当在某一层上绘图时，生成图形元素的颜色、线型、线宽就与当前层的设置完全相同（默认情况）。对象的颜色将有助于辨别图样中的相似实

体，而线型、线宽等特性可轻易地表示出不同类型的图形元素。

图层是用户管理图样的强有力工具。绘图时，用户应考虑将图样划分为哪些图层，以及按什么样的标准进行划分。如果图层划分得较合理且采用了良好的命名规则，就会使图形信息更清晰、更有序，给以后修改、观察及打印图样带来很大便利。例如，对于机械图，可根据图形元素的性质划分图层，一般创建下列图层。

- 轮廓线层。
- 中心线层。
- 虚线层。
- 剖面线层。
- 尺寸标注层。
- 文字说明层。

例 2-1

【例 2-1】 创建以下图层并设置图层的线型、线宽及颜色。

名称	颜色	线型	线宽
轮廓线层	白色	Continuous	0.5
中心线层	红色	Center	默认
虚线层	黄色	dashed	默认
剖面线层	绿色	Continuous	默认
尺寸标注层	绿色	Continuous	默认
文字说明层	绿色	Continuous	默认

（1）单击"默认"选项卡中"图层"面板上的 按钮，打开"图层特性管理器"对话框，再单击 按钮，右侧列表框中显示出名称为"图层 1"的图层，直接输入"轮廓线层"，按 Enter 键结束。

（2）再次按 Enter 键，创建新图层，总共创建 6 个图层，结果如图 2-2 所示。图层"0"前有绿色标记"√"，表示该图层是当前层。

 若在"图层特性管理器"对话框的列表框中事先选中一个图层，然后单击 按钮或按 Enter 键，则新图层与被选中的图层具有相同的颜色、线型及线宽等设置。

（3）指定图层颜色。选中"中心线层"，单击与所选图层关联的图标■白，打开"选择颜色"对话框，选择红色，如图 2-3 所示。用同样的方法，设置其他图层的颜色。

图 2-2 创建图层

图 2-3 "选择颜色"对话框

（4）给图层分配线型。默认情况下，图层线型是"Continuous"。选中"中心线层"，单击与所选图层关联的"Continuous"，打开"选择线型"对话框，如图 2-4 所示，通过此对话框用户可以选择一种线型或从线型库文件中加载更多线型。

（5）单击 加载(L)... 按钮，打开"加载或重载线型"对话框，如图 2-5 所示。选择线型 CENTER 及 DASHED，再单击 确定 按钮，这些线型就被加载到系统中。当前线型库文件是"acadiso.lin"，单击 文件(F)... 按钮，可选择其他的线型库文件。

（6）返回"选择线型"对话框，选择 CENTER，单击 确定 按钮，该线型就分配给"中心线层"。用相同的方法将 DASHED 线型分配给"虚线层"。

图 2-4 "选择线型"对话框

图 2-5 "加载或重载线型"对话框

（7）设定线宽。选中"轮廓线层"，单击与所选图层关联的图标——默认，打开"线宽"对话框，指定线宽为 0.50mm，如图 2-6 所示。

 如果要使图形对象的线宽在模型空间中显示得更宽或更窄一些，可以调整线宽比例。在状态栏的 ▤ 按钮上单击鼠标右键，弹出快捷菜单，选择【线宽设置】命令，打开"线宽设置"对话框，如图 2-7 所示，在"调整显示比例"分组框中移动滑块来改变显示比例值。

图 2-6 "线宽"对话框

图 2-7 "线宽设置"对话框

（8）指定当前层。选中"轮廓线层"，单击 ✍ 按钮，图层前出现绿色标记"√"，说明"轮廓线层"变为当前层。

（9）关闭"图层特性管理器"对话框，单击"绘图"面板上的 ✎ 按钮，绘制任意几条线段，这些线条的颜色为白色，线宽为 0.50mm。再设定"中心线层"或"虚线层"为当前层，绘制线段，观察效果。

用鼠标右键单击"图层特性管理器"对话框中的某一个图层，弹出快捷菜单，如图 2-8 所示，利用此菜单，用户可以设置当前层、新建图层、修改图层名称及删除图层等。

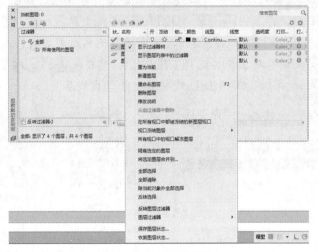

图 2-8　弹出快捷菜单

2.2 控制图层状态

　　每个图层都具有打开与关闭、冻结与解冻、锁定与解锁、打印与不打印等状态，通过改变图层状态，就能控制图层上对象的可见性及可编辑性等。用户可通过"图层特性管理器"对话框或"图层"面板上的"图层控制"下拉列表对图层状态进行控制，如图 2-9 所示。

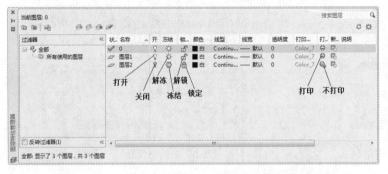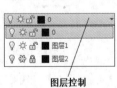

图层控制

图 2-9　"图层特性管理器"对话框

　　下面对图层状态作详细说明。

- 打开/关闭：单击 图标，将关闭或打开某一个图层。打开的图层是可见的，关闭的图层不可见，也不能被打印。当重新生成图形时，被关闭的层将一起被生成。
- 解冻/冻结：单击 图标，将冻结或解冻某一个图层。解冻的图层是可见的，冻结的图层不可见，也不能被打印。当重新生成图形时，系统不再重新生成该层上的对象，因而冻结一些图层后，可以加快执行 ZOOM、PAN 等命令和许多其他操作的运行速度。

 解冻一个图层将引起整个图形重新生成，而打开一个图层则不会导致这种现象（只是重画这个图层上的对象）。因此如果需要频繁地改变图层的可见性，应关闭或打开而不应冻结或解冻该图层。

- 解锁/锁定：单击 🔓 图标，将锁定或解锁图层。被锁定的图层是可见的，但图层上的对象不能被编辑。用户可以将锁定的图层设置为当前层，并能向它添加图形对象。
- 打印/不打印：单击 🖶 图标，就可设定图层是否打印。指定某图层不打印后，该图层上的对象仍会显示出来。图层的不打印设置只对图样中的可见图层（图层是打开而且解冻的）有效。若图层设为可打印但是冻结或关闭时，AutoCAD 不会打印该层。

除了利用"图层特性管理器"控制图层状态外，用户还可通过"图层"面板上的"图层控制"下拉列表控制图层状态，详见 2.3 节。

2.3 有效地使用图层

在绘制复杂图形时，用户常常从一个图层切换至另一个图层，频繁地改变图层状态或将某些对象修改到其他层上，如果这些操作不熟练，将会降低设计效率。控制图层的一种方法是单击"图层"面板上的 按钮，打开"图层特性管理器"对话框，通过该对话框完成上述任务。除此之外，还有另一种更简捷的方法——使用"图层"面板上的"图层控制"下拉列表，如图 2-10 所示。该下拉列表包含当前图形中的所有图层，并显示各层的状态图标。此下拉列表主要包含以下 3 项功能。

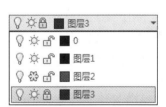

- 切换当前图层。
- 设置图层状态。

图 2-10 "图层控制"下拉列表

- 修改已有对象所在的图层。

"图层控制"下拉列表有以下 3 种显示模式。

- 如果用户没有选择任何图形对象，则该下拉列表显示当前图层。
- 若选择了一个或多个对象，而这些对象又同属一个图层时，则该下拉列表显示该层。
- 若选择了多个对象，而这些对象不属于同一个图层时，则该下拉列表是空白的。

2.3.1 切换当前图层

用户要在某个图层上绘图，必须先使该层成为当前层。通过"图层控制"下拉列表，用户可以快速地切换当前层，方法如下。

（1）单击"图层控制"下拉列表右边的箭头，打开下拉列表。

（2）选择欲设置成当前层的图层名称。操作完成后，下拉列表自动关闭，被选图层成为当前层。

 要点提示 此种方法只能在当前没有对象被选择的情况下使用。

2.3.2 修改图层状态

"图层控制"下拉列表中也显示了图层状态的图标，单击图标就可以切换图层状态。在修改图层状态时，该下拉列表将保持打开，用户能一次在列表中修改多个图层的状态。修改完成后，单击下拉列表顶部将列表关闭。

2.3.3 将对象转移到其他图层上

如果用户想把某个图层上的对象转移到其他图层上，应该先选择该对象，然后在"图层控制"下拉列表中选择要放置对象的图层名称。操作结束后，下拉列表自动关闭，被选择的图形对象转移到新的图层上。

2.4
改变对象的颜色、线型及线宽

用户通过"特性"面板可以方便地设置对象的颜色、线型及线宽等信息。在默认的情况下，该面板的"颜色控制""线型控制"和"线宽控制"3 个列表框中均显示"ByLayer"，如图 2-11 所示。ByLayer 的意思是所绘对象的颜色、线型及线宽等属性与当前层所设定的完全相同。本节将介绍怎样临时设置即将创建的图形对象及如何修改已有对象的这些特性。

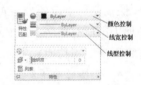

图 2-11 "特性"面板

2.4.1 设置当前颜色、线型或线宽

在默认的情况下，在某一个图层上创建的图形对象都将使用图层所设置的颜色。若想改变当前颜色，可通过"特性"面板上的"颜色控制"下拉列表进行设置，具体步骤如下。

（1）打开"特性"面板上的"颜色控制"下拉列表，从列表中选择一种颜色。

（2）当选择"更多颜色"选项时，系统打开"选择颜色"对话框，如图 2-12 所示，在该对话框中用户可做更多选择。

在默认的情况下，绘制的对象采用当前图层所设置的线型、线宽。若要使用其他种类的线型、线宽，则必须改变当前线型、线宽的设置，具体步骤如下。

（1）打开"特性"面板上的"线型控制"下拉列表，从列表中选择一种线型。

（2）若选择"其他"选项，则弹出"线型管理器"对话框，如图 2-13 所示，用户可在该对话框中选择所需线型或加载更多种类的线型。

图 2-12 "选择颜色"对话框 　　　　图 2-13 "线型管理器"对话框

在"线宽控制"下拉列表中，用户可以方便地改变当前的线宽设置，步骤与上述过程类似，这里不再重复。

 用户可以利用"线型管理器"对话框中的 [删除] 按钮删除未被使用的线型。

2.4.2 修改对象颜色、线型或线宽

用户可以通过"特性"面板上的"颜色控制"下拉列表改变已有对象的颜色，具体步骤如下。

（1）选择要改变颜色的图形对象。

（2）在"特性"面板上打开"颜色控制"下拉列表，然后从列表中选择所需颜色。

（3）如果选择"更多颜色"选项，则弹出"选择颜色"对话框，如图 2-12 所示，通过该对话框用户可以选择更多种类的颜色。

修改已有对象线型、线宽的方法与改变对象颜色类似，具体步骤如下。

（1）选择要改变线型的图形对象。

（2）在"特性"面板上打开"线型控制"下拉列表，从列表中选择所需的线型。若列表中不包含所需的线型，就选择"其他"选项，弹出"线型管理器"对话框，如图 2-13 所示，利用该对话框可以加载一种或多种线型。

修改线宽是利用"线宽控制"下拉列表，步骤与上述类似，这里不再重复。

2.5

修改非连续线型外观

非连续线型是由短横线、空格等构成的重复图案，图案中的短线长度、空格大小是由线型

比例来控制的。用户绘图时经常会遇到这样一种情况：本来想画虚线或点画线，但最终绘制出的线型看上去和连续线一样，出现这种现象的原因是线型比例设置得太大或太小。

2.5.1　改变全局线型比例因子

LTSCALE 是控制线型的全局比例因子，它将影响图样中所有非连续线型的外观，其值增加时，将使非连续线中的短横线及空格加长；反之，会使它们缩短。当用户修改全局比例因子后，系统将重新生成图形，并使所有非连续线型发生变化。图 2-14 所示为使用不同比例因子时点画线的外观。

改变全局比例因子的步骤如下。

（1）打开"特性"面板上的"线型控制"下拉列表，如图 2-15 所示。

（2）在"线型控制"下拉列表中选择"其他..."选项，打开"线型管理器"对话框，单击 显示细节(D) 按钮，则该对话框底部显示"详细信息"分组框，如图 2-16 所示。

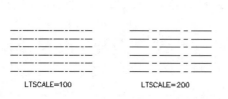

LTSCALE=100　　　　LTSCALE=200

图 2-14　全局线型比例因子对非连续线外观的影响

图 2-15　"线型控制"下拉列表

（3）在"详细信息"分组框的"全局比例因子"文本框中输入新的比例值。

2.5.2　改变当前对象的线型比例因子

用户有时需要为不同对象设置不同的线型比例，为了达到这个目的，需要单独控制对象的比例因子。当前对象的线型比例是由系统变量 CELTSCALE 来设定的，调整该值后所有新绘制的非连续线均会受到它的影响。

在默认的情况下，CELTSCALE=1，该因子与 LTSCALE 同时作用在线型对象上。例如，将CELTSCALE 设置为 4，LTSCALE 设置为 0.5，则系统在最终显示线型时采用的缩放比例将为 2，即最终显示比例=CELTSCALE×LTSCALE。图 2-17 所示为 CELTSCALE 分别为 1、1.5 时点画线的外观。

图 2-16　"线型管理器"对话框

LTSCALE=100　　　　LTSCALE=100
CELTSCALE=1　　　　CELTSCALE=1.5

图 2-17　设置当前对象的线型比例因子

设置当前线型比例因子的方法与设置全局比例因子类似，具体步骤参见 2.5.1 小节。该比例因子也是在"线型管理器"对话框中设定，如图 2-16 所示，在"当前对象缩放比例"文本框中输入新比例值。

2.6 综合练习——创建图层及修改对象线型、线宽等

读者可通过例 2-2 来进行综合练习。

【例 2-2】 创建图层，控制图层状态，修改对象线型及线宽等。

（1）打开素材文件"dwg\第 2 章\2-2.dwg"，该文件内容是一张锥齿轮零件图。

（2）创建以下图层。

名称	颜色	线型	线宽
尺寸线	绿色	Continuous	默认
剖面线	绿色	Continuous	默认
中心线	红色	Center	默认
文字	绿红	Continuous	默认

例 2-2

（3）关闭轮廓线层，将零件图中的尺寸标注、文字、中心线及剖面线修改到相应图层上。

（4）将轮廓线的线型修改为 Continuous，线宽修改为"0.50 毫米"，并使轮廓线层成为当前层。

（5）锁定尺寸线及剖面线层，用 ERASE 命令删除尺寸标注及剖面线，并观察效果。

（6）将全局线型比例因子修改为"0.5"。

操作与练习

下面这个练习的内容包括创建图层、将图形对象修改到其他图层上、改变对象的颜色和控制图层状态。

（1）打开素材文件"dwg\第 2 章\2-3.dwg"。

（2）创建以下图层。

名称	颜色	线型	线宽
轮廓线	白色	Continuous	0.5
尺寸线	绿色	Continuous	默认
中心线	红色	Center	默认

（3）将图形的外轮廓线、对称轴线及尺寸标注分别修改到"轮廓线""中心线"及"尺寸线"层上。

（4）把尺寸标注及对称轴线修改为蓝色。

（5）关闭或冻结"尺寸线"层。

第3章

绘制直线、圆及简单平面图形

构成平面图形的主要图形元素是直线和圆弧，学会这些图形元素的绘制方法并掌握相应的绘图技巧是进行高效设计的基础。

通过对本章的学习，读者可以掌握 LINE、CIRCLE、OFFSET、LENGTHEN、TRIM、XLINE、FILLET 及 CHAMFER 等命令的用法，并且能够灵活地运用这些命令绘制简单的图形。

【学习目标】

- 输入线段端点的坐标画线。
- 打开正交模式画水平线段和竖直线段。
- 使用对象捕捉、极轴追踪及捕捉追踪功能画线。
- 画平行线和垂线。
- 调整线段长度和延伸线段。
- 修剪多余的线条。
- 画圆、圆弧连接及圆的切线等。
- 倒圆角和倒角。

3.1 画直线构成的平面图形（1）

本节介绍如何输入点的坐标画线和怎样捕捉几何对象上的特殊点等。

【例 3-1】 通过绘制图 3-1 所示的平面图形，来介绍输入点的坐标画线及利用对象捕捉精确画线的过程。

（1）设定绘图区域大小为 120×120。单击导航栏上的 🔍 按钮，使绘图区域充满整个图形窗口显示出来。

（2）打开对象捕捉功能，设定捕捉方式为端点、交点及延伸点等。

例 3-1

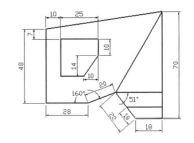

图 3-1　使用相对坐标及对象捕捉画线

（3）画线段 *AB*、*BC* 及 *CD* 等，如图 3-2 所示。

命令：_line 指定第一点：	//单击点 *A*，如图 3-2 所示
指定下一点或［放弃(U)］：@28,0	//输入点 *B* 的相对坐标
指定下一点或［放弃(U)］：@20<20	//输入点 *C* 的相对坐标
指定下一点或［闭合(C)/放弃(U)］：@22<-51	//输入点 *D* 的相对坐标
指定下一点或［闭合(C)/放弃(U)］：@18,0	//输入点 *E* 的相对坐标
指定下一点或［闭合(C)/放弃(U)］：@0,70	//输入点 *F* 的相对坐标
指定下一点或［闭合(C)/放弃(U)］：	//按 Enter 键结束
命令：	//重复命令
LINE 指定第一点：	//捕捉端点 *A*
指定下一点或［放弃(U)］：@0,48	//输入 *G* 点的相对坐标
指定下一点或［放弃(U)］：	//捕捉端点 *F*
指定下一点或［闭合(C)/放弃(U)］：	//按 Enter 键结束

结果如图 3-2 所示。

（4）画线段 *CF*、*CJ* 及 *HI*，如图 3-3 所示。

命令：_line 指定第一点：	//捕捉交点 *C*，如图 3-3 所示
指定下一点或［放弃(U)］：	//捕捉交点 *F*
指定下一点或［放弃(U)］：	//按 Enter 键结束
命令：	//重复命令
LINE 指定第一点：	//捕捉交点 *C*
指定下一点或［放弃(U)］：per 到	//捕捉垂足 *J*
指定下一点或［放弃(U)］：	//按 Enter 键结束
命令：	//重复命令
LINE 指定第一点：10	//捕捉延伸点 *H*
指定下一点或［放弃(U)］：per 到	//捕捉垂足 *I*
指定下一点或［放弃(U)］：	//按 Enter 键结束

结果如图 3-3 所示。

（5）画闭合线框 *K*，如图 3-4 所示。

命令：_line 指定第一点：from	//输入正交偏移捕捉代号"FROM"
基点：	//捕捉端点 *A*
<偏移>：@10,-7	//输入点 *B* 的相对坐标
指定下一点或［放弃(U)］：@25,0	//输入点 *C* 的相对坐标
指定下一点或［放弃(U)］：@0,-10	//输入点 *D* 的相对坐标
指定下一点或［闭合(C)/放弃(U)］：@-10,-14	//输入点 *E* 的相对坐标
指定下一点或［闭合(C)/放弃(U)］：@-15,0	//输入点 *F* 的相对坐标
指定下一点或［闭合(C)/放弃(U)］：c	//使线框闭合

结果如图 3-4 所示。

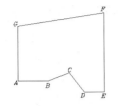

图 3-2　画线段 *AB*、*BC* 等（1）

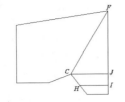

图 3-3　画线段 *CF*、*CJ* 等

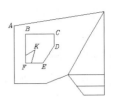

图 3-4　画闭合线框

3.1.1　画直线

使用 LINE 命令可在二维或三维空间中创建直线。发出命令后，用户通过鼠标光标指定线段的端点或利用键盘输入端点坐标，AutoCAD 就将这些点连接成直线。LINE 命令可生成单条直线，也可生成连续折线。不过，由该命令生成的连续折线并非一个单独对象，折线中的每条直线都是独立的，用户可以对每条直线进行编辑操作。

画直线命令的启动方法如下。

* 菜单命令：【绘图】/【直线】。
* 面板："默认"选项卡中"绘图"面板上的 ✏ 按钮。
* 命令：LINE 或简写为 L。

【例 3-2】　使用 LINE 命令画直线。

例 3-2

命令: _line 指定第一点:	//单击点 A，如图 3-5 所示
指定下一点或[放弃(U)]:	//单击点 B
指定下一点或[放弃(U)]:	//单击点 C
指定下一点或[闭合(C)/放弃(U)]:	//单击点 D
指定下一点或[闭合(C)/放弃(U)]: U	//放弃点 D
指定下一点或[闭合(C)/放弃(U)]:	//单击点 E
指定下一点或[闭合(C)/放弃(U)]: C	//使线框闭合

结果如图 3-5 所示。

画直线命令的选项如下。

* 指定第一点：在此提示下，用户需指定线段的起始点，若此时按 Enter 键，AutoCAD 将以上一次所画线段或圆弧的终点作为新线段的起点。

* 指定下一点：在此提示下，输入线段的端点，按 Enter 键后，AutoCAD 继续提示"指定下一点"，用户可输入下一个端点。若在"指定下一点"提示下按 Enter 键，则命令结束。

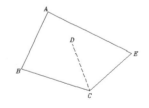

图 3-5　画直线

* 放弃(U)：在"指定下一点"提示下，输入字母"U"，将删除上一条线段，多次输入"U"，则会删除多条线段。该选项可以及时纠正绘图过程中的错误。

* 闭合(C)：在"指定下一点"提示下，输入字母"C"，AutoCAD 将使连续折线自动封闭。

3.1.2　输入点的坐标画线

启动画线命令后，AutoCAD 提示用户指定线段的端点。指定端点的一种方法是输入点的坐标值。常用的点的坐标表示方式有 4 种：绝对直角坐标、绝对极坐标、相对直角坐标及相对极坐标。绝对坐标值是相对于原点的坐标值，而相对坐标值则是相对于另一个几何点的坐标值。下面分别来说明如何输入点的绝对坐标和相对坐标。

1. 输入点的绝对直角坐标和绝对极坐标

绝对直角坐标的输入格式为"X,Y"。X 表示点的 x 坐标值，Y 表示点的 y 坐标值，两坐标值之间用","分隔开。例如，（-50,20）和（40,60）分别表示图 3-6 中的 A、B 两点。

绝对极坐标的输入格式为"$R<\alpha$"。R 表示点到原点的距离，α 表示极轴方向与 x 轴正向间的夹角。若从 x 轴正向逆时针旋转到极轴方向，则 α 角为正，否则 α 角为负。例如，（60<120）和（45<-30）分别表示图 3-6 中的 C、D 两点。

2. 输入点的相对直角坐标和相对极坐标

当用户知道某点与其他点的相对位置关系时，可以使用相对坐标。相对坐标与绝对坐标相比，仅仅是在坐标值前增加了一个符号"@"。

相对直角坐标的输入形式为"$@X,Y$"。

相对极坐标的输入形式为"$@R<\alpha$"。

例 3-3

【例 3-3】 已知 A 点的绝对坐标及图形尺寸，如图 3-7 所示，现用 LINE 命令绘制此图形。

```
命令: _line 指定第一点: 30,50          //输入点 A 的绝对直角坐标，如图 3-7 所示
指定下一点或[放弃(U)]: @32<20          //输入点 B 的相对极坐标
指定下一点或[放弃(U)]: @36,0           //输入点 C 的相对直角坐标
指定下一点或[闭合(C)/放弃(U)]: @0,18    //输入点 D 的相对直角坐标
指定下一点或[闭合(C)/放弃(U)]: @-37,22  //输入点 E 的相对直角坐标
指定下一点或[闭合(C)/放弃(U)]: @-14,0   //输入点 F 的相对直角坐标
指定下一点或[闭合(C)/放弃(U)]: 30,50    //输入点 A 的绝对直角坐标
指定下一点或[闭合(C)/放弃(U)]:          //按 Enter 键结束
```

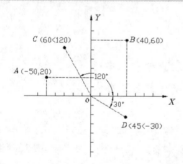

图 3-6　点的绝对直角坐标和绝对极坐标

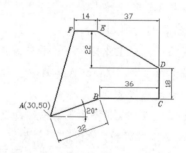

图 3-7　输入点的坐标画线

3.1.3　使用对象捕捉精确画线

在用 LINE 命令绘制线段的过程中，可启动对象捕捉功能，以拾取一些特殊的几何点，如端点、圆心、切点等。调用对象捕捉功能的方法有以下 3 种。

（1）绘图过程中，当 AutoCAD 提示输入一个点时，可单击捕捉按钮或输入捕捉命令代号来启动对象捕捉，然后将鼠标指针移动到要捕捉的特征点附近，AutoCAD 就自动捕捉该点。

（2）利用快捷菜单。发出 AutoCAD 命令后，按 $\boxed{\text{Shift}}$ 键并单击鼠标右键，在弹出的快捷菜单中选择捕捉何种类型的点，如图 3-8 所示。

（3）前面所述的捕捉方式仅对当前操作有效，命令结束后，捕捉模式自动关闭，这种捕捉方式称为覆盖捕捉方式。除此之外，用户还可以采用自动捕捉方式来定位点，按下状态栏上的 按钮，就可以打开此方式。单击此按钮右边的三角箭头，弹出快捷菜单，如图 3-9 所示，通过此菜单可以设定自动捕捉点的类型。

图 3-8　"对象捕捉"快捷菜单　　　　　图 3-9　快捷菜单

对象捕捉功能仅在 AutoCAD 命令运行过程中才有效。启动命令后，当 AutoCAD 提示输入点时，用户可用对象捕捉功能指定一个点。若是直接在命令行发出对象捕捉命令，系统将提示错误。常用的对象捕捉方式的功能介绍如下。

- 端点：捕捉线段、圆弧等几何对象的端点，捕捉代号为 END。启动端点捕捉后，将指针移动到目标点附近，AutoCAD 就自动捕捉该点，然后单击鼠标左键确认。
- 中点：捕捉线段、圆弧等几何对象的中点，捕捉代号为 MID。启动中点捕捉后，使指针的拾取框与线段、圆弧等几何对象相交，AutoCAD 就自动捕捉这些对象的中点，然后单击鼠标左键确认。
- 交点：捕捉几何对象间真实的或延伸的交点，捕捉代号为 INT。启动交点捕捉后，将指针移动到目标点附近，AutoCAD 就自动捕捉该点，单击鼠标左键确认。若两个对象没有直接相交，可先将指针的拾取框放在其中一个对象上，单击鼠标左键，然后把拾取框移到另一个对象上，再单击鼠标左键，AutoCAD 就自动捕捉到交点。
- 外观交点：在二维空间中与"交点"功能相同，该捕捉方式还可在三维空间中捕捉两个对象的视图交点（在投影视图中显示相交，但实际上并不一定相交），捕捉代号为 APP。
- 延长线：捕捉延伸点，捕捉代号为 EXT。用户把指针从几何对象端点开始移动，此时系统沿该对象显示出捕捉辅助线和捕捉点的相对极坐标，如图 3-10 所示，输入捕捉距离后，AutoCAD 定位一个新点。
- 自：正交偏移捕捉，该捕捉方式可以使用户相对于一个已知点定位另一点，捕捉代号为 FRO。下面的例子说明了偏移捕捉的用法：在已绘制出的矩形中从点 B 开始画线，点 B 与点 A 的关系如图 3-11 所示。

```
命令：_line 指定第一点：_from
基点：_int 于
```

	//调用画线命令，启动正交偏移捕捉，再捕捉交点 A 作为偏移的基点
<偏移>: @10,8	//输入点 B 对于点 A 的相对坐标
指定下一点或[放弃(U)]:	//拾取下一个端点
指定下一点或[放弃(U)]:	//按 Enter 键结束

- 圆心：捕捉圆、圆弧及椭圆等的中心，捕捉代号为 CEN。启动中心点捕捉后，使指针的拾取框与圆弧、椭圆等几何对象相交，AutoCAD 就自动捕捉这些对象的中心点，然后单击鼠标左键确认。

- 象限点：捕捉圆和圆弧及椭圆的 0°、90°、180° 或 270° 处的象限点，捕捉代号为 QUA。启动象限点捕捉后，使指针的拾取框与圆弧、椭圆等几何对象相交，AutoCAD 就显示出与拾取框最近的象限点，然后单击鼠标左键确认。

- 切点：在绘制相切的几何关系时，该捕捉方式使用户可以捕捉切点，捕捉代号为 TAN。启动切点捕捉后，使指针的拾取框与圆弧、椭圆等几何对象相交，AutoCAD 就显示出相切点，再单击鼠标左键确认。

- 垂直：在绘制垂直的几何关系时，该捕捉方式使用户可以捕捉垂足，捕捉代号为 PER。启动垂足捕捉后，使指针的拾取框与直线、圆弧等几何对象相交，AutoCAD 就自动捕捉垂足点，然后单击鼠标左键确认。

- 平行线：平行捕捉，可用于绘制平行线，捕捉代号为 PAR。如图 3-12 所示，用 LINE 命令绘制线段 AB 的平行线 CD。发出 LINE 命令后，首先指定线段的起点 C，然后单击 ∥ 按钮，移动指针到线段 AB 上，随后该线段上出现小的平行线符号，表示线段 AB 已被选定，再移动指针到即将创建平行线的位置，此时 AutoCAD 显示出平行线，输入该线段的长度或单击一点，就绘制出平行线。

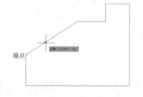
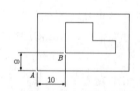
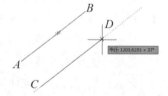

图 3-10　捕捉延伸点　　　　图 3-11　正交偏移捕捉　　　　图 3-12　平行捕捉

- 节点：捕捉 POINT 命令创建的点对象，捕捉代号为 NOD。操作方法与端点捕捉类似。

- 最近点：捕捉距离指针中心最近的几何对象上的点，捕捉代号为 NEA。操作方法与端点捕捉类似。

【例 3-4】　设置自动捕捉方式。

（1）用鼠标右键单击状态栏上的 ⬚ 按钮，弹出快捷菜单，选择【对象捕捉设置】命令，打开"草图设置"对话框，在此对话框的"对象捕捉"选项卡中设置捕捉点的类型，如图 3-13 所示。

（2）单击 确定 按钮，关闭对话框，然后用鼠标左键单击 ⬚ 按钮，打开自动捕捉方式。

【例 3-5】　打开素材文件"dwg\第 3 章\3-5.dwg"，如图 3-14 左图所示，

例 3-4

例 3-5

使用 LINE 命令将左图修改为右图的样式。本题是练习运用对象捕捉的功能。

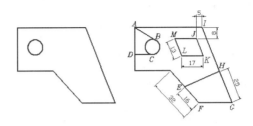

图 3-13　"草图设置"对话框　　　　图 3-14　利用对象捕捉精确画线

命令: _line 指定第一点: int 于	//输入交点代号"INT"并按 Enter 键
	//将鼠标指针移动到点 A 处, 单击鼠标左键, 如图 3-14 右图所示
指定下一点或[放弃(U)]: tan 到	//输入切点代号"TAN"并按 Enter 键
	//将鼠标指针移动到点 B 附近, 单击鼠标左键
指定下一点或[放弃(U)]:	//按 Enter 键结束
命令:	//重复命令
LINE 指定第一点: qua 于	//输入象限点代号"QUA"并按 Enter 键
	//将鼠标指针移动到点 C 附近, 单击鼠标左键
指定下一点或[放弃(U)]: per 到	//输入垂足代号"PER"并按 Enter 键
	//使鼠标指针与线段 AD 相交, AutoCAD 显示垂足 D, 单击鼠标左键
指定下一点或[放弃(U)]:	//按 Enter 键结束
命令:	//重复命令
LINE 指定第一点: mid 于	//输入中点代号"MID"并按 Enter 键
	//使鼠标与线段 EF 相交, AutoCAD 显示中点 E, 单击鼠标左键
指定下一点或[放弃(U)]: ext 于	//输入延伸点代号"EXT"并按 Enter 键
25	//将指针移动到点 G 附近, AutoCAD 自动沿直线进行追踪
	//输入点 H 与点 G 的距离
指定下一点或[放弃(U)]:	//按 Enter 键结束
命令:	//重复命令
LINE 指定第一点: from 基点:	//输入正交偏移捕捉代号"FROM"并按 Enter 键
end 于	//输入端点代号"END"并按 Enter 键
	//将指针移动到点 I 处, 单击鼠标左键
<偏移>: @-5,-8	//输入点 J 相对于点 I 的坐标
指定下一点或[放弃(U)]: par 到	//输入平行偏移捕捉代号"PAR"并按 Enter 键
13	//将指针从线段 HG 处移动到 JK 处, 再输入线段 JK 的长度
指定下一点或[放弃(U)]: par 到	//输入平行偏移捕捉代号"PAR"并按 Enter 键
17	//将鼠标从线段 AI 处移动到 KL 处, 再输入线段 KL 的长度
指定下一点或[闭合(C)/放弃(U)]: par 到	
	//输入平行偏移捕捉代号"PAR"并按 Enter 键
13	//将指针从线段 JK 处移动到 LM 处, 再输入线段 LM 的长度
指定下一点或[闭合(C)/放弃(U)]: c	//使线框闭合

3.1.4 实战提高

读者可通过例 3-6 和例 3-7 来进行画线的实战提高。

【例 3-6】 输入点的相对坐标画线及利用对象捕捉精确画线，如图 3-15 所示。

【例 3-7】 输入点的相对坐标画线，如图 3-16 所示。

例 3-6　　　　　例 3-7

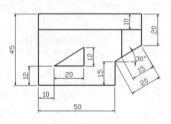

图 3-15　使用相对坐标及对象捕捉画线

图 3-16　输入坐标画线

3.2

画直线构成的平面图形（2）

AutoCAD 的辅助画线工具包括正交、极轴追踪及对象捕捉追踪等，利用这些工具，用户可以高效地绘制线段。

【例 3-8】 通过绘制图 3-17 所示的平面图形，来介绍打开极轴追踪、对象捕捉及捕捉追踪功能画线的过程。

例 3-8

（1）设定绘图区域大小为 120×120。单击导航栏上的 按钮，使绘图区域充满整个图形窗口显示出来。

（2）打开极轴追踪、对象捕捉及捕捉追踪功能。设置极轴追踪角度的增量为 30；设定对象捕捉方式为端点、交点，设置沿所有极轴角进行捕捉追踪。

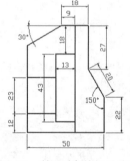

图 3-17　利用对象捕捉及追踪功能画线

（3）画线段 AB、BC 及 CD 等，如图 3-18 所示。

```
命令: _line 指定第一点:              //单击点 A，如图 3-18 所示
指定下一点或[放弃(U)]: 50            //从点 A 向右追踪并输入追踪距离
指定下一点或[放弃(U)]: 22            //从点 B 向上追踪并输入追踪距离
指定下一点或[闭合(C)/放弃(U)]: 20    //从点 C 沿 120 方向追踪并输入追踪距离
指定下一点或[闭合(C)/放弃(U)]: 27    //从点 D 向上追踪并输入追踪距离
指定下一点或[闭合(C)/放弃(U)]: 18    //从点 E 向左追踪并输入追踪距离
                                     //从点 A 向上移动光标，系统显示竖直追踪线
                                     //当指针移动到某一位置时，系统显示 210 方向追踪线
```

指定下一点或[闭合(C)/放弃(U)]:	//在两条追踪线的交点处单击一点 G
指定下一点或[闭合(C)/放弃(U)]:	//捕捉点 A
指定下一点或[闭合(C)/放弃(U)]:	//按 Enter 键结束

结果如图 3-18 所示。

（4）画线段 HI、JK 及 KL 等，如图 3-19 所示。

命令: _line 指定第一点: 9	//从点 F 向右追踪并输入追踪距离
指定下一点或[放弃(U)]:	//从点 H 向下追踪并捕捉交点 I
指定下一点或[放弃(U)]:	//按 Enter 键结束
命令:	//重复命令
LINE 指定第一点: 18	//从点 H 向下追踪并输入追踪距离
指定下一点或[放弃(U)]: 13	//从点 J 向左追踪并输入追踪距离
指定下一点或[放弃(U)]: 43	//从点 K 向下追踪并输入追踪距离
指定下一点或[闭合(C)/放弃(U)]:	//从点 L 向右追踪并捕捉交点 M
指定下一点或[闭合(C)/放弃(U)]:	//按 Enter 键结束

结果如图 3-19 所示。

（5）画线段 NO、PQ，如图 3-20 所示。

命令: _line 指定第一点: 12	//从点 A 向上追踪并输入追踪距离
指定下一点或[放弃(U)]:	//从点 N 向右追踪并捕捉交点 O
指定下一点或[放弃(Up)]:	//按 Enter 键结束
命令:	//重复命令
LINE 指定第一点: 23	//从点 N 向上追踪并输入追踪距离
指定下一点或[放弃(U)]:	//从点 P 向右追踪并捕捉交点 Q
指定下一点或[放弃(U)]:	//按 Enter 键结束

结果如图 3-20 所示。

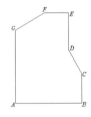

图 3-18 画线段 AB、BC 等

图 3-19 画线段 HI、JK 及 KL 等

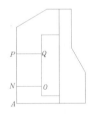

图 3-20 画线段 NO、PQ

3.2.1 利用正交模式辅助画线

单击状态栏上的 ⌐ 按钮，打开正交模式。在正交模式下指针只能沿水平或竖直方向移动。画线时，若打开该模式，则用户只需输入线段的长度值，AutoCAD就会自动画出水平或竖直直线。

【例 3-9】 使用 LINE 命令并结合正交模式画线，如图 3-21 所示。

例 3-9

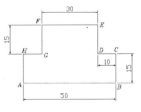

图 3-21 打开正交模式画线

命令: _line 指定第一点:<正交 开>	//拾取点 A 并打开正交模式,指针向右移动一定距离
指定下一点或[放弃(U)]: 50	//输入线段 AB 的长度
指定下一点或[放弃(U)]: 15	//输入线段 BC 的长度
指定下一点或[闭合(C)/放弃(U)]: 10	//输入线段 CD 的长度
指定下一点或[闭合(C)/放弃(U)]: 15	//输入线段 DE 的长度
指定下一点或[闭合(C)/放弃(U)]: 30	//输入线段 EF 的长度
指定下一点或[闭合(C)/放弃(U)]: 15	//输入线段 FG 的长度
指定下一点或[闭合(C)/放弃(U)]: 10	//输入线段 GH 的长度
指定下一点或[闭合(C)/放弃(U)]: C	//使连续线闭合

3.2.2　使用极轴追踪画线

打开极轴追踪功能后,用户就可使指针按设定的极轴方向移动,AutoCAD 将在该方向上显示一条追踪辅助线和指针点的极坐标值,如图 3-22 所示。

【例 3-10】　使用极轴追踪功能画线。

（1）用鼠标右键单击状态栏上的 ◑ 按钮,弹出快捷菜单,选择【正在追踪设置】命令,打开"草图设置"对话框,如图 3-23 所示。

例 3-10　　　　图 3-22　极轴追踪

"极轴追踪"选项卡中与极轴追踪有关的选项功能介绍如下。

- 【增量角】：在此下拉列表中可选择极轴角变化的增量值,也可以输入新的增量值。
- 【附加角】：除了根据极轴增量角进行追踪外,用户还能通过该选项添加其他的追踪角度。
- 【绝对】：以当前坐标系的 x 轴作为计算极轴角的基准线。
- 【相对上一段】：以最后创建的对象为基准线计算极轴角度。

（2）在"极轴追踪"选项卡的"增量角"下拉列表中设定极轴角的增量为 30°,此后若用户打开极轴追踪画线,则光标将自动沿 0°、30°、60°、90°、120° 等方向进行追踪,再输入线段长度值,AutoCAD 就在该方向上画出直线。单击  确定 按钮,关闭"草图设置"对话框。

（3）单击 ◑ 按钮,打开极轴追踪。键入 LINE 命令,AutoCAD 提示如下。

命令: _line 指定第一点:	//拾取点 A,如图 3-24 所示
指定下一点或[放弃(U)]: 30	//沿 0° 方向追踪,并输入线段 AB 的长度
指定下一点或[放弃(U)]: 10	//沿 120° 方向追踪,并输入线段 BC 的长度
指定下一点或[闭合(C)/放弃(U)]: 15	//沿 30° 方向追踪,并输入线段 CD 的长度
指定下一点或[闭合(C)/放弃(U)]: 10	//沿 300° 方向追踪,并输入线段 DE 的长度
指定下一点或[闭合(C)/放弃(U)]: 20	//沿 90° 方向追踪,并输入线段 EF 的长度
指定下一点或[闭合(C)/放弃(U)]: 43	//沿 180° 方向追踪,并输入线段 FG 的长度
指定下一点或[闭合(C)/放弃(U)]: C	//使连续折线闭合

结果如图 3-24 所示。

> 如果线段的倾斜角度不在极轴追踪的范围内，可使用角度覆盖方式画线。方法是当 AutoCAD 提示"指定下一点或[闭合(C)/放弃(U)]:"时，按照"<角度"形式输入线段的倾角，这样 AutoCAD 将暂时沿设置的角度画线。

图 3-23　"草图设置"对话框

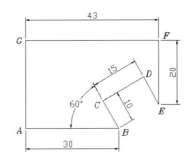

图 3-24　使用极轴追踪画线

3.2.3　使用对象捕捉追踪画线

使用对象捕捉追踪功能时，用户必须打开对象捕捉模式。AutoCAD 首先捕捉一个几何点作为追踪参考点，然后按水平方向、竖直方向或设定的极轴方向进行追踪，如图 3-25 所示。建立追踪参考点时，用户不能单击鼠标左键，否则 AutoCAD 就直接捕捉参考点了。

从追踪参考点开始的追踪方向可通过"极轴追踪"选项卡中的两个选项进行设定，这两个选项是"仅正交追踪"和"用所有极轴角设置追踪"，如图 3-23 所示，它们的功能如下。

图 3-25　自动追踪

- 【仅正交追踪】：当自动追踪打开时，仅在追踪参考点处显示水平或竖直的追踪路径。
- 【用所有极轴角设置追踪】：如果打开自动追踪功能，则当指定点时，AutoCAD 将在追踪参考点处沿任何极轴角方向显示追踪路径。

【例 3-11】　使用对象捕捉追踪功能画线。

（1）打开素材文件"dwg\第 3 章\3-11.dwg"，如图 3-26 所示。

（2）在"草图设置"对话框中设置对象捕捉方式为交点、中点，设定仅沿水平方向和竖直方向进行追踪。

例 3-11

（3）单击状态栏上的 按钮和 按钮，打开对象捕捉和捕捉追踪功能。

（4）输入 LINE 命令。

（5）将指针放置在点 A 附近，AutoCAD 自动捕捉点 A（注意不要单击鼠标左键），并在此建立追踪参考点，同时显示出追踪辅助线，如图 3-26 所示。

（6）向上移动指针，指针将沿竖直辅助线运动，输入距离值 10 并按 Enter 键，则 AutoCAD 追踪到点 B，该点是线段的起始点。

（7）再次在点 A 建立追踪参考点，并向右追踪，然后输入距离值 15，按 Enter 键，此时 AutoCAD 追踪到点 C，如图 3-27 所示。

图 3-26　沿竖直辅助线追踪

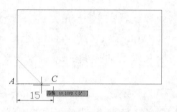

图 3-27　沿水平辅助线追踪

（8）将指针移动到中点 M 处，AutoCAD 自动捕捉该点（注意不要单击鼠标左键），并在此建立追踪参考点，如图 3-28 所示。用同样的方法在中点 N 处建立另一个追踪参考点。

（9）移动指针到点 D 附近，AutoCAD 显示两条追踪辅助线，如图 3-28 所示，在两条辅助线的交点处单击鼠标左键，则 AutoCAD 绘制出线段 CD。

（10）以点 F 为追踪参考点，向左和向上追踪就可以确定点 E、点 G，结果如图 3-29 所示。

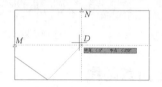

图 3-28　利用两条追踪辅助线定位点

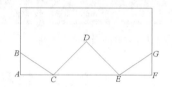

图 3-29　确定点 E、G

上述例子中 AutoCAD 仅沿水平方向或竖直方向追踪，用户若想使 AutoCAD 沿设定的极轴角方向追踪，可在"极轴追踪"选项卡的"对象捕捉追踪设置"分组框中选择"用所有极轴角设置追踪"选项。

通过上例说明了极轴追踪和对象捕捉追踪功能的用法。在实际绘图过程中，常将这两项功能结合起来使用，这样既能方便地沿极轴方向画线，又能轻易地沿极轴方向定位点。

【例 3-12】　使用 LINE 命令并结合极轴追踪和捕捉追踪功能，将图 3-30 中的左图修改为右图样式。

（1）打开素材文件"dwg\第 3 章\3-12.dwg"。

（2）打开极轴追踪、对象捕捉及捕捉追踪功能。设置极轴追踪角度的增量为 30°，设定对象捕捉方式为端点、交点，设置沿所有极轴角进行捕捉追踪。

例 3-12

（3）键入 LINE 命令，AutoCAD 提示如下。

```
命令:_line 指定第一点:6             //以点 A 为追踪参考点向上追踪，输入追踪距离并按 Enter 键
指定下一点或[放弃(U)]:              //从点 E 向右追踪，再在 B 点建立追踪参考点以确定点 F
指定下一点或[放弃(U)]:              //从点 F 沿 60°方向追踪，再在 C 点建立参考点以确定点 G
指定下一点或[闭合(C)/放弃(U)]:      //从点 G 向上追踪并捕捉交点 H
指定下一点或[闭合(C)/放弃(U)]:      //按 Enter 键结束
命令:                             //重复命令
LINE 指定第一点:10                 //从基点 L 向右追踪，输入追踪距离并按 Enter 键
指定下一点或[放弃(U)]:10            //从点 M 向下追踪，输入追踪距离并按 Enter 键
指定下一点或[放弃(U)]:              //从点 N 向右追踪，再在点 P 建立追踪参考点以确定点 O
指定下一点或[闭合(C)/放弃(U)]:      //从点 O 向上追踪并捕捉交点 P
指定下一点或[闭合(C)/放弃(U)]:      //按 Enter 键结束
```

结果如图 3-30 右图所示。

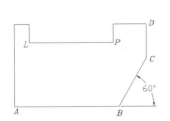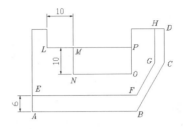

图 3-30　结合极轴追踪、捕捉追踪功能绘制图形

3.2.4　实战提高

读者可通过例 3-13 和例 3-14 进行实战提高。

【例 3-13】　打开极轴追踪、对象捕捉及捕捉追踪，绘制图 3-31 所示的图形。

【例 3-14】　打开极轴追踪、对象捕捉及捕捉追踪，绘制图 3-32 所示的图形。

例 3-13　　　　例 3-14

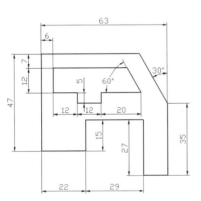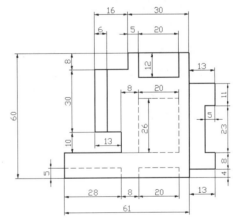

图 3-31　利用极轴追踪、对象捕捉及追踪功能画线（1）

图 3-32　利用极轴追踪、对象捕捉及追踪功能画线（2）

3.3 画直线构成的平面图形（3）

下面主要介绍平行线、垂线及任意角度斜线等的画法。

【例 3-15】　通过绘制图 3-33 所示的图形，来介绍用 OFFSET、EXTEND、TRIM 等命令绘图的过程。

（1）设定绘图区域大小为 120×120。单击导航栏上的按钮，使绘图区域充满整个图形窗口显示出来。

（2）打开极轴追踪、对象捕捉及捕捉追踪功能。设置极轴追踪角度的增量为90°，设定对象捕捉方式为端点、交点，设置仅沿正交方向进行捕捉追踪。

例 3-15

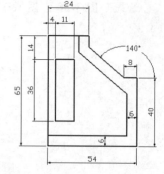

（3）画两条正交线段 *AB*、*CD*，如图 3-34 所示。*AB* 的长度为 70 左右，*CD* 的长度为 80 左右。

（4）画平行线 *G*、*H*、*I* 及 *J*，如图 3-35 所示。

图 3-33　用 OFFSET、EXTEND、TRIM 等命令绘制的图形（1）

```
命令: _offset
指定偏移距离或[通过(T)] <12.0000>: 24      //输入偏移的距离
选择要偏移的对象或 <退出>:                   //选择线段 F
指定要偏移的那一侧上的点:                     //在线段 F 的右边单击
选择要偏移的对象或 <退出>:                   //按 Enter 键结束
```

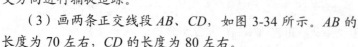 请注意，为简化命令提示序列，此处将 OFFSET 命令的一些选项及部分提示信息删除。在以后的操作题目中也将采用这种方式进行讲解。

继续绘制以下平行线。

向右偏移线段 *F* 至 *H*，偏移距离等于 54。

向上偏移线段 *E* 至 *I*，偏移距离等于 40。

向上偏移线段 *E* 至 *J*，偏移距离等于 65。

修剪多余线条，结果如图 3-36 所示。

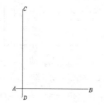　　　　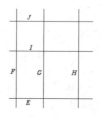　　　　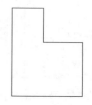

图 3-34　画线段 *AB*、*CD*　　　图 3-35　画平行线 *G*、*H*、*I* 及 *J*　　　图 3-36　修剪结果（1）

（5）画平行线 *L*、*M* 及 *O*、*P*，如图 3-37 所示。

向右偏移线段 *K* 至 *L*，偏移距离等于 4。

向右偏移线段 *L* 至 *M*，偏移距离等于 11。

向下偏移线段 *N* 至 *O*，偏移距离等于 14。

向下偏移线段 *O* 至 *P*，偏移距离等于 36。

修剪多余的线条，结果如图 3-38 所示。

（6）画斜线 *BC*，如图 3-39 所示。

```
命令: _xline指定点或[水平(H)/垂直(V)/角度(A)/二等分(B)/偏移(O)]: A
                                        //使用"角度(A)"选项
```

输入构造线角度 (0) 或[参照(R)]: 140	//输入倾斜角度
指定通过点: 8	//从点 A 向左追踪并输入追踪距离
指定通过点:	//按 Enter 键结束

修剪多余的线条，结果如图 3-40 所示。

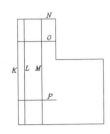
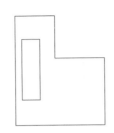
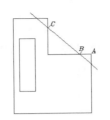
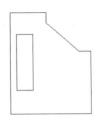

图 3-37　画平行线 L、M 等　　图 3-38　修剪结果（2）　图 3-39　画斜线 BC　图 3-40　修剪结果（3）

（7）画平行线 H、I、J 及 K，如图 3-41 所示。

向上偏移线段 D 至 H，偏移距离等于 6。

向左偏移线段 E 至 I，偏移距离等于 6。

向下偏移线段 F 至 J，偏移距离等于 6。

向左偏移线段 G 至 K，偏移距离等于 6。

（8）延伸线段 J、K，结果如图 3-42 所示。

命令: _extend	
选择对象: 指定对角点: 找到 2 个	//选择线段 K、J, 如图 3-41 所示
选择对象: 找到 1 个, 总计 3 个	//选择线段 I
选择对象:	//按 Enter 键
选择要延伸的对象[放弃(U)]:	//向下延伸线段 K
选择要延伸的对象[放弃(U)]:	//向左上方延伸线段 J
选择要延伸的对象[放弃(U)]:	//向右下方延伸线段 J
选择要延伸的对象[放弃(U)]:	//按 Enter 键结束

修剪多余的线条，结果如图 3-43 所示。

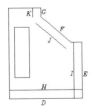
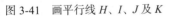
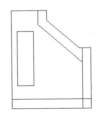
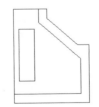

图 3-41　画平行线 H、I、J 及 K　　　图 3-42　延伸线段 J、K　　　　图 3-43　修剪结果（4）

3.3.1　画平行线

OFFSET 命令可通过指定对象偏移的距离，创建一个与原对象类似的新对象，可操作的图形元素包括直线、圆、圆弧、多段线、椭圆、构造线及样条曲线等。当偏移一个圆时，可创建同心圆。当偏移一条闭合的多段线时，可建立一个与原对象形状相同的闭合图形。

使用 OFFSET 命令时，用户可以通过两种方式创建新线段：一种是输入平行线间的距离，另一种是指定新平行线通过的点。

OFFSET 命令的启动方法如下。

- 菜单命令：【修改】/【偏移】。
- 面板："默认"选项卡中"修改"面板上的 按钮。
- 命令：OFFSET 或简写为 O。

【例 3-16】 使用 OFFSET 命令画平行线。

（1）打开素材文件"dwg\第 3 章\3-16.dwg"，如图 3-44 左图所示。

（2）用 OFFSET 命令将左图修改为右图的样式。

例 3-16

命令：_offset	//绘制与 AB 平行的线段 CD，如图 3-44 所示
指定偏移距离或[通过(T)/删除(E)/图层(L)] <12.0000>：	//输入平行线间的距离
选择要偏移的对象，或[退出(E)/放弃(U)] <退出>：	//选择线段 AB
指定要偏移的那一侧上的点，或[退出(E)/多个(M)/放弃(U)] <退出>：	//在线段 AB 的右边单击
选择要偏移的对象，或[退出(E)/放弃(U)] <退出>：	//按 Enter 键结束
命令：OFFSET	//重复命令，过点 K 画线段 EF 的平行线 GH
指定偏移距离或[通过(T)/删除(E)/图层(L)] <10.0000>： t	//选取"通过(T)"选项
选择要偏移的对象，或[退出(E)/放弃(U)] <退出>：	//选择线段 EF
指定通过点或[退出(E)/多个(M)/放弃(U)] <退出>：	//捕捉平行线通过的点 K
选择要偏移的对象，或[退出(E)/放弃(U)] <退出>：	//按 Enter 键结束

结果如图 3-44 右图所示。

OFFSET 命令的选项如下。

- 指定偏移距离：用户输入偏移距离值，系统根据此数值偏移原始对象产生新对象。
- 通过(T)：通过指定点创建新的偏移对象。
- 删除(E)：偏移源对象后将其删除。
- 图层(L)：指定将偏移后的新对象放置在当前图层上或源对象所在的图层上。
- 多个(M)：在要偏移的一侧单击多次，即可创建多个等距对象。

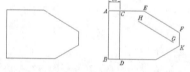

图 3-44　画平行线

3.3.2　利用垂足捕捉代号"PER"画垂线

若是过线段外的一点 A 作已知线段 BC 的垂线 AD，则用户可使用 LINE 命令并结合垂足捕捉代号"PER"画该条垂线，如图 3-45 所示。

【例 3-17】 利用垂足捕捉代号"PER"画垂线。

命令：_line 指定第一点：	//拾取点 A，如图 3-45 所示
指定下一点或[放弃(U)]： per 到	//输入垂足捕捉代号"PER"捕捉垂足 D
指定下一点或[放弃(U)]：	//按 Enter 键结束

例 3-17

结果如图 3-45 所示。

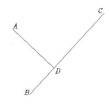

图 3-45　画垂线

3.3.3　利用角度覆盖方式画垂线和倾斜线段

如果要沿某一个方向画任意长度的线段，用户可在 AutoCAD 提示输入点时，输入一个小于号"<"和角度值。该角度表明了画线的方向，AutoCAD 将把指针锁定在此方向上。当用户移动指针时线段的长度就会发生变化，获取适当长度后，单击鼠标左键结束，这种画线方式称为角度覆盖。

【例 3-18】　画垂线和倾斜线段。

（1）打开素材文件"dwg\第 3 章\3-18.dwg"，如图 3-46 所示。

（2）利用角度覆盖的方式画垂线 BC 和倾斜线段 DE。

例 3-18

命令：_line 指定第一点：ext	//使用延伸捕捉"EXT"
于 20	//输入点 B 与点 A 的距离
指定下一点或[放弃(U)]：<120	//指定线段 BC 的方向
指定下一点或[放弃(U)]：	//在点 C 处单击一点
指定下一点或[放弃(U)]：	//按 Enter 键结束
命令：	//重复命令
LINE 指定第一点：ext	//使用延伸捕捉"EXT"
于 50	//输入点 D 与点 A 的距离
指定下一点或[放弃(U)]：<130	//指定线段 DE 的方向
指定下一点或[放弃(U)]：	//在点 E 处单击
指定下一点或[放弃(U)]：	//按 Enter 键结束

结果如图 3-46 所示。

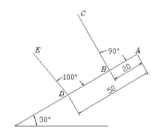

图 3-46　画垂线及斜线

3.3.4　用 XLINE 命令画水平、竖直及倾斜直线

XLINE 命令可以画无限长的构造线，用户可以用它直接画出水平方向、竖直方向、倾斜方向及平行关系的直线，绘图过程中采用此命令画定位线或绘图辅助线是很方便的。

XLINE命令的启动方法如下。

- 菜单命令：【绘图】/【构造线】。
- 面板："默认"选项卡中"绘图"面板上的 按钮。
- 命令：XLINE 或简写为 XL。

【例3-19】 使用 XLINE 命令画构造线。

（1）打开素材文件"dwg\第3章\3-19.dwg"，如图3-47左图所示。

（2）用 XLINE 命令将左图修改为右图样式。

例 3-19

命令：_xline指定点或[水平(H)/垂直(V)/角度(A)/二等分(B)/偏移(O)]：v	
	//使用"垂直(V)"选项
指定通过点：ext	//使用延伸捕捉"EXT"
于 12	//输入点 B 与点 A 的距离，如图 3-47 右图所示
指定通过点：	//按 Enter 键结束
命令：	//重复命令
XLINE 指定点或[水平(V)/垂直(V)/角度(A)/二等分(B)/偏移(O)]：a	
	//使用"角度(A)"选项
输入构造线的角度 (0) 或[参照(R)]：r	//使用"参照(R)"选项
选择直线对象：	//选择线段 AC
输入构造线的角度 <0>：-50	//输入角度值
指定通过点：ext	//使用延伸捕捉"EXT"
于 10	//输入点 D 与点 C 的距离
指定通过点：	//按 Enter 键结束

结果如图3-47右图所示。

XLINE命令的选项如下。

- 指定点：通过两点绘制直线。
- 水平(H)：画水平方向的直线。
- 垂直(V)：画竖直方向的直线。
- 角度(A)：通过某点画一条与已知直线成一定角度的直线。
- 二等分(B)：绘制一条平分已知角度的直线。
- 偏移(O)：可输入一个偏移距离绘制平行线，或者指定线段通过的点来创建新平行线。

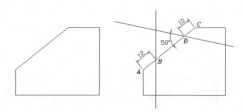
图 3-47　画构造线

3.3.5　调整线段的长度

LENGTHEN 命令可以改变线段、圆弧、椭圆弧及样条曲线等的长度。使用此命令时，经常采用的是"动态"选项，即直观地拖动对象来改变其长度。

LENGTHEN命令的启动方法如下。

- 菜单命令：【修改】/【拉长】。
- 面板："默认"选项卡中"修改"面板上的 按钮。
- 命令：LENGTHEN 或简写为 LEN。

【例3-20】 使用 LENGTHEN 命令改变线段的长度。

例 3-20

（1）打开素材文件"dwg\第 3 章\3-20.dwg"，如图 3-48 左图所示。

（2）用 LENGTHEN 命令将左图修改为右图样式。

命令: _lengthen

选择对象或[增量(DE)/百分比(P)/总计(T)/动态(DY)]: dy
//使用"动态(DY)"选项

选择要修改的对象或[放弃(U)]:
//选择线段 A 的上端，如图 3-48 左图所示

指定新端点:
//调整线段端点到适当位置

选择要修改的对象或[放弃(U)]:
//选择线段 B 的右端

指定新端点:
//调整线段端点到适当位置

选择要修改的对象或[放弃(U)]:
//按 Enter 键结束

结果如图 3-48 右图所示。

LENGTHEN 命令的选项如下。

- 增量(DE)：以指定的增量值改变线段或圆弧的
  长度。对于圆弧，还可通过设定角度增量改变
  其长度。
- 百分比(P)：以对象总长度的百分比形式改变
  对象长度。

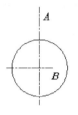

改变对象长度   结果

图 3-48　改变对象长度

- 总计(T)：通过指定线段或圆弧的新长度来改变对象总长。
- 动态(DY)：拖动鼠标就可以动态地改变对象长度。

3.3.6　打断线段

BREAK 命令可以删除对象的一部分，常用于打断直线、圆、圆弧及椭圆等。此命令既可以在一个点处打断对象，也可以在指定的两点间打断对象。

BREAK 命令的启动方法如下。

- 菜单命令：【修改】/【打断】。
- 面板："默认"选项卡中"修改"面板上的 📷 按钮。
- 命令：BREAK 或简写为 BR。

【例 3-21】　使用 BREAK 命令打断直线。

（1）打开素材文件"dwg\第 3 章\3-21.
dwg"，如图 3-49 左图所示。

（2）用 BREAK 命令将左图修改为右
图所示的样式。

例 3-21

图 3-49　打断线段

命令: _break 选择对象:
//在 C 点处选择对象，如图 3-49 左图所示，AutoCAD 将该点作为第一个打断点

指定第二个打断点或[第一点(F)]:
//在点 D 处选择对象，选择点也可不在线段上

命令:
//重复命令

BREAK 选择对象:
//选择线段 A

指定第二个打断点或[第一点(F)]: f
//使用"第一点(F)"选项

| 指定第一个打断点: int 于 | //捕捉交点 *B* |
| 指定第二个打断点: @ | //第二打断点与第一打断点重合，线段 *A* 将在点 *B* 处断开 |

结果如图 3-49 右图所示。

BREAK 命令的选项如下。

- 指定第二个打断点：在图形对象上选取第二个点后，系统将第一个打断点与第二个打断点间的部分删除。指定的第二个打断点不必在图形对象上，只要在打断位置附近单击一点即可。
- 第一点(F)：该选项使用户可以重新指定第一个打断点。

BREAK 命令还有以下一些操作方式。

（1）如果要删除线段或圆弧的一端，可在选择被打断的对象后，将第二个打断点指定在要删除部分那端的外侧。

（2）当提示输入第二个打断点时，输入"@"，则系统将第一个打断点和第二个打断点视为同一点，这样就将一个对象拆分为二，而没有删除其中的任何一部分。

3.3.7 延伸线段

利用 EXTEND 命令可以将线段、曲线等对象延伸到一个边界对象，使其与边界对象相交。有时边界对象可能是隐含边界，这时对象延伸后并不与边界直接相交，而是与边界的隐含部分（延长线）相交。

EXTEND 命令的启动方法如下。

- 菜单命令：【修改】/【延伸】。
- 面板："默认"选项卡中"修改"面板上的 --/ 延伸 按钮。
- 命令：EXTEND 或简写为 EX。

例 3-22

【例 3-22】 使用 EXTEND 命令延伸直线。

（1）打开素材文件"dwg\第 3 章\3-22.dwg"，如图 3-50 左图所示。

（2）用 EXTEND 命令将左图修改为右图样式。

```
命令: _extend
选择对象或 <全部选择>: 找到 1 个              //选择边界线段 C，如图 3-50 左图所示
选择对象:                                    //按 Enter 键
选择要延伸的对象，或按住 Shift 键选择要修剪的对象，或[栏选(F)/窗交(C)/投影(P)/边(E)/放弃(U)]:
                                            //选择要延伸的线段 A
选择要延伸的对象，或按住 Shift 键选择要修剪的对象，或[栏选(F)/窗交(C)/投影(P)/边(E)/放弃(U)]:e
                                            //利用"边(E)"选项将线段 B 延伸到隐含边界
输入隐含边延伸模式[延伸(E)/不延伸(N)] <不延伸>: e  //指定"延伸(E)"选项
选择要延伸的对象，或按住 Shift 键选择要修剪的对象，或[栏选(F)/窗交(C)/投影(P)/边(E)/放弃(U)]:
                                            //选择线段 B
选择要延伸的对象，或按住 Shift 键选择要修剪的对象，或
[栏选(F)/窗交(C)/投影(P)/边(E)/放弃(U)]:      //按 Enter 键结束
```

结果如图 3-50 右图所示。

在延伸操作中，一个对象可同时被用作边界边和延伸对象。

EXTEND 命令的选项如下。

- 按住 Shift 键选择要修剪的对象：将选择的对象修剪到边界而不是将其延伸。
- 栏选(F)：用户绘制连续折线，与折线相交的对象被延伸。
- 窗交(C)：利用交叉窗口选择对象。
- 投影(P)：用户使用该选项可以指定延伸操作的空间。对于二维绘图来说，延伸操作是在当前坐标平面（xy 平面）内进行的。在三维空间绘图时，用户可通过该选项将两个交叉对象投影到 xy 平面或当前视图平面内执行延伸操作。
- 边(E)：该选项控制是否把对象延伸到隐含边界。当边界边太短且延伸对象后不能与其直接相交（如图 3-50 所示的边界边 C）时，就打开该选项，此时假想将边界边延长，然后使延伸边伸长到与边界相交的位置。

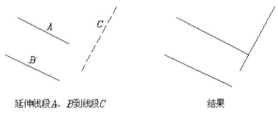

图 3-50 延伸线段

- 放弃(U)：取消上一次的操作。

3.3.8 修剪线条

在绘图过程中，常有许多线条交织在一起，用户若想将线条的某一部分修剪掉，可使用 TRIM 命令。启动该命令后，AutoCAD 提示用户指定一个或几个对象作为剪切边（可以想象为剪刀），然后用户就可以选择被剪掉的部分。剪切边可以是直线、圆弧及样条曲线等对象，剪切边本身也可作为被修剪的对象。

修剪线条命令的启动方法如下。

- 菜单命令：【修改】/【修剪】。
- 面板："默认"选项卡中"修改"面板上的 /-- 修剪 按钮。
- 命令：TRIM 或简写为 TR。

【例 3-23】 使用 TRIM 命令修剪线条。

（1）打开素材文件 "dwg\第 3 章\3-23.dwg"，如图 3-51 左图所示。

（2）用 TRIM 命令将左图修改为右图样式。

例 3-23

```
命令: _trim
选择对象或 <全部选择>: 找到1个                          //选择剪切边 AB, 如图 3-51 左图所示
选择对象: 找到1个, 总计2个                              //选择剪切边 CD
选择对象:                                              //按 Enter 键确认
选择要修剪的对象, 或按住 Shift 键选择要延伸的对象, 或
[栏选(F)/窗交(C)/投影(P)/边(E)/删除(R)/放弃(U)]:      //选择被修剪的对象
选择要修剪的对象, 或按住 Shift 键选择要延伸的对象, 或
[栏选(F)/窗交(C)/投影(P)/边(E)/删除(R)/放弃(U)]:      //选择其他被修剪的对象
选择要修剪的对象, 或按住 Shift 键选择要延伸的对象, 或
```

```
[栏选(F)/窗交(C)/投影(P)/边(E)/删除(R)/放弃(U)]:            //选择其他被修剪的对象
选择要修剪的对象，或按住 Shift 键选择要延伸的对象，或
[栏选(F)/窗交(C)/投影(P)/边(E)/删除(R)/放弃(U)]:            //按 Enter 键结束
```

结果如图 3-51 右图所示。

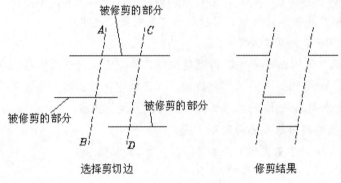

图 3-51　修剪线条

　当修剪图形中某一个区域的线条时，可直接把这个部分的所有图形元素都选中，这样图形元素之间就能进行相互修剪。用户接下来的任务仅仅是仔细地选择被剪切的对象。

修剪线条命令的选项如下。

- 按住 Shift 键选择要延伸的对象：将选定的对象延伸至剪切边。
- 栏选(F)：用户绘制连续折线，与折线相交的对象被修剪。
- 窗交(C)：利用交叉窗口选择对象。
- 投影(P)：该选项可以使用户指定执行修剪的空间。例如，三维空间中两条线段呈交叉关系，用户可利用该选项假想将其投影到某一个平面上执行修剪操作。
- 边(E)：选择此选项，AutoCAD 提示如下。

```
输入隐含边延伸模式[延伸(E)/不延伸(N)] <不延伸>:
```

延伸(E)：如果剪切边太短，没有与被修剪的对象相交，则系统假想将剪切边延长，然后执行修剪操作，如图 3-52 所示。

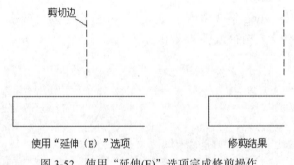

图 3-52　使用"延伸(E)"选项完成修剪操作

不延伸(N)：只有当剪切边与被剪切对象实际相交时才进行修剪。

- 删除(R)：不退出 TRIM 命令就能删除选定的对象。

- 放弃(U): 若修剪有误, 可输入字母 "U" 撤销修剪。

3.3.9　实战提高

读者可通过例 3-24 和例 3-25 进行实战提高。

【例 3-24】　用 LINE、OFFSET、EXTEND、TRIM 等命令绘制图 3-53 所示的图形。

【例 3-25】　用 LINE、OFFSET、EXTEND、TRIM 等命令绘制图 3-54 所示的图形。

例 3-24　　　　例 3-25

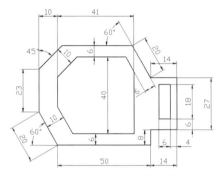 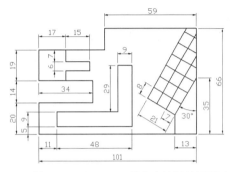

图 3-53　用 OFFSET、TRIM 等命令绘制的图形（1）　图 3-54　用 OFFSET、TRIM 等命令绘制的图形（2）

3.4

画直线、圆及圆弧等构成的平面图形

下面主要介绍切线、圆和过渡圆弧的绘制方法。

【例 3-26】　通过绘制图 3-55 所示的图形, 介绍用 LINE、CIRCLE、OFFSET、TRIM 等命令绘制图形的过程。

例 3-26

（1）设定绘图区域大小为 120×120。单击导航栏上的 按钮, 使绘图区域充满整个图形窗口显示出来。

（2）设置全局线型比例因子为 0.2, 并创建以下图层。

名称	颜色	线型	线宽
轮廓线层	白色	Continuous	0.5
中心线层	红色	Center	默认

（3）打开极轴追踪、对象捕捉及捕捉追踪功能, 设置极轴追踪角度的增量为 90°; 设定对象捕捉方式为端点、交点, 设置仅沿正交方向进行捕捉追踪。

（4）切换到轮廓线层, 画圆的定位线 A、B, 其长度约为 50, 如图 3-56 左图所示, 再用 OFFSET 和 LENGTHEN 命令形成定位线 C、D、E, 如图 3-56 右图所示。

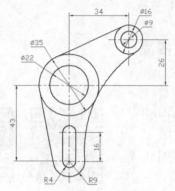
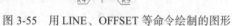

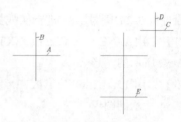

图 3-55　用 LINE、OFFSET 等命令绘制的图形　　　　图 3-56　画圆的定位线

（5）画圆及切线，如图 3-57 左图所示。修剪多余线条，结果如图 3-57 右图所示。

（6）画圆 F、G 及两圆的切线，如图 3-58 左图所示。修剪多余线条，将圆的定位线修改到中心线层上，再用 LENGTHEN 命令调整部分线条的长度，结果如图 3-58 右图所示。

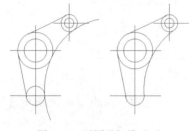
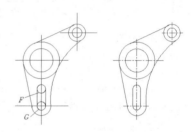

图 3-57　画圆及切线（1）　　　　　　　　图 3-58　画圆及切线（2）

3.4.1　画切线

画切线的情况一般有以下两种。

- 过圆外的一点作圆的切线。
- 绘制两个圆的公切线。

用户可利用 LINE 命令，并结合切点捕捉 TAN 来绘制切线。

例 3-27

【例 3-27】　画圆的切线。

（1）打开素材文件“dwg\第 3 章\3-27.dwg”，如图 3-59 左图所示。

（2）用 LINE 命令将左图修改为右图样式。

命令：_line 指定第一点：end 于	//捕捉端点 A，如图 3-59 右图所示
指定下一点或[放弃(U)]：tan 到	//捕捉切点 B
指定下一点或[放弃(U)]：	//按 Enter 键结束
命令：	//重复命令
LINE 指定第一点：end 于	//捕捉端点 C
指定下一点或[放弃(U)]：tan 到	//捕捉切点 D
指定下一点或[放弃(U)]：	//按 Enter 键结束
命令：	//重复命令

LINE 指定第一点：tan 到	//捕捉切点 E
指定下一点或[放弃(U)]：tan 到	//捕捉切点 F
指定下一点或[放弃(U)]：	//按 Enter 键结束
命令：	//重复命令
LINE 指定第一点：tan 到	//捕捉切点 G
指定下一点或[放弃(U)]：tan 到	//捕捉切点 H
指定下一点或[放弃(U)]：	//按 Enter 键结束

结果如图 3-59 右图所示。

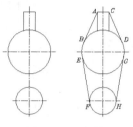

图 3-59　画切线

3.4.2　画圆及圆弧连接

用 CIRCLE 命令绘制圆，默认的画圆方法是指定圆心和半径。此外，还可通过两点或三点来画圆。CIRCLE 命令也可用来绘制过渡圆弧，方法是先画出与已有对象相切的圆，然后用 TRIM 命令修剪多余线条。

CIRCLE 命令的启动方法如下。

- 菜单命令：【绘图】/【圆】。
- 面板："默认"选项卡中"绘图"面板上的 ⊘ （圆）按钮。
- 命令：CIRCLE 或简写为 C。

【例 3-28】　使用 CIRCLE 命令画圆及圆弧连接。

（1）打开素材文件"dwg\第 3 章\3-28.dwg"，如图 3-60 左图所示。

例 3-28

（2）用 CIRCLE 命令将左图修改为右图样式。

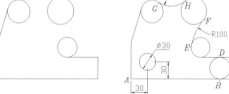

图 3-60　画圆及圆弧连接

命令：_circle 指定圆的圆心或[三点(3P)/两点(2P)/切点、切点、半径(T)]：from	
	//使用正交偏移捕捉
基点：int 于	//捕捉点 A，如图 3-60 右图所示
<偏移>：@30,30	//输入相对坐标
指定圆的半径或[直径(D)] <19.0019>：15	//输入圆的半径
命令：	//重复命令
CIRCLE 指定圆的圆心或[三点(3P)/两点(2P)/切点、切点、半径(T)]：3p	

	//使用"三点(3P)"选项
指定圆上的第一个点：tan 到	//捕捉切点 B
指定圆上的第二个点：tan 到	//捕捉切点 C
指定圆上的第三个点：tan 到	//捕捉切点 D
命令：	//重复命令
CIRCLE 指定圆的圆心或[三点(3P)/两点(2P)/ 切点、切点、半径(T)]：t	
	//使用"相切、相切、半径(T)"选项
指定对象与圆的第一个切点：	//捕捉切点 E
指定对象与圆的第二个切点：	//捕捉切点 F
指定圆的半径 <19.0019>：100	//输入圆的半径
命令：	//重复命令
CIRCLE 指定圆的圆心或[三点(3P)/两点(2P)/ 切点、切点、半径(T)]：t	
	//使用"相切、相切、半径(T)"选项
指定对象与圆的第一个切点：	//捕捉切点 G
指定对象与圆的第二个切点：	//捕捉切点 H
指定圆的半径 <100.0000>：40	//输入圆的半径

修剪多余线条，结果如图 3-60 右图所示。

 当绘制与两个圆相切的圆弧时，在圆的不同位置拾取切点，将画出内切或外切不同的圆弧。

CIRCLE 命令的选项如下。

- 指定圆的圆心：默认选项。输入圆心坐标或拾取圆心后，系统提示输入圆的半径或直径值。
- 三点(3P)：指定 3 个点绘制圆。
- 两点(2P)：指定直径的两个端点绘制圆。
- 切点、切点、半径(T)：指定两个切点，然后输入圆的半径绘制圆。

3.4.3 倒圆角

倒圆角是利用指定半径的圆弧光滑地连接两个对象，操作的对象包括直线、多段线、样条线、圆及圆弧等。对于多段线，可一次将其所有顶点都光滑地过渡（在第 6 章中将详细介绍多段线）。

倒圆角命令的启动方法如下。

- 菜单命令：【修改】/【圆角】。
- 面板："默认"选项卡中"修改"面板上的 ⬜圆角 按钮。
- 命令：FILLET 或简写为 F。

【例 3-29】 使用 FILLET 命令倒圆角。

（1）打开素材文件 "dwg\第 3 章\3-29.dwg"，如图 3-61 左图所示。

（2）用 FILLET 命令将左图修改为右图样式。

例 3-29

命令: _fillet
选择第一个对象或[放弃(U)/多段线(P)/半径(R)/修剪(T)/多个(M)]: r
                              //设置圆角的半径
指定圆角半径 <3.0000>: 5   //输入圆角的半径值
选择第一个对象或[放弃(U)/多段线(P)/半径(R)/修剪(T)/多个(M)]:
                              //选择要倒圆角的第一个对象, 如图 3-61 左图所示
选择第二个对象, 或按住 Shift 键选择要应用角点的对象: //选择要倒圆角的第二个对象

结果如图 3-61 右图所示。

倒圆角命令的选项如下。

- 放弃(U): 取消倒圆角操作。
- 多段线(P): 选择多段线后, 系统对多段线的每个顶点进行倒圆角操作, 如图 3-62 左图所示。
- 半径(R): 设定圆角半径。若圆角的半径为 0, 则系统将使被修剪的两个对象交于一点。
- 修剪(T): 指定倒圆角操作后是否修剪对象, 图 3-62 右图所示为不修剪对象的情况。

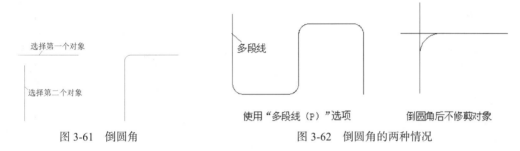

图 3-61　倒圆角

图 3-62　倒圆角的两种情况

- 多个(M): 可一次创建多个圆角。系统将重复提示"选择第一个对象"和"选择第二个对象", 直到用户按 Enter 键结束命令为止。
- 按住 Shift 键选择要应用角点的对象: 若按住 Shift 键选择第二个圆角对象, 则以 0 值替代当前的圆角半径。

3.4.4　倒角

倒角是用一条斜线连接两个对象。倒角时既可以输入每条边的倒角距离, 也可以指定某条边上倒角的长度及与此边的夹角。

倒角命令的启动方法如下。

- 菜单命令:【修改】/【倒角】。
- 面板:"默认"选项卡中"修改"面板上的 □ 倒角 按钮。
- 命令: CHAMFER 或简写为 CHA。

【例3-30】　使用 CHAMFER 命令倒斜角。

(1) 打开素材文件"dwg\第 3 章\3-30.dwg", 如图 3-63 左图所示。

(2) 用 CHAMFER 命令将左图修改为右图样式。

例 3-30

```
命令: _chamfer
选择第一条直线[放弃(U)/多段线(P)/距离(D)/角度(A)/修剪(T)/方式(E)/多个(M)]: d
                                        //设置倒角距离
指定第一个倒角距离 <3.0000>: 5          //输入第一个边的倒角距离
指定第二个倒角距离 <5.0000>: 8          //输入第二个边的倒角距离
选择第一条直线或[放弃(U)/多段线(P)/距离(D)/角度(A)/修剪(T)/方式(E)/多个(M)]:
                                        //选择第一个倒角边，如图 3-63 左图所示
选择第二条直线，或按住 Shift 键选择要应用角点的直线: //选择第二个倒角边
```

结果如图 3-63 右图所示。

倒角命令的选项如下。

- 放弃(U): 取消倒角操作。
- 多段线(P): 选择多段线后，系统将对多段线的每个顶点执行倒角操作，如图 3-64 左图所示。
- 距离(D): 设定倒角距离。若倒角距离为 0，则系统将被倒角的两个对象交于一点。
- 角度(A): 指定倒角距离及倒角的角度，如图 3-64 右图所示。

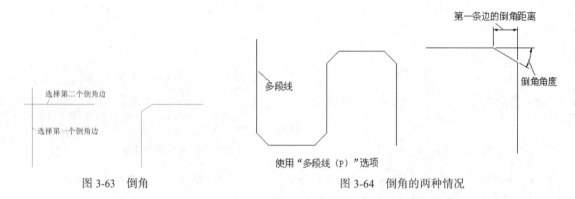

图 3-63　倒角　　　　　　　　　　　　　图 3-64　倒角的两种情况

- 修剪(T): 设置倒角时是否修剪对象。该选项与 FILLET 命令的"修剪(T)"选项相同。
- 方式(E): 设置是用两个倒角距离还是一个距离一个角度来创建倒角。
- 多个(M): 可一次创建多个倒角。系统将重复提示"选择第一条直线"和"选择第二条直线"，直到用户按 Enter 键结束命令为止。
- 按住 Shift 键选择要应用角点的直线: 若按住 Shift 键选择第二个倒角对象，则以 0 值替代当前的倒角距离。

3.4.5　实战提高

读者可通过例 3-31 和例 3-32 进行实战提高。

【例 3-31】　用 LINE、CIRCLE、OFFSET、TRIM 等命令绘制图形，如图 3-65 所示。

【例 3-32】　用 LINE、CIRCLE、OFFSET、TRIM 等命令绘制图形，如图 3-66 所示。

例 3-31　　　　　　　例 3-32

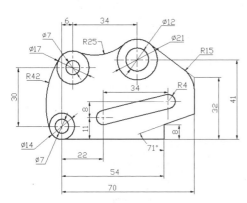

图 3-65　用 LINE、OFFSET 等命令绘制的图形（1）

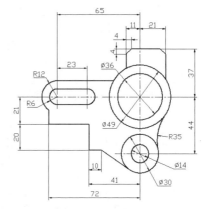

图 3-66　用 LINE、OFFSET 等命令绘制的图形（2）

3.5 综合实训——画直线构成的图形

读者可通过例 3-33、例 3-34 和例 3-35 进行综合实训。

【例 3-33】　用 LINE、OFFSET、TRIM 等命令绘图，如图 3-67 所示。

（1）设定绘图区域的大小为 120×120。单击导航栏上的 按钮，使绘图区域充满整个图形窗口显示出来。

（2）打开极轴追踪、对象捕捉及捕捉追踪功能，设置极轴追踪角度的增量为 90°；设定对象捕捉方式为端点、交点，设置仅沿正交方向进行捕捉追踪。

例 3-33

（3）画水平和竖直的绘图基准线 A、B，如图 3-68 所示。线段 A 的长度为 120 左右，线段 B 的长度为 90 左右。

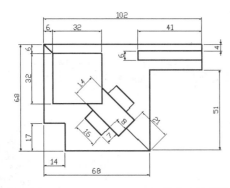

图 3-67　用 LINE、OFFSET、TRIM 等命令绘制的图形

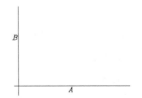

图 3-68　画绘图基准线

（4）使用 OFFSET、TRIM 等命令画线框 C，如图 3-69 所示。

（5）连线 EF，再用 OFFSET、TRIM 等命令画线框 G，如图 3-70 所示。

（6）用 XLINE、OFFSET、TRIM 等命令画直线 H、I 及 J 等，如图 3-71 所示。

（7）用 LINE 命令画线框 K，结果如图 3-72 所示。

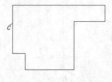

图 3-69　画线框 C

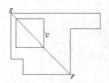

图 3-70　画线框 G

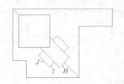

图 3-71　画直线 H、I 及 J 等

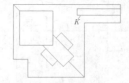

图 3-72　画线框 K

【例 3-34】　用 LINE、CIRCLE、OFFSET、TRIM 等命令绘图，如图 3-73 所示。

【例 3-35】　使用 LINE、TRIM 等命令绘制平面图形，如图 3-74 所示。

例 3-34　　　　　　例 3-35

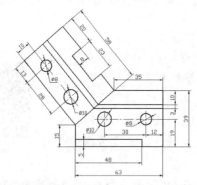

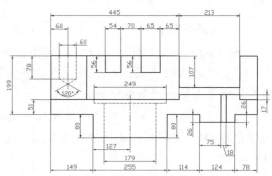

图 3-73　用 LINE、CIRCLE、OFFSET、TRIM 等命令绘制的图形　　图 3-74　用 LINE、TRIM 等命令绘制的图形

3.6

综合实训——画直线、圆及圆弧连接

读者可通过例 3-36、例 3-37、例 3-38 和例 3-39，进行画直线、圆及圆弧连接的综合实训。

【例 3-36】　用 LINE、CIRCLE、OFFSET、TRIM 等命令绘图，如图 3-75 所示。

（1）设定绘图区域的大小为 1 500×1 500，设置线型全局比例因子为 2。

例 3-36

（2）创建以下图层。

名称	颜色	线型	线宽
轮廓线层	白色	Continuous	0.5
中心线层	红色	Center	默认

（3）打开极轴追踪、对象捕捉及捕捉追踪功能，设置极轴追踪角度的增量为90°，设定对象捕捉方式为端点、圆心和交点，设置仅沿正交方向进行捕捉追踪。

（4）切换到中心线层，用 LINE 命令画圆的定位线 A、B，线段 A 的长度约为 1 000，线段 B 的长度约为 450。再以线段 A、B 为基准线，用 OFFSET 和 LENGTHEN 命令形成其他定位线，如图 3-76 所示。

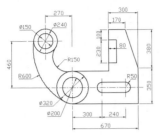

图 3-75　用 LINE、CIRCLE 等命令绘制的图形

图 3-76　画定位线

（5）切换到轮廓线层，画圆、圆弧连接及切线，如图 3-77 所示。

（6）用 LINE 命令绘制线段 C、D 及 E 等，再修剪多余线条，结果如图 3-78 所示。

图 3-77　画圆、圆弧连接及切线

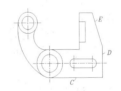

图 3-78　绘制线段 C、D 及 E 等

用户也可以只在轮廓线层上绘图，然后将圆的定位线修改到中心线层上。

【例 3-37】　用 LINE、CIRCLE、OFFSET、TRIM 等命令绘图，如图 3-79 所示。

【例 3-38】　用 LINE、CIRCLE、TRIM 等命令绘制如图 3-80 所示的图形。

例 3-37　　　　　例 3-38

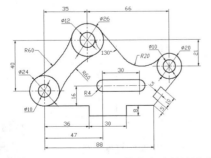

图 3-79　用 LINE、OFFSET 等命令绘制的图形

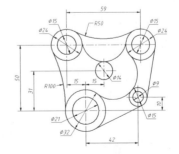

图 3-80　画圆及圆弧连接（1）

【例 3-39】　用 LINE、CIRCLE、TRIM 等命令绘图，如图 3-81 所示。

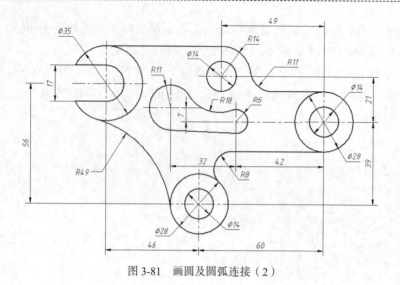

例 3-39

图 3-81　画圆及圆弧连接（2）

3.7 综合实训——绘制三视图

读者可通过例 3-40、例 3-41 和例 3-42 进行绘制三视图的综合实训。

【例 3-40】　根据轴测图绘制三视图，如图 3-82 所示。

绘制三视图时，可用 XLINE 命令画竖直投影线向俯视图投影，也可将俯视图复制到新位置并旋转 90°，然后画水平及竖直投影线向左视图投影，如图 3-83 所示。

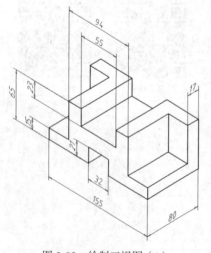

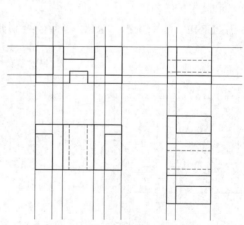

例 3-40

图 3-82　绘制三视图（1）　　　　图 3-83　绘制水平及竖直投影线

【例 3-41】　根据轴测图绘制三视图，如图 3-84 所示。

例 3-41

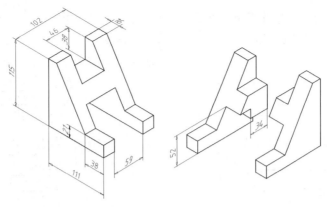

图 3-84　绘制三视图（2）

【例3-42】　根据轴测图绘制三视图，如图 3-85 所示。

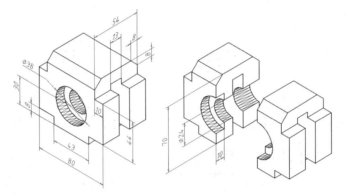

例 3-42-1

例 3-42-2

图 3-85　绘制三视图（3）

操作与练习

1. 利用点的绝对或相对直角坐标绘制如图 3-86 所示的图形。
2. 输入点的相对坐标画线，如图 3-87 所示。

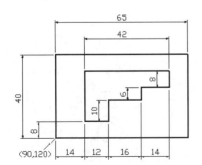

图 3-86　输入点的绝对或相对直角坐标绘图

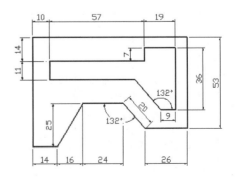

图 3-87　输入相对坐标画线

3. 打开极轴追踪、对象捕捉及捕捉追踪功能画线，如图 3-88 所示。

4. 用 OFFSET、TRIM 等命令绘制如图 3-89 所示的图形。

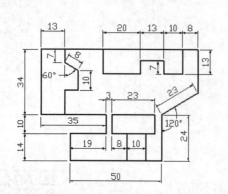

图 3-88　利用极轴追踪、对象捕捉及追踪功能等画线

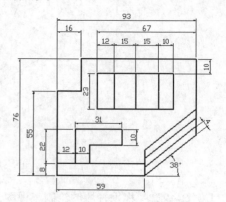

图 3-89　用 OFFSET、TRIM 等命令绘制的图形（1）

5. 用 OFFSET、TRIM 等命令绘制如图 3-90 所示的图形。

6. 绘制如图 3-91 所示的图形。

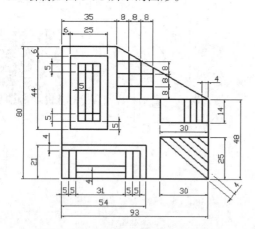

图 3-90　用 OFFSET、TRIM 等命令绘制的图形（2）

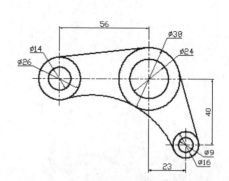

图 3-91　画圆、切线及圆弧连接

7. 绘制如图 3-92 所示的图形。

8. 绘制如图 3-93 所示的图形。

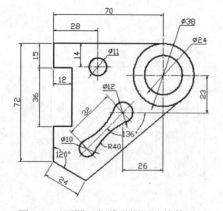

图 3-92　画圆、切线及圆弧连接等（1）

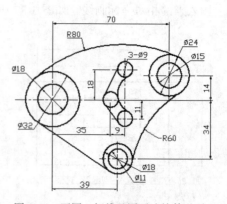

图 3-93　画圆、切线及圆弧连接等（2）

第4章
绘制多边形、椭圆及简单平面图形

第 3 章介绍了画直线、圆及圆弧等的方法，除直线、圆及圆弧外，矩形、正多边形、椭圆等也是工程图中常见的几何对象。本章将介绍这些对象的绘制方法，另外还将介绍具有均布几何特征和对称关系的图形的画法。

通过对本章的学习，读者可以掌握绘制椭圆、正多边形、矩形及填充剖面图案等的方法，并学会如何创建具有均布及对称几何特征的图形对象。

【学习目标】

- 创建对象的矩形阵列和环形阵列。
- 画具有对称关系的图形。
- 画矩形、正多边形及椭圆等。
- 绘制剖面图案。
- 控制剖面线的角度和疏密。
- 编辑剖面图案。
- 画工程图中的波浪线。

4.1 绘制具有均布和对称几何特征的图形

在工程图中，几何对象对称分布或均匀分布的情况是很常见的，本节将介绍这两种图形的绘制方法。

【例 4-1】 通过绘制如图 4-1 所示的图形来介绍用 LINE、OFFSET、ARRAY、MIRROR 等命令绘制图形的过程。

例 4-1

（1）设定绘图区域的大小为 100×100，设置线型全局比例因子为 0.2。

（2）创建以下图层。

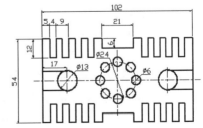

图 4-1　用 ARRAY、MIRROR 等命令
绘制的图形

名称	颜色	线型	线宽
轮廓线层	白色	Continuous	0.5
中心线层	红色	Center	默认

（3）打开极轴追踪、对象捕捉及捕捉追踪功能，设置极轴追踪角度的增量为90°；设定对象捕捉方式为端点、圆心、交点，设置仅沿正交方向进行捕捉追踪。

（4）切换到轮廓线层，用 LINE 命令画水平线段 A 和竖直线段 B，如图 4-2 所示。线段 A 的长度约为 80，线段 B 的长度约为 60。

（5）用 OFFSET 命令画平行线 C、D、E 及 F，如图 4-3 所示。

向上偏移线段 A 至 C，偏移距离为 27。

向下偏移线段 C 至 D，偏移距离为 6。

向左偏移线段 B 至 E，偏移距离为 51。

向左偏移线段 B 至 F，偏移距离为 10.5。

修剪多余的线条，结果如图 4-4 所示。

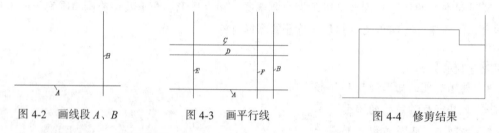

图 4-2　画线段 A、B　　　　图 4-3　画平行线　　　　　图 4-4　修剪结果

（6）用 LINE 命令绘制线框 G，再创建该线框的矩形阵列，结果如图 4-5 左图所示。阵列参数为行数"1"、列数"4"、列间距"9"。

修剪多余线条，结果如图 4-5 右图所示。

（7）沿竖直方向镜像对象 H，然后绘制圆及圆的切线，结果如图 4-6 左图所示。将左半图形沿水平方向镜像，结果如图 4-6 右图所示。

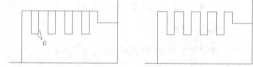

图 4-5　绘制线框 G 及创建矩形阵列等

（8）绘制圆 I，创建此圆的环形阵列，再将图形的对称线修改到中心线层上，结果如图 4-7 所示。

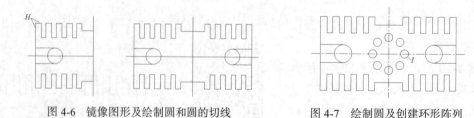

图 4-6　镜像图形及绘制圆和圆的切线　　　　　图 4-7　绘制圆及创建环形阵列

4.1.1　矩形阵列对象

矩形阵列是指将对象按行、列方式进行排列。操作时，用户一般应设定阵列的行数、列数、

行间距及列间距等，如果要沿倾斜方向生成矩形阵列，还应输入阵列的倾斜角度。

矩形阵列命令的启动方法如下。

- 菜单命令：【修改】/【阵列】/【矩形阵列】。
- 面板："默认"选项卡中"修改"面板上的 阵列按钮。
- 命令：ARRAYRECT 或简写为 AR(ARRAY)。

【例 4-2】 创建矩形阵列。

（1）打开素材文件"dwg\第 4 章\4-2.dwg"，如图 4-8 左图所示。用 ARRAYRECT 命令将左图修改为右图样式。

（2）启动矩形阵列命令，选择要生成阵列的图形对象 A，按 Enter 键后，弹出"阵列创建"选项卡，如图 4-9 所示。

（3）分别在"行数""列数"文本框中输入阵列的行数及列数，如图 4-9 所示。"行"的方向与坐标系的 x 轴平行，"列"的方向与 y 轴平行。每输入完一个数值，按 Enter 键或单击其他文本框，系统显示预览效果的图片。

（4）分别在"列""行"面板的"介于"

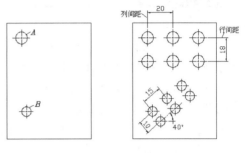

图 4-8　矩形阵列

文本框中输入列间距及行间距，如图 4-9 所示。行、列间距的数值可为正或负。若是正值，则 AutoCAD 沿 x、y 轴的正方向形成阵列；否则，沿反方向形成阵列。

图 4-9　"阵列创建"选项卡

（5）"层级"面板的参数用于设定阵列的层数及层高，"层"的方向沿着 z 轴方向。在默认的情况下，■按钮是按下的，表明创建的矩形阵列是一个整体对象，否则每个项目为单独对象。

（6）创建圆的矩形阵列后，再选中它，弹出"阵列"选项卡，如图 4-10 所示。通过此选项卡可编辑阵列参数。此外，还可重新设定阵列基点，以及通过修改阵列中的某个图形对象使所有阵列对象发生变化。

图 4-10　"阵列"选项卡

"阵列"选项卡中一些选项的功能介绍如下。

- 【基点】：设定阵列的基点。
- 【编辑来源】：选择阵列中的一个对象进行修改，完成后将使所有对象更新。

- 【替换项目】：用新对象替换阵列中的多个对象。操作时，先选择新对象，并指定基点，再选择阵列中要替换的对象即可。若想一次替换所有对象，可单击命令行中的"源对象(S)"选项。

- 【重置矩阵】：对阵列中的对象进行替换操作时，若有错误，按 Esc 键，再单击 （重置矩阵）按钮进行恢复。

（7）创建图形对象 *B* 的矩形阵列，结果如图 4-11 左图所示。阵列参数为行数"2"、列数"3"、行间距"−10"、列间距"15"。创建完成后，使用 ROTATE 命令将该阵列旋转到指定的倾斜方向，结果如图 4-11 中图所示。

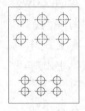
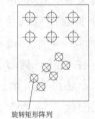
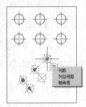

旋转矩形阵列

图 4-11　创建倾斜方向的矩形阵列

（8）利用关键点改变两个阵列方向间的夹角。选中创建的阵列对象，将鼠标指针移动到箭头形状的关键点处，出现快捷菜单，如图 4-11 右图所示。利用【轴角度】命令可以设定行、列两个方向间的夹角。设置完成后，鼠标指针所在处的阵列方向将变动，而另一个方向不变。

4.1.2　环形阵列对象

环形阵列是指把对象绕阵列中心等角度均匀分布。决定环形阵列的主要参数有阵列中心、阵列总角度及阵列数目等。此外，用户也可通过输入阵列的总数和每个对象间的夹角生成环形阵列。

环形阵列命令的启动方法如下。

- 菜单命令：【修改】/【阵列】/【环形阵列】。
- 面板："默认"选项卡中"修改"面板上的 阵列 按钮。
- 命令：ARRAYPOLAR 或简写为 AR。

【例 4-3】　创建环形阵列。

例 4-3

（1）打开素材文件"dwg\第 4 章\4-3.dwg"，如图 4-12 左图所示。用 ARRAYPOLAR 命令将左图修改为右图样式。

（2）启动环形阵列命令，选择要创建阵列的图形对象 *A*，再指定阵列中心点，弹出"阵列创建"选项卡，如图 4-13 所示。

图 4-12　环形阵列

（3）在"项目数"及"填充"文本框中输入阵列的数目及阵列分布的总角度值，也可在"介于"文本框中输入阵列项目间的夹角，如图 4-13 所示。

（4）单击 （方向）按钮，设定环形阵列沿顺时针或逆时针方向。

（5）在"行"面板中可以设定环形阵列沿径向分布的数目及间距，在"层级"面板中可以设定环形阵列沿 *z* 轴方向阵列的数目及间距。

（6）在默认的情况下， 按钮是按下的，表明创建的阵列是一个整体对象，否则每个项目为单独对象。  按钮用于控制阵列对象时各个对象是否旋转。

图 4-13 "阵列创建"选项卡

（7）选中已创建的环形阵列，弹出"阵列"选项卡，利用此选项卡可编辑阵列的参数。此外，还可通过修改阵列中的某个图形对象使得所有阵列对象发生变化。该选项卡中一些按钮的功能可参见 4.1.1 小节。

4.1.3 镜像对象

对于对称图形，用户只需绘制出图形的一半，另一半可由 MIRROR 命令镜像出来。操作时，用户需要先选择镜像的对象，然后指定镜像线的位置。

镜像命令的启动方法如下。

- 菜单命令：【修改】/【镜像】。
- 面板："默认"选项卡中"修改"面板上的 镜像 按钮。
- 命令：MIRROR 或简写为 MI。

【例 4-4】 使用 MIRROR 命令镜像对象。

例 4-4

（1）打开素材文件 "dwg\第 4 章\4-4.dwg"，如图 4-14（a）图所示。

（2）用 MIRROR 命令将（a）图修改为（b）图样式。

```
命令：_mirror
选择对象：指定对角点：找到 13 个          //选择镜像对象，如图 4-14（a）图所示
选择对象：                              //按 Enter 键
指定镜像线的第一点：                     //拾取镜像线上的第一点
指定镜像线的第二点：                     //拾取镜像线上的第二点
要删除源对象吗？[是(Y)/否(N)] <N>：      //按 Enter 键，镜像时不删除源对象
```

结果如图 4-14（b）所示，图 4-14（c）还显示了镜像时删除源对象的结果。

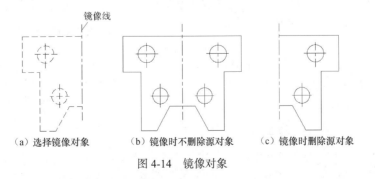

（a）选择镜像对象　　　　（b）镜像时不删除源对象　　　　（c）镜像时删除源对象

图 4-14 镜像对象

当对文字进行镜像操作时，结果可能会出现它们倒置的情况，要避免这一点，需将 MIRRTEXT 系统变量设置为"0"。

4.1.4 实战提高

读者可通过例 4-5、例 4-6 进行实战提高。

【例 4-5】 用 LINE、OFFSET、ARRAY 等命令绘制如图 4-15 所示的图形。

【例 4-6】 用 LINE、OFFSET、ARRAY、MIRROR 等命令绘制如图 4-16 所示的图形。

例 4-5　　　　　　例 4-6

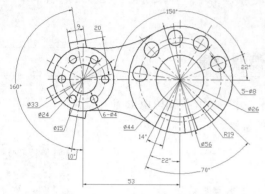

图 4-15　用 LINE、OFFSET、ARRAY 等
命令绘制的图形

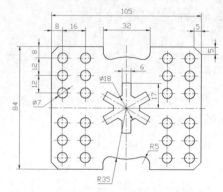

图 4-16　用 LINE、OFFSET、ARRAY、
MIRROR 等命令绘制的图形

4.2
画多边形、椭圆等对象组成的图形

本节主要介绍矩形、正多边形及椭圆等的画法。

【例 4-7】 通过绘制如图 4-17 所示的图形，介绍用 RECTANG、OFFSET、ELLIPSE、POLYGON 等命令绘制图形的过程。

例 4-7

（1）设定绘图区域的大小为 150×100，设置线型全局比例因子为 0.2。

（2）创建以下图层。

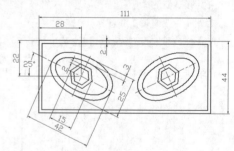

图 4-17　用 RECTANG、POLYGON 等
命令绘制的图形

名称	颜色	线型	线宽
轮廓线层	白色	Continuous	0.5
中心线层	红色	Center	默认

（3）绘制矩形、椭圆及正六边形，如图 4-18 所示。椭圆及正六边形的中心可利用正交偏移捕捉确定。

```
命令：_rectang
指定第一个角点或[倒角(C)/标高(E)/圆角(F)/厚度(T)/宽度(W)]:
                                    //单击一点A，如图4-18所示
指定另一个角点或[面积(A)/尺寸(D)/旋转(R)]: @111,-44
                               //输入矩形对角点的相对坐标，并按 Enter 键结束命令

命令：_ellipse
指定椭圆的轴端点或[圆弧(A)/中心点(C)]: c        //使用"中心点(C)"选项
指定椭圆的中心点: from                        //使用正交偏移捕捉
基点: int 于                                 //捕捉交点A
<偏移>: @28,-22                              //输入椭圆中心点的相对坐标
指定轴的端点: @21<155                         //输入椭圆轴端点B的相对坐标
指定另一条半轴长度或[旋转(R)]: 12.5           //输入椭圆另一轴长度的一半
命令：_polygon 输入边的数目 <4>: 6            //输入多边形的边数
指定正多边形的中心点或[边(E)]: cen 于          //捕捉椭圆的中心点
输入选项[内接于圆(I)/外切于圆(C)] <I>:        //按 Enter 键
指定圆的半径: @7.5<155                        //输入点C的相对坐标
```

（4）用 OFFSET 命令将矩形、椭圆及正六边形向内偏移，再用 XLINE、BREAK 等命令绘制定位线，然后镜像椭圆及正六边形等，结果如图 4-19 所示。

图 4-18　绘制矩形、椭圆及正六边形

图 4-19　镜像对象

4.2.1　画矩形

用户只需指定矩形对角线的两个端点就能画出矩形。绘制时，可设置矩形边线的宽度，还可指定顶点处的倒角距离及圆角半径等。

矩形命令的启动方法如下。

- 菜单命令：【绘图】/【矩形】。
- 面板："默认"选项卡中"绘图"面板上的 ▢ 按钮。
- 命令：RECTANG 或简写为 REC。

【例 4-8】　使用 RECTANG 命令绘制矩形。

（1）打开素材文件 "dwg\第 4 章\4-8.dwg"，如图 4-20 左图所示。用 RECTANG 和 OFFSET 命令将左图修改为右图样式。

例 4-8

```
命令：_rectang
指定第一个角点或[倒角(C)/标高(E)/圆角(F)/厚度(T)/宽度(W)]: from
                                    //使用正交偏移捕捉
基点: int 于                        //捕捉点A
<偏移>: @60,20                      //输入点B的相对坐标
指定另一个角点或[面积(A)/尺寸(D)/旋转(R)]: @93,54   //输入点C的相对坐标
```

（2）用 OFFSET 命令将矩形向内偏移，偏移距离为 8，结果如图 4-20 右图所示。矩形命令的选项如下。

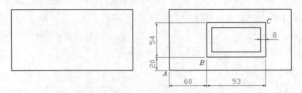

图 4-20　绘制矩形

- 指定第一个角点：在此提示下，用户指定矩形的一个角点。拖动指针时，屏幕上显示出一个矩形。
- 指定另一个角点：在此提示下，用户指定矩形的另一个角点。
- 倒角(C)：指定矩形各顶点倒角的大小。
- 标高(E)：确定矩形所在的平面高度。在默认情况下，矩形是在 xy 平面内（z 坐标值为 0）。
- 圆角(F)：指定矩形各顶点的倒圆角的半径。
- 厚度(T)：设置矩形的厚度，在三维绘图时常使用该选项。
- 宽度(W)：该选项使用户可以设置矩形边的宽度。
- 面积(A)：先输入矩形面积，再输入矩形的长度或宽度值创建矩形。
- 尺寸(D)：输入矩形的长、宽尺寸创建矩形。
- 旋转(R)：设定矩形的旋转角度。

4.2.2　画多边形

多边形有以下两种画法。

（1）指定多边形的边数及多边形的中心。

（2）指定多边形的边数及某一边的两个端点。

多边形命令的启动方法如下。

- 菜单命令：【绘图】/【多边形】。
- 面板："默认"选项卡中"绘图"面板上的 ⬡ 按钮。
- 命令：POLYGON 或简写为 POL。

例 4-9

【例 4-9】　使用 POLYGON 命令绘制正五边形。

（1）打开素材文件"dwg\第 4 章\4-9.dwg"，该文件包含一个大圆和一个小圆。

（2）用 POLYGON 命令绘制圆的内接正五边形和外切正五边形，如图 4-21 所示。

命令: _polygon 输入边的数目 <4>: 5	//输入多边形的边数
指定正多边形的中心点或[边(E)]: cen 于	//捕捉大圆的圆心，如图 4-21 左图所示
输入选项[内接于圆(I)/外切于圆(C)] <I>: I	//采用内接于圆的方式画多边形
指定圆的半径: 50	//输入半径值
命令:	//重复命令
POLYGON 输入边的数目 <5>:	//按 Enter 键接受默认值
指定正多边形的中心点或[边(E)]: cen 于	//捕捉小圆的圆心，如图 4-21 右图所示

| 输入选项[内接于圆(I)/外切于圆(C)] <I>: c | //采用外切于圆的方式画多边形 |
| 指定圆的半径: @40<65 | //输入点 A 的相对坐标 |

结果如图 4-21 所示。

多边形命令的选项如下。

- 指定正多边形的中心点:用户输入多边形的边数
  后,再拾取多边形的中心点。
- 内接于圆(I): 根据外接圆生成正多边形。
- 外切于圆(C): 根据内切圆生成正多边形。

图 4-21 绘制正五边形

- 边(E): 输入多边形的边数后,再指定某条边的两个端点即可绘制出多边形。

4.2.3 画椭圆

椭圆包含椭圆中心、长轴及短轴等几何特征。其默认画法是指定椭圆第一根轴线的两个端点及另一轴长度的一半,另外,用户也可通过指定椭圆中心、第一轴的端点及另一轴线的半轴长度来创建椭圆。

椭圆命令的启动方法如下。

- 菜单命令:【绘图】/【椭圆】。
- 面板:"默认"选项卡中"绘图"面板上的 ⊕ 按钮。
- 命令: ELLIPSE 或简写为 EL。

【例 4-10】 使用 ELLIPSE 命令绘制椭圆。

例 4-10

命令: _ellipse	
指定椭圆的轴端点或[圆弧(A)/中心点(C)]:	//拾取椭圆轴的一个端点,如图 4-22 所示
指定轴的另一个端点: @500<30	//输入椭圆轴另一个端点的相对坐标
指定另一条半轴长度或[旋转(R)]: 130	//输入另一轴的半轴长度

结果如图 4-22 所示。

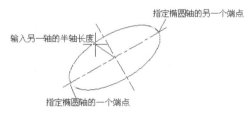

图 4-22 绘制椭圆

椭圆命令的选项如下。

- 圆弧(A): 该选项使用户可以绘制一段椭圆弧。过程是先画一个完整的椭圆,随后系统
  提示用户指定椭圆弧的起始角及终止角。
- 中心点(C): 通过椭圆中心点、长轴及短轴来绘制椭圆。
- 旋转(R): 按旋转方式绘制椭圆,即将圆绕直径转动一定角度后,再投影到平面上形成
  椭圆。

4.2.4 实战提高

读者可通过例 4-11、例 4-12 进行实战提高。

【例 4-11】 用 LINE、ELLIPSE、POLYGON 等命令绘制图 4-23 所示的图形。

【例 4-12】 用 LINE、RECTANG、ELLIPSE、POLYGON 等命令绘制图 4-24 所示的图形。

例 4-11　　　　　例 4-12

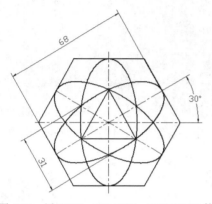

图 4-23　用 LINE、ELLIPSE、POLYGON 等命令绘制的图形

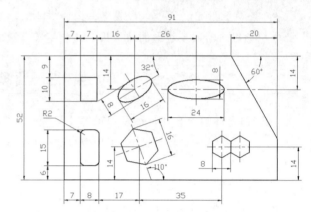

图 4-24　用 RECTANG、ELLIPSE 等命令绘制的图形

4.3 画有剖面图案的图形

在工程图中，剖面线一般总是绘制在一个对象或几个对象围成的封闭区域中。最简单的如一个圆或一条闭合的多段线等，较复杂的可能是几条线或圆弧围成的形状多变的区域。绘制剖面线时，用户首先要指定填充边界。一般可用两种方法选定画剖面线的边界：一种是在闭合的区域中指定一点，AutoCAD 自动搜索闭合的边界；另一种是通过选择对象来定义边界。AutoCAD 为用户提供了许多标准填充图案，用户也可定制自己的图案。此外，用户还能控制剖面图案的疏密和图案的倾角等。

4.3.1 填充封闭区域

利用 HATCH 命令生成填充图案，启动该命令后，AutoCAD 打开"图案填充创建"选项卡，用户在此选项卡中指定填充图案类型，再设定填充比例、角度及填充区域等，就可以创建图案填充。

填充封闭区域命令的启动方法如下。

● 菜单命令：【绘图】/【图案填充】。

- 面板："默认"选项卡中"绘图"面板上的 按钮。
- 命令：HATCH 或简写为 H。

【例 4-13】 打开素材文件"dwg\第 4 章\4-13.dwg"，如图 4-25 左图所示，下面用 HATCH 命令将左图修改为右图样式。

（1）单击"绘图"面板上的 按钮，弹出"图案填充创建"选项卡，如图 4-26 所示。在默认情况下，AutoCAD 提示"拾取内部点"[否则，单击 （拾取点）按钮]，将鼠标指针移动到要填充的区域，系统显示填充效果。

例 4-13

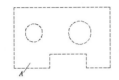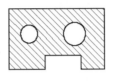

图 4-25 在封闭区域内画剖面线

图 4-26 "图案填充创建"选项卡

该选项卡中常用选项的功能介绍如下。

- 图案 ：通过下拉列表设定填充类型，该下拉列表中有"图案""渐变色""实体"及"用户定义"等选项。
- ByLayer ：设定填充图案的颜色。
- 无 ：设定填充图案的背景颜色。
- 按钮：单击此按钮，然后在填充区域中单击一点，AutoCAD 自动分析边界集，并从中确定包围该点的闭合边界。
- 选择 按钮：单击此按钮，然后选择一些对象作为填充边界，此时无需对象构成闭合的边界。
- 删除 按钮：在填充区域内单击一点，系统显示填充效果时，此按钮可用。填充边界中常常包含一些闭合区域，这些区域称为孤岛。若希望在孤岛中也填充图案，则单击此按钮，选择要删除的孤岛。
- 重新创建 按钮：编辑填充图案时，可利用此按钮生成与图案边界相同的多段线或面域。
- 图案填充透明度 0 ：设定新图案填充或填充的透明度，替代当前对象的透明度。
- 角度 90 ：指定图案填充的旋转角度（相对于当前 UCS 的 x 轴），有效值为 0~359。
- 1.2 ：放大或缩小预定义或自定义的填充图案。
- 【原点】面板：控制填充图案生成的起始位置。某些图案填充（例如砖块图案）需要与图案填充边界上的一点对齐。在默认的情况下，所有图案填充原点都对应于当前的 UCS 原点。
- 按钮：设定填充图案与边界是否关联。若关联，则图案会随着边界的改变而变化。
- 按钮：设定填充图案是否是注释性对象。

- 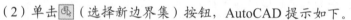 按钮：单击此按钮，选择已有填充图案，则已有图案的参数将赋予"图案填充创建"选项卡。

- "关闭"面板：退出"图案填充创建"选项卡，也可以按 Enter 键或 Esc 键退出。

（2）在"图案"面板中选择剖面线"ANSI31"，将鼠标指针移动到填充区域观察填充效果。

（3）在想要填充的区域中选定点 A，如图 4-25 左图所示，此时 AutoCAD 自动寻找一个闭合的边界并填充。

（4）在"角度"及"比例"栏中分别输入数值"90"和"1.2"，每输入一个数值，按 Enter 键观察填充效果。

（5）如果满意，按 Enter 键，完成剖面图案的绘制，结果如图 4-25 右图所示。若不满意，可重新设定有关参数。

4.3.2 填充复杂图形的方法

在图形不复杂的情况下，常通过在填充区域内指定一点的方法来定义边界。但若图形很复杂，这种方法就会浪费许多时间，因为 AutoCAD 要在当前视口中搜寻所有可见的对象。为避免这种情况，用户可在"图案填充创建"选项卡的"边界"面板中为 AutoCAD 定义要搜索的边界集，这样就能很快地生成填充区域边界。

定义 AutoCAD 搜索边界集的方法如下。

（1）单击"边界"面板下方的 ▼（下拉列表）按钮，完全展开面板，如图 4-27 所示。

图 4-27 "边界"面板

（2）单击 （选择新边界集）按钮，AutoCAD 提示如下。

```
选择对象:          //用交叉窗口、矩形窗口等方法选择实体
```

（3）在填充区域内拾取一点，此时 AutoCAD 仅分析选定的实体来创建填充区域边界。

4.3.3 剖面图案的比例

在 AutoCAD 中，预定义剖面线图案的默认缩放比例是 1.0，用户可在"图案填充创建"选项卡的 ▢1　　　　　▢栏中设定其他比例值。画剖面线时，若没有指定特殊比例值，AutoCAD 按默认值绘制剖面线。当输入一个不同于默认值的图案比例时，可以增加或减小剖面线的间距。图 4-28 所示的分别是剖面线比例为 1.0、2.0 和 0.5 时的情况。

 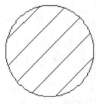 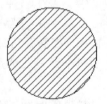

（a）缩放比例=1.0　　　　（b）缩放比例=2.0　　　　（c）缩放比例=0.5

图 4-28 不同比例剖面线的形状

如果使用了过大的填充比例，可能观察不到剖面图案，这是因为图案间距太大而不能在区域中插入任何一个图案。

4.3.4　剖面图案的角度

除剖面线间距可以控制外，剖面线的倾斜角度也可以控制。用户可在"图案填充创建"选项卡的 角度 ⬚ 0 文本框中设定图案填充的角度。当图案的角度是"0"时，剖面线（ANSI31）与 x 轴的夹角是 45°，在"角度"文本框中显示的角度值并不是剖面线与 x 轴的倾斜角度，而是剖面线的转动角度。

当分别输入角度值 45°、90°和 15°时，剖面线将逆时针转动到新的位置，它们与 x 轴的夹角分别是 90°、135°和 60°，如图 4-29 所示。

（a）输入角度=45°　　（b）输入角度=90°　　（c）输入角度=15°

图 4-29　输入不同角度时的剖面线

4.3.5　编辑图案填充

HATCHEDIT 命令用于修改填充图案的外观和类型，如改变图案的角度、比例或用其他样式的图案填充图形等。

编辑图案填充命令的启动方法如下。

- 菜单命令：【修改】/【对象】/【图案填充】。
- 面板："默认"选项卡中"修改"面板上的 ▦（图案填充）按钮。
- 命令：HATCHEDIT 或简写为 HE。

例 4-14

【例 4-14】　使用 HATCHEDIT 命令修改填充图案的角度和比例。

（1）打开素材文件"dwg\第 4 章\4-14.dwg"，如图 4-30 左图所示。

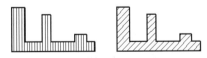

图 4-30　修改图案角度和比例

（2）启动 HATCHEDIT 命令，系统提示"选择图案填充对象"，选择图案填充后，弹出"图案填充编辑"对话框，如图 4-31 所示。通过该对话框用户可以修改剖面图案、比例及角度等。

（3）在"角度"框中输入数值"0"，在"比例"框中输入数值"15"，然后单击 确定 按钮，结果如图 4-30 右图所示。

图 4-31　"图案填充编辑"对话框

4.3.6　绘制工程图中的波浪线

利用 SPLINE 命令可绘制光滑曲线，该线是样条曲线，系统通过拟合给定的一系列数据点形成这条曲线。在绘制工程图时，用户可利用 SPLINE 命令形成波浪线。

绘制波浪线命令的启动方法如下。

- 菜单命令：【绘图】/【样条曲线】/【拟合点】或【绘图】/【样条曲线】/【控制点】。
- 面板："默认"选项卡中"绘图"面板上的 或 按钮。
- 命令：SPLINE 或简写为 SPL。

【例 4-15】　使用 SPLINE 命令绘制样条曲线。

例 4-15

```
命令: _spline
指定第一个点或[方式(M)/节点(K)/对象(O)]:                    //拾取 A 点，如图 4-32 所示
输入下一个点或[起点切向(T)/公差(L)]:                        //拾取 B 点
输入下一个点或[端点相切(T)/公差(L)/放弃(U)]:                //拾取 C 点
输入下一个点或[端点相切(T)/公差(L)/放弃(U)/闭合(C)]:        //拾取 D 点
输入下一个点或[端点相切(T)/公差(L)/放弃(U)/闭合(C)]:        //拾取 E 点
输入下一个点或[端点相切(T)/公差(L)/放弃(U)/闭合(C)]:
                                                           //按 Enter 键结束命令
```

结果如图 4-32 所示。

图 4-32　绘制样条曲线

4.4
综合练习——画具有均布特征的图形

读者可通过例 4-16、例 4-17、例 4-18 和例 4-19 进行综合练习。

【例 4-16】 用 LINE、CIRCLE、ARRAY、MIRROR 等命令绘制如图 4-33 所示的图形。

例 4-16

（1）设定绘图区域的大小为 150×150，设置线型全局比例因子为 0.2。

（2）创建以下图层。

名称	颜色	线型	线宽
轮廓线层	白色	Continuous	0.5
中心线层	红色	Center	默认

（3）打开极轴追踪、对象捕捉及捕捉追踪功能，设置极轴追踪角度的增量为 90°；设定对象捕捉方式为端点、圆心、交点，设置仅沿正交方向进行捕捉追踪。

（4）切换到轮廓线层，画两条绘图基准线 A、B，线段 A 的长度约为 80，线段 B 的长度约为 100，如图 4-34 所示。

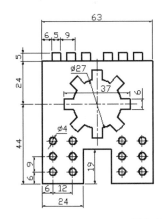

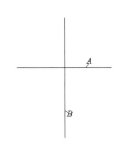

图 4-33　用 LINE、ARRAY、MIRROR 等命令绘制的图形　　　图 4-34　画基准线 A、B

（5）用 OFFSET、TRIM 等命令画线框 C，如图 4-35 所示。

（6）用 LINE 命令画线框 D，用 CIRCLE 命令画圆 E，如图 4-36 所示。圆 E 的圆心用正交偏移捕捉确定。

（7）创建线框 D 和圆 E 的矩形阵列，结果如图 4-37 所示。

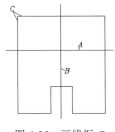
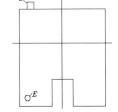
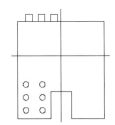

图 4-35　画线框 C　　　　图 4-36　画线框 D 和圆 E　　　　图 4-37　创建矩形阵列

（8）镜像对象，结果如图 4-38 所示。

（9）用 CIRCLE 命令画圆 A，再用 OFFSET、TRIM 等命令画线框 B，如图 4-39 所示。

（10）创建线框 B 的环形阵列，修剪多余线条，然后将图形对称线修改到中心线层上，结果如图 4-40 所示。

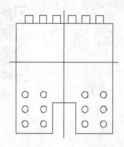
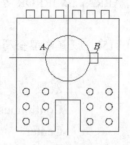
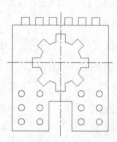

图 4-38　镜像对象　　　图 4-39　画圆 *A* 和线框 *B*　　图 4-40　创建阵列并修剪多余线条

【例 4-17】　用 LINE、CIRCLE、ARRAY、MIRROR 等命令绘制图 4-41 所示的图形。

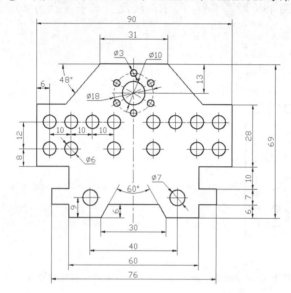

例 4-17

图 4-41　用 LINE、CIRCLE、ARRAY、MIRROR 等命令绘制的图形

【例 4-18】　利用 LINE、CIRCLE、OFFSET、ARRAY 等命令绘制平面图形，如图 4-42 所示。

【例 4-19】　利用 LINE、CIRCLE、OFFSET、ARRAY 等命令绘制平面图形，如图 4-43 所示。

例 4-18　　　　　例 4-19

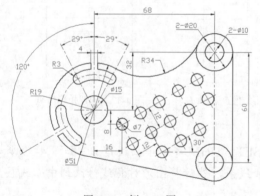

图 4-42　例 4-18 图

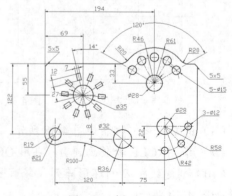

图 4-43　例 4-19 图

4.5 | 综合练习——画由多边形、椭圆等对象组成的图形

读者可通过例 4-20、例 4-21、例 4-22 和例 4-23，进行画由多边形、椭圆等对象组成的图形的综合练习。

例 4-20

【例 4-20】 用 LINE、POLYGON、ELLIPSE、ARRAY 等命令绘制图 4-44 所示的图形。

（1）设定绘图区域的大小为 150×150，设置线型全局比例因子为 0.2。

（2）创建以下图层。

名称	颜色	线型	线宽
轮廓线层	白色	Continuous	0.5
中心线层	红色	Center	默认

（3）切换到轮廓线层，用 XLINE 命令画水平直线 A 和竖直直线 B，如图 4-45 所示。

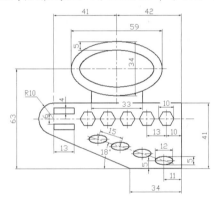

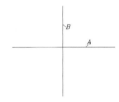

图 4-44　用 LINE、POLYGON、ELLIPSE、ARRAY 等命令绘制的图形　图 4-45　画水平直线和竖直直线

（4）画椭圆 C、D 及圆 E，如图 4-46 所示。圆 E 的圆心用正交偏移捕捉确定。

（5）用 OFFSET、LINE 及 TRIM 等命令绘制线框 F，如图 4-47 所示。

（6）画正六边形和椭圆，其中心点的位置可利用正交偏移捕捉确定，如图 4-48 所示。

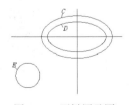

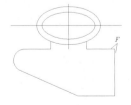

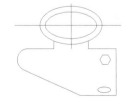

图 4-46　画椭圆及圆　　　　图 4-47　绘制线框 F　　　　图 4-48　画正六边形和椭圆

（7）创建六边形和椭圆的矩形阵列，结果如图 4-49 所示。椭圆阵列的倾斜角度为 162°。

（8）画矩形，其角点 A 的位置可利用正交偏移捕捉确定，如图 4-50 所示。

（9）镜像矩形，再将椭圆的定位线修改到中心线层上，结果如图4-51所示。

图 4-49 创建矩形阵列   图 4-50 画矩形   图 4-51 镜像矩形

【例 4-21】 用 LINE、POLYGON、ARRAY 等命令绘制图 4-52 所示的图形。

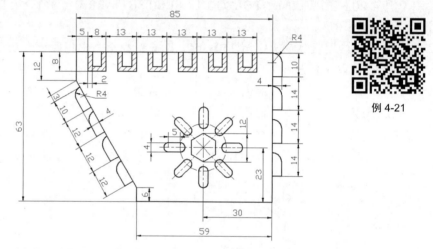

图 4-52 用 LINE、POLYGON、ARRAY 等命令绘制的图形

【例 4-22】 用 LINE、POLYGON、ARRAY、MIRROR 等命令绘制平面图形，如图 4-53 所示。

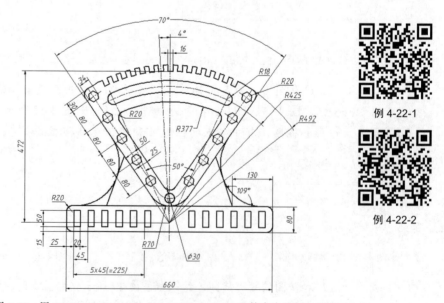

图 4-53 用 LINE、POLYGON、ARRAY、MIRROR 等命令绘制的图形

【例 4-23】 用 LINE、OFFSET、POLYGON、ARRAY 等命令绘制平面图形，如图 4-54 所示。

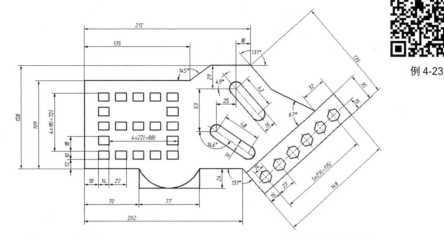

例 4-23

图 4-54 用 LINE、OFFSET、POLYGON、ARRAY 等命令绘制的图形

4.6 综合实训——绘制三视图

读者可通过例 4-24、例 4-25、例 4-26 和例 4-27 进行绘制三视图的综合实训。

【例 4-24】 根据轴测图绘制三视图，如图 4-55 所示。

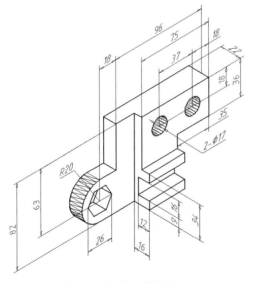

例 4-24-1　　　　例 4-24-2

图 4-55 绘制三视图（1）

【例 4-25】 根据轴测图绘制三视图，如图 4-56 所示。

例 4-25-1　　　　例 4-25-2

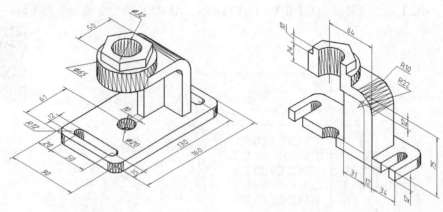

图 4-56　绘制三视图（2）

【例 4-26】　根据轴测图及视图轮廓绘制视图及剖视图，如图 4-57 所示。主视图采用全剖方式。

【例 4-27】　根据轴测图及视图轮廓绘制视图及剖视图，如图 4-58 所示。主视图采用半剖方式。

例 4-26

例 4-27-1

例 4-27-2

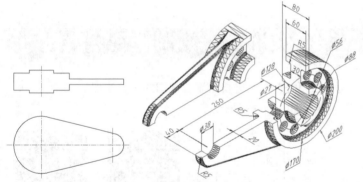

图 4-57　绘制视图及剖视图（1）

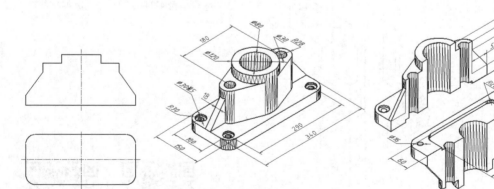

图 4-58　绘制视图及剖视图（2）

操作与练习

1. 绘制图 4-59 所示的图形。
2. 绘制图 4-60 所示的图形。

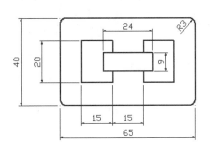

图 4-59　绘制矩形

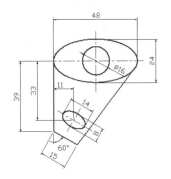

图 4-60　绘制椭圆等

3. 绘制图 4-61 所示的图形。
4. 绘制图 4-62 所示的图形。

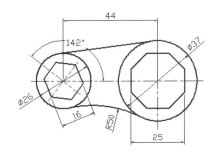

图 4-61　绘制圆和多边形等

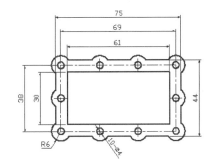

图 4-62　创建矩形阵列

5. 绘制图 4-63 所示的图形。
6. 绘制图 4-64 所示的图形。

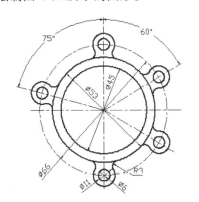

图 4-63　创建环形阵列

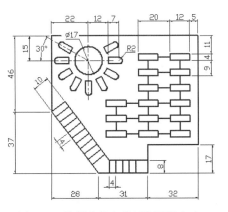

图 4-64　绘制有均布特征的图形（1）

7. 绘制图 4-65 所示的图形。

8. 绘制图 4-66 所示的图形。

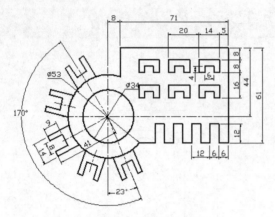

图 4-65　绘制有均布特征的图形（2）

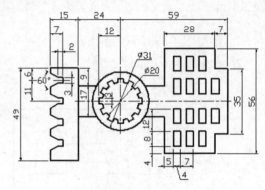

图 4-66　绘制有均布和对称特征的图形

第5章

编辑图形

绘图过程中用户不仅要绘制新的图形对象，而且也会不断地修改已有的图形对象。AutoCAD 的设计优势在很大程度上表现为强大的图形编辑功能，这使用户不仅能方便、快捷地改变对象的大小及形状，而且可以通过编辑现有图形生成新的对象。本章将介绍常用的编辑方法及一些编辑技巧。

通过对本章的学习，读者应掌握常用的编辑命令及一些编辑技巧，了解关键点编辑方式，学会使用编辑命令生成新图形元素的技巧。

【学习目标】

- 移动和复制对象，把对象旋转某一个角度。
- 将一个图形对象与另一个图形对象对齐。
- 拉长或缩短对象，指定基点缩放对象。
- 关键点编辑模式。
- 编辑图形对象属性。

5.1
用移动和复制命令绘图

移动图形实体的命令是 MOVE，复制图形实体的命令是 COPY，这两个命令都可以在二维、三维空间中操作，使用方法也是相似的。发出 MOVE 或 COPY 命令后，用户选择要移动或复制的图形元素，然后通过两点或直接输入位移值来指定对象移动的距离和方向，AutoCAD 就将图形元素从原位置移动或复制到新位置。

【例 5-1】 通过绘制如图 5-1 所示的图形，介绍用 LINE、RECTANG、COPY 等命令绘制图形的过程。

（1）设定绘图区域的大小为 100×100，设置线型全局比例因子为 0.2。

（2）创建以下图层。

名称	颜色	线型	线宽
轮廓线层	白色	Continuous	0.5

例 5-1

| 中心线层 | 红色 | Center | 默认 |

（3）打开极轴追踪、对象捕捉及捕捉追踪功能，设置极轴追踪角度的增量为 90°；设定对象捕捉方式为端点、圆心、交点，设置仅沿正交方向进行捕捉追踪。

（4）切换到轮廓线层，用 LINE 及 OFFSET 等命令绘制线框 A，如图 5-2 左图所示。绘制矩形 B，如图 5-2 右图所示。

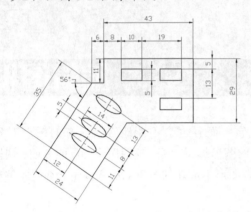

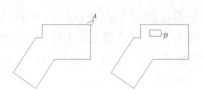

图 5-1　用 LINE、RECTANG、COPY 等命令绘制的图形　　　图 5-2　绘制线框 A 及矩形 B

（5）将矩形 B 复制到 C、D 处，结果如图 5-3 左图所示。用 OFFSET、BREAK 等命令形成椭圆的定位线，如图 5-3 右图所示。

（6）绘制椭圆 E，如图 5-4 左图所示。将椭圆 E 及其定位线复制到 F、G 处，再将定位线修改到中心线层上，结果如图 5-4 右图所示。

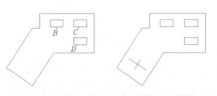

图 5-3　复制矩形及形成椭圆的定位线　　　　图 5-4　绘制椭圆 E 并复制

5.1.1　移动对象

下面介绍移动对象命令。

移动对象命令的启动方法如下。

- 菜单命令：【修改】/【移动】。
- 面板："默认"选项卡中"修改"面板上的 移动 按钮。
- 命令：MOVE 或简写为 M。

【例 5-2】　使用 MOVE 命令移动对象。

（1）打开素材文件 "dwg\第 5 章\5-2.dwg"，如图 5-5 左图所示。

（2）用 MOVE 命令将左图修改为右图样式。

例 5-2

命令：_move
选择对象：指定对角点：找到 3 个　　　　　　　　//选择圆，如图 5-5 左图所示

选择对象：	//按 Enter 键确认
指定基点或[位移(D)] <位移>:	//捕捉交点 A
指定第二个点或 <使用第一个点作为位移>:	//捕捉交点 B
命令:MOVE	//重复命令
选择对象：指定对角点：找到 1 个	//选择小矩形，如图 5-5 左图所示
选择对象：	//按 Enter 键确认
指定基点或[位移(D)] <位移>: 90,30	//输入沿 x、y 轴移动的距离
指定第二个点或 <使用第一个点作为位移>:	//按 Enter 键结束
命令:MOVE	//重复命令
选择对象：找到 1 个	//选择大矩形
选择对象：	//按 Enter 键确认
指定基点或[位移(D)] <位移>: 45<-90	//输入移动的距离和方向
指定第二个点或 <使用第一个点作为位移>:	//按 Enter 键结束

结果如图 5-5 右图所示。

使用 MOVE 命令时，用户可以通过以下方式指明对象移动的距离和方向。

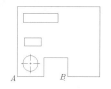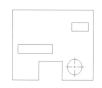

图 5-5　移动对象

（1）在屏幕上指定两个点，这两点的距离和方向代表了实体移动的距离和方向。当 AutoCAD 提示"指定基点"时，指定移动的基准点。在 AutoCAD 提示"指定第二个点"时，捕捉第二点或输入第二点相对于基准点的相对直角坐标或极坐标。

（2）以"X,Y"方式输入对象沿 x、y 轴移动的距离，或者用"距离<角度"的方式输入对象位移的距离和方向。当 AutoCAD 提示"指定基点"时，输入位移值。在 AutoCAD 提示"指定第二个点"时，按 Enter 键确认，这样 AutoCAD 就以输入的位移值来移动实体对象。

（3）打开正交或极轴追踪功能，就能方便地将实体只沿 x 轴或 y 轴方向移动。当 AutoCAD 提示"指定基点"时，单击一点并把实体向水平或竖直方向移动，然后输入位移的数值。

（4）使用"位移(D)"选项。启动该选项后，AutoCAD 提示"指定位移"。此时，以"X,Y"方式输入对象沿 x、y 轴移动的距离，或者以"距离<角度"的方式输入对象位移的距离和方向。

5.1.2　复制对象

下面介绍复制对象命令。

复制对象命令的启动方法如下。

- 菜单命令：【修改】/【复制】。
- 面板："默认"选项卡中"修改"面板上的 复制 按钮。
- 命令：COPY 或简写为 CO。

【例 5-3】　使用 COPY 命令复制对象。

（1）打开素材文件"dwg\第 5 章\5-3.dwg"，如图 5-6 左图所示。

（2）用 COPY 命令将左图修改为右图样式。

例 5-3

命令: _copy	
选择对象：指定对角点：找到 3 个	//选择圆，如图 5-6 左图所示

选择对象：	//按 Enter 键确认
指定基点或[位移(D)/模式(O)] <位移>：	//捕捉交点 A
指定第二个点或[阵列(A)] <使用第一个点作为位移>：	//捕捉交点 B
指定第二个点或[阵列(A)/退出(E)/放弃(U)] <退出>：	//捕捉交点 C
指定第二个点或[阵列(A)/退出(E)/放弃(U)] <退出>：	//按 Enter 键结束
命令：COPY	//重复命令
选择对象：找到 1 个	//选择矩形，如图 5-6 左图所示
选择对象：	//按 Enter 键确认
指定基点或[位移(D)/模式(O)] <位移>：-90,-20	//输入沿 x、y 轴移动的距离
指定第二个点或 <使用第一个点作为位移>：	//按 Enter 键结束

结果如图 5-6 右图所示。

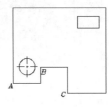
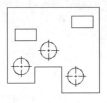

图 5-6　复制对象

使用 COPY 命令时，用户需指定对象复制的距离和方向，具体方法请参考 MOVE 命令。

5.1.3　实战提高

读者可通过例 5-4 和例 5-5 进行实战提高。

【例 5-4】　用 POLYGON、ELLIPSE、COPY 等命令绘制如图 5-7 所示的图形。

【例 5-5】　用 LINE、CIRCLE、COPY、TRIM 等命令绘制如图 5-8 所示的图形。

例 5-4　　　　　例 5-5

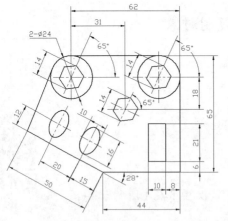

图 5-7　用 POLYGON、ELLIPSE、
COPY 等命令绘制的图形

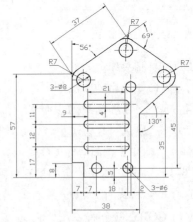

图 5-8　用 LINE、CIRCLE、COPY、
TRIM 等命令绘制的图形

5.2 绘制倾斜图形的技巧

本节介绍旋转和对齐命令的用法。

【例 5-6】 通过绘制如图 5-9 所示的图形，介绍用 LINE、ROTATE、ALIGN 等命令绘制图形的过程。

（1）设定绘图区域的大小为 100×100，设置线型全局比例因子为 0.2。

（2）创建以下图层。

名称	颜色	线型	线宽
轮廓线层	白色	Continuous	0.5
中心线层	红色	Center	默认

例 5-6

（3）打开极轴追踪、对象捕捉及捕捉追踪功能，设置极轴追踪角度的增量为 90°，设定对象捕捉方式为端点、圆心、交点，设置仅沿正交方向进行捕捉追踪。

（4）切换到轮廓线层，画圆的定位线及圆，如图 5-10 左图所示。用 OFFSET、LINE 及 TRIM 等命令绘制图形 A，如图 5-10 右图所示。

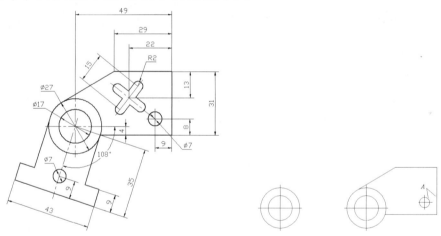

图 5-9 用 LINE、ROTATE、ALIGN 等命令绘制的图形 　　　图 5-10 画圆及图形 A 等

（5）用 OFFSET、CIRCLE、TRIM 等命令绘制图形 B，如图 5-11 左图所示。用 ROTATE 命令旋转图形 B，结果如图 5-11 右图所示。

（6）用 XLINE 及 BREAK 命令形成定位线 C、D，再绘制图形 E，如图 5-12 左图所示。用 ALIGN 命令将图形 E 定位到正确的位置，然后把定位线修改到中心线层上，结果如图 5-12 右图所示。

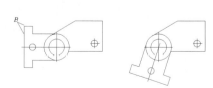
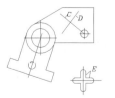

图 5-11 绘制及旋转图形 B 　　　　　　　　　图 5-12 绘制及对齐图形 E 等

5.2.1　旋转实体

ROTATE 命令可以旋转图形对象，改变图形对象的方向。使用此命令时，用户指定旋转基点并输入旋转角度就可以转动图形实体。此外，用户也可以某个方位作为参照位置，然后选择一个新对象或输入一个新角度值来指明要旋转到的位置。

旋转实体命令的启动方法如下。

- 菜单命令：【修改】/【旋转】。
- 面板："默认"选项卡中"修改"面板上的 ⟳ 旋转 按钮。
- 命令：ROTATE 或简写为 RO。

【例 5-7】　使用 ROTATE 命令旋转图形。

（1）打开素材文件 "dwg\第 5 章\5-7.dwg"，如图 5-13 左图所示。

（2）用 ROTATE 命令将左图修改为右图样式。

例 5-7

```
命令: _rotate
选择对象:                                      //选择线框 B，如图 5-13 左图所示
选择对象:                                      //按 Enter 键确认
指定基点: int 于                              //捕捉点 A 作为旋转基点
指定旋转角度，或[复制(C)/参照(R)] <0>: 75     //输入旋转角度
```

结果如图 5-13 右图所示。

旋转实体命令的选项如下。

- 指定旋转角度：指定旋转基点并输入绝对旋转角度来旋转实体。旋转角是基于当前用户坐标系测量的。如果输入负的旋转角，则选定的对象顺时针旋转，反之被选择的对象将逆时针旋转。
- 复制(C)：旋转对象的同时复制对象。
- 参照(R)：指定某个方向作为起始参照角，然后选择一个新对象作为原对象要旋转到的位置，也可以输入新角度值来指明要旋转到的方位，如图 5-14 所示。

```
命令: _rotate
选择对象:指定对角点:找到 4 个                   //选择要旋转的对象，如图 5-14 左图所示
选择对象:                                      //按 Enter 键确认
指定基点: int 于                              //捕捉点 A 作为旋转基点
指定旋转角度，或[复制(C)/参照(R)] <75>: r       //使用"参照(R)"选项
指定参照角 <0>:        int 于                  //捕捉点 A
指定第二点:end 于                             //捕捉点 B
指定新角度或[点(P)] <0>: end 于                //捕捉点 C
```

结果如图 5-14 右图所示。

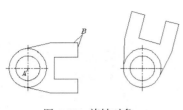

图 5-13　旋转对象

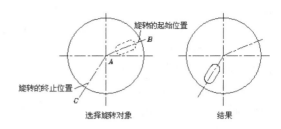

图 5-14　使用"参照(R)"选项旋转图形

5.2.2　对齐实体

ALIGN 命令可以同时移动和旋转一个对象，使之与另一对象对齐。例如，用户可以使图形对象中的某点、某条直线或某一个面（三维实体中的面）与另一实体的点、线、面对齐。在操作过程中，用户只需按照 AutoCAD 提示指定源对象与目标对象的一点、两点或三点对齐就可以了。

对齐实体命令的启动方法如下。

- 菜单命令：【修改】/【三维操作】/【对齐】。
- 面板："默认"选项卡中"修改"面板上的 （对齐）按钮。
- 命令：ALIGN 或简写为 AL。

【例 5-8】　使用 ALIGN 命令对齐对象。

（1）打开素材文件 "dwg\第 5 章\5-8.dwg"，如图 5-15 左图所示。

（2）用 ALIGN 命令将左图修改为右图样式。

例 5-8

```
命令: align
选择对象: 指定对角点: 找到 8 个          //选择源对象（右边的线框），如图 5-15 左图所示
选择对象:                               //按 Enter 键
指定第一个源点:                         //捕捉第一个源点 A
指定第一个目标点:                       //捕捉第一个目标点 B
指定第二个源点:                         //捕捉第二个源点 C
指定第二个目标点:                       //捕捉第二个目标点 D
指定第三个源点或 <继续>:                //按 Enter 键
是否基于对齐点缩放对象? [是(Y)/否(N)] <否>: //按 Enter 键不缩放源对象
```

结果如图 5-15 右图所示。

使用 ALIGN 命令时，用户可按照指定一个端点、两个端点或三个端点对齐实体。在二维平面绘图中，一般只需使源对象与目标对象按一个或两个端点进行对齐。操作完成后源对象与目标对象的第一点将重合在一起，如果要使它们的第二个端点也重合，就需利用"基于对齐点缩放对象"选项缩放源对象。此时，第一目标点是缩放的基点，第一源点与第二源点间的距离是第一个

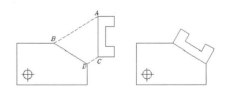

图 5-15　对齐对象

参考长度，第一目标点和第二目标点间的距离是新的参考长度，新的参考长度与第一个参考长度的比值就是缩放比例因子。

5.2.3　实战提高

读者可通过例 5-9 和例 5-10 进行实战提高。

【例 5-9】　用 LINE、CIRCLE、RECTANG、ROTATE 等命令绘制如图 5-16 所示的图形。

【例 5-10】　用 LINE、CIRCLE、ROTATE、ALIGN 等命令绘制如图 5-17 所示的图形。

例 5-9　　　　　　　例 5-10

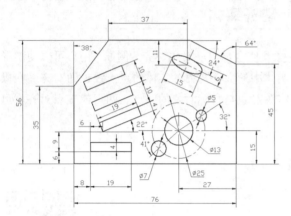

图 5-16　用 LINE、CIRCLE、RECTANG、
ROTATE 等命令绘制的图形

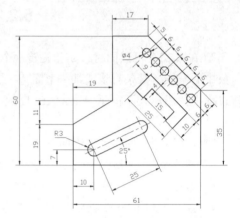

图 5-17　用 LINE、CIRCLE、ROTATE、
ALIGN 等命令绘制的图形

5.3

对已有对象进行修饰

本节主要介绍拉伸和比例缩放对象的方法。

【例 5-11】　通过绘制图 5-18 所示的图形，介绍用 LINE、OFFSET、COPY、STRETCH 等命令绘制图形的过程。

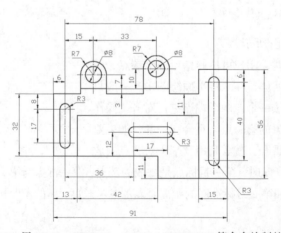

例 5-11

图 5-18　用 LINE、OFFSET、COPY、STRETCH 等命令绘制的图形

（1）设定绘图区域的大小为 120×120，设置线型全局比例因子为 0.1。

（2）创建以下图层。

名称	颜色	线型	线宽
轮廓线层	白色	Continuous	0.5
中心线层	红色	Center	默认

（3）打开极轴追踪、对象捕捉及捕捉追踪功能，设置极轴追踪角度的增量为 90°，设定对象捕捉方式为端点、圆心、交点，设置仅沿正交方向进行捕捉追踪。

（4）切换到轮廓线层，用 LINE、OFFSET 及 TRIM 等命令绘制图形 A，如图 5-19 所示。

（5）用 LINE 及 CIRCLE 等命令绘制图形 B，如图 5-20 左图所示。用 COPY 及 STRETCH 命令绘制图形 C，如图 5-20 右图所示。

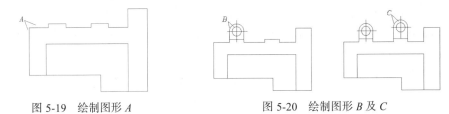

图 5-19　绘制图形 A　　　　　　图 5-20　绘制图形 B 及 C

（6）用 LINE、CIRCLE、OFFSET 等命令绘制图形 E，如图 5-21 左图所示。用 COPY、ROTATE、STRETCH 等命令绘制图形 F、G，再将定位线修改到中心线层上，结果如图 5-21 右图所示。

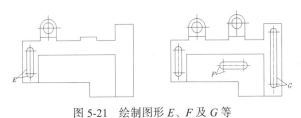

图 5-21　绘制图形 E、F 及 G 等

5.3.1　拉伸对象

用户可以使用 STRETCH 命令拉伸、缩短及移动实体。该命令通过改变端点的位置来修改图形对象，编辑过程中除被伸长、缩短的对象外，其他图形的大小及相互间的几何关系将保持不变。

如果图样沿 x 轴或 y 轴方向的尺寸有错误，或者用户想调整图形中某部分实体的位置，就可以使用 STRETCH 命令。

STRETCH 命令的启动方法如下。

- 菜单命令：【修改】/【拉伸】。
- 面板："默认"选项卡中"修改"面板上的 拉伸 按钮。
- 命令：STRETCH 或简写为 S。

【例 5-12】　使用 STRETCH 命令拉伸对象。

（1）打开素材文件"dwg\第 5 章\5-12.dwg"，如图 5-22 左图所示。

（2）用 STRETCH 命令将左图修改为右图样式。

例 5-12

命令: _stretch

选择对象: //以交叉窗口选择要拉伸的对象，如图 5-22 左图所示

选择对象: //单击点 A

指定对角点: 找到 6 个   //单击点 B

选择对象: //按 Enter 键

指定基点或[位移(D)] <位移>:   //在屏幕上单击一点

指定第二个点或 <使用第一个点作为位移>: @35,0   //输入第二点的相对坐标

结果如图 5-22 右图所示。

使用 STRETCH 命令时，首先应利用交叉窗口选择对象，然后指定对象拉伸的距离和方向。凡在交叉窗口中的图形顶点都被移动，而与交叉窗口相交的图形将被延伸或缩短。

设定拉伸距离和方向的方式如下。

（1）在屏幕上指定两个点，这两点的距离和方向代表
了拉伸实体的距离和方向。当系统提示"指定基点"时，指定拉伸的基准点。当系统提示"指定第二个点"时，捕捉第二点或输入第二点相对于基准点的相对直角坐标或极坐标。

图 5-22　拉伸对象

（2）以"*X,Y*"方式输入对象沿 *x*、*y* 轴拉伸的距离，或者用"距离<角度"方式输入拉伸的距离和方向。当系统提示"指定基点"时，输入拉伸值。当系统提示"指定第二个点"时，按 Enter 键确认，这样系统就以输入的拉伸值来拉伸对象。

（3）打开正交或极轴追踪功能，就能方便地将实体只沿 *x* 轴或 *y* 轴方向拉伸。当系统提示"指定基点"时，单击一点并把实体向水平或竖直方向拉伸，然后输入拉伸值。

（4）使用"位移(D)"选项。启动该选项后，系统提示"指定位移"，此时，以"*X,Y*"方式输入沿 *x*、*y* 轴拉伸的距离，或者以"距离<角度"方式输入拉伸的距离和方向。

5.3.2　按比例缩放对象

SCALE 命令可将对象按指定的比例因子相对于基点放大或缩小。使用此命令时，用户可以用下面两种方式缩放对象。

（1）选择缩放对象的基点，然后输入缩放比例因子。比例变换图形的过程中，缩放基点在屏幕上的位置将保持不变，周围的图形以此点为中心按给定的比例因子放大或缩小。

（2）输入一个数值或拾取两点来指定一个参考长度（第一个数值），然后再输入新的数值或拾取另外一点（第二个数值），则系统计算两个数值的比率并以此比率作为缩放比例因子。当用户想将某一个对象放大到特定尺寸时，就可使用这种方法。

SCALE 命令的启动方法如下。

- 菜单命令：【修改】/【缩放】。
- 面板："默认"选项卡中"修改"面板上的 缩放 按钮。
- 命令：SCALE 或简写为 SC。

【例 5-13】　使用 SCLAE 命令缩放对象。

（1）打开素材文件"dwg\第 5 章\5-13.dwg"，如图 5-23 左图所示。

（2）用 SCALE 命令将左图修改为右图样式。

例 5-13

```
命令: _scale
选择对象: 找到 1 个                                    //选择矩形 A, 如图 5-23 左图所示
选择对象:                                            //按 Enter 键
指定基点: int 于                                      //捕捉交点 C
指定比例因子或[复制(C)/参照(R)] <1.0000>: 2            //输入缩放比例因子
命令: SCALE                                          //重复命令
选择对象: 找到 4 个                                   //选择线框 B
选择对象:                                            //按 Enter 键
指定基点: int 于                                      //捕捉交点 D
指定比例因子或[复制(C)/参照(R)] <2.0000>: r            //使用"参照(R)"选项
指定参照长度 <1.0000>: int 于                         //捕捉交点 D
指定第二点: int 于                                    //捕捉交点 E
指定新长度或[点(P)] <1.0000>:     int 于              //捕捉交点 F
```

结果如图 5-23 右图所示。

SCALE 命令的选项如下。

- 指定比例因子: 直接输入缩放比例因子, 系统
  根据此比例因子缩放图形。若比例因子小于 1,
  则缩小对象; 若大于 1, 则放大对象。

- 复制(C): 缩放对象的同时复制对象。

- 参照(R): 以参照方式缩放图形。用户输入参

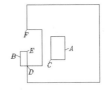

图 5-23 缩放图形

考长度及新长度, 系统把新长度与参考长度的比值作为缩放比例因子进行缩放。

- 点(P): 使用两点来定义新的长度。

5.3.3 实战提高

读者可通过例 5-14 和例 5-15 进行实战提高。

【例 5-14】 用 LINE、OFFSET、ROTATE、STRETCH
等命令绘制如图 5-24 所示的图形。

【例 5-15】 用 OFFSET、COPY、ROTATE、STRETCH
等命令绘制如图 5-25 所示的图形。

例 5-14   例 5-15

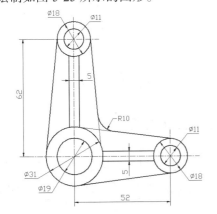

图 5-24 用 LINE、OFFSET、ROTATE、
STRETCH 等命令绘制的图形

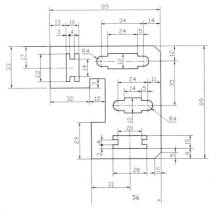

图 5-25 用 OFFSET、COPY、ROTATE、
STRETCH 等命令绘制的图形

5.4 关键点编辑方式

关键点编辑方式是一种集成的编辑模式，该模式包含了 5 种编辑方法：拉伸、移动、旋转、比例缩放及镜像。

默认情况下，系统的关键点编辑方式是开启的。当用户选择实体后，实体上将出现若干方框，这些方框被称为关键点。把十字光标靠近方框并单击鼠标左键，激活关键点编辑状态，此时系统自动进入"拉伸"编辑方式，连续按 Enter 键，就可以在所有编辑方式间切换。此外，用户也可以在激活关键点后，再单击鼠标右键，弹出快捷菜单，如图 5-26 所示，通过此菜单选择某种编辑方法。

系统为每种编辑方法提供的选项基本相同，其中"基点(B)""复制(C)"选项是所有编辑方式所共有的。

- 基点(B)：该选项使用户可以拾取某一个点作为编辑过程的基点。例如，当进入了旋转编辑模式，并要指定一个点作为旋转中心时，就使用"基点(B)"选项。在默认情况下，编辑的基点是热关键点（选中的关键点）。
- 复制(C)：如果用户在编辑的同时还需复制对象，则选取此选项。

下面通过一个例子使读者熟悉关键点的各种编辑方式。

【例 5-16】 打开素材文件"dwg\第 5 章\5-16.dwg"，如图 5-27 左图所示，利用关键点编辑方式将左图修改为右图。

例 5-16

图 5-26 快捷菜单

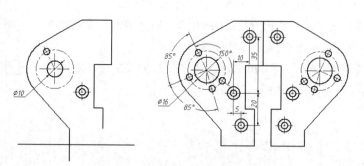

图 5-27 利用关键点编辑方式修改图形

5.4.1 利用关键点拉伸对象

在拉伸编辑模式下，当热关键点是线段的端点时，将有效地拉伸或缩短对象。如果热关键点是线段的中点、圆或圆弧的圆心，或者属于块、文字、尺寸数字等实体时，这种编辑方式只移动对象。

利用关键点拉伸线段的方法如下。

（1）打开极轴追踪、对象捕捉及自动追踪功能，设置极轴追踪角度的增量为 90°，设定对象捕捉方式为端点、圆心及交点。

命令：	//选择线段 A，如图 5-28 左图所示
命令：	//选中关键点 B
** 拉伸 **	//进入拉伸模式
指定拉伸点或[基点(B)/复制(C)/放弃(U)/退出(X)]：	//向下移动光标并捕捉点 C

（2）继续调整其他线段的长度，结果如图 5-28 右图所示。

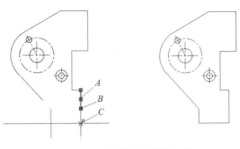

图 5-28　利用关键点拉伸对象

 打开正交状态后可以很方便地利用关键点拉伸方式改变水平或竖直线段的长度。

5.4.2　利用关键点移动和复制对象

关键点移动模式可以编辑单一对象或一组对象，在此方式下使用"复制(C)"选项就能在移动实体的同时进行复制。这种编辑模式的使用与普通的 MOVE 命令很相似。

利用关键点复制对象的方法如下。

命令：	//选择对象 D，如图 5-29 左图所示
命令：	//选中一个关键点
** 拉伸 **	
指定拉伸点或[基点(B)/复制(C)/放弃(U)/退出(X)]：	//进入拉伸模式
** 移动 **	//按 Enter 键进入移动模式
指定移动点或[基点(B)/复制(C)/放弃(U)/退出(X)]：c	
	//利用选项"复制(C)"进行复制
** 移动（多重） **	
指定移动点或[基点(B)/复制(C)/放弃(U)/退出(X)]：b	//使用"基点(B)"选项
指定基点：	//捕捉对象 D 的圆心
** 移动（多重） **	
指定移动点或[基点(B)/复制(C)/放弃(U)/退出(X)]：@10,35	//输入相对坐标
** 移动（多重） **	
指定移动点或[基点(B)/复制(C)/放弃(U)/退出(X)]：@5,-20	//输入相对坐标
指定移动点或[基点(B)/复制(C)/放弃(U)/退出(X)]：	//按 Enter 键结束

结果如图 5-29 右图所示。

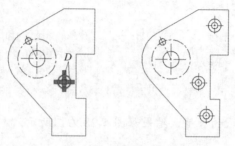

图 5-29　利用关键点复制对象

5.4.3　利用关键点旋转对象

旋转对象是绕旋转中心进行的，当使用关键点编辑模式时，热关键点就是旋转中心，用户也可以指定其他点作为旋转中心。这种编辑方法与 ROTATE 命令相似，它的优点在于一次可将对象旋转且复制到多个方位。

旋转操作中"参照(R)"选项有时非常有用，该选项可以使用户旋转图形实体使其与某个新位置对齐。

利用关键点旋转对象的方法如下。

```
命令:                                      //选择对象 E，如图 5-30 左图所示
命令:                                      //选中一个关键点
** 拉伸 **                                 //进入拉伸模式
指定拉伸点或[基点(B)/复制(C)/放弃(U)/退出(X)]: _rotate
                                           //单击鼠标右键，在弹出的快捷菜单中选择【旋转】命令
** 旋转 **                                 //进入旋转模式
指定旋转角度或[基点(B)/复制(C)/放弃(U)/参照(R)/退出(X)]: c
                                           //利用"复制(C)"选项进行复制
** 旋转 （多重） **
指定旋转角度或[基点(B)/复制(C)/放弃(U)/参照(R)/退出(X)]: b
                                           //使用"基点(B)"选项
指定基点:                                  //捕捉圆心 F
** 旋转 （多重） **
指定旋转角度或[基点(B)/复制(C)/放弃(U)/参照(R)/退出(X)]: 85        //输入旋转角度
** 旋转 （多重） **
指定旋转角度或[基点(B)/复制(C)/放弃(U)/参照(R)/退出(X)]: 170       //输入旋转角度
** 旋转 （多重） **
指定旋转角度或[基点(B)/复制(C)/放弃(U)/参照(R)/退出(X)]: -150      //输入旋转角度
** 旋转 （多重） **
指定旋转角度或[基点(B)/复制(C)/放弃(U)/参照(R)/退出(X)]:           //按 Enter 键结束
```

结果如图 5-30 右图所示。

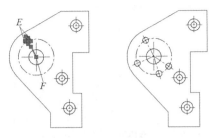

图 5-30　利用关键点旋转对象

5.4.4　利用关键点缩放对象

关键点编辑方式也提供了缩放对象的功能。当切换到缩放模式时，当前激活的热关键点是缩放的基点。用户可以输入比例系数对实体进行放大或缩小，也可利用"参照(R)"选项将实体缩放到某一尺寸。

利用关键点缩放模式缩放对象的方法如下。

命令:	//选择圆 G，如图 5-31 左图所示
命令:	//选中任意一个关键点
** 拉伸 **	//进入拉伸模式
指定拉伸点或[基点(B)/复制(C)/放弃(U)/退出(X)]: _scale	
	//单击鼠标右键，在弹出的快捷菜单中选择【缩放】命令
** 比例缩放 **	//进入比例缩放模式
指定比例因子或[基点(B)/复制(C)/放弃(U)/参照(R)/退出(X)]: b	
	//使用"基点(B)"选项
指定基点:	//捕捉圆 G 的圆心
** 比例缩放 **	
指定比例因子或[基点(B)/复制(C)/放弃(U)/参照(R)/退出(X)]: 1.6	
	//输入缩放比例值

结果如图 5-31 右图所示。

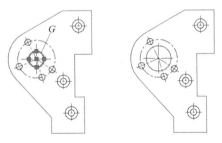

图 5-31　利用关键点缩放对象

5.4.5　利用关键点镜像对象

进入镜像模式后，系统直接提示"指定第二点"。在默认情况下，热关键点是镜像线的第一点，在拾取第二点后，此点便与第一点一起形成镜像线。如果用户要重新设定镜像线的第一点，就选取"基点(B)"选项。

利用关键点镜像对象的方法如下。

命令:	//选择要镜像的对象，如图 5-32 左图所示
命令:	//选中关键点 H
** 拉伸 **	//进入拉伸模式
指定拉伸点或[基点(B)/复制(C)/放弃(U)/退出(X)]: _mirror	
	//单击鼠标右键，在弹出的快捷菜单中选择【镜像】命令
** 镜像 **	//进入镜像模式
指定第二点或[基点(B)/复制(C)/放弃(U)/退出(X)]: c	//镜像并复制
** 镜像（多重）**	
指定第二点或[基点(B)/复制(C)/放弃(U)/退出(X)]:	//捕捉点 I
** 镜像（多重）**	
指定第二点或[基点(B)/复制(C)/放弃(U)/退出(X)]:	//按 Enter 键结束

结果如图 5-32 右图所示。

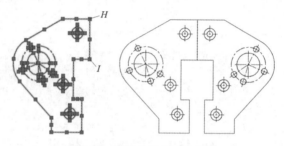

图 5-32　利用关键点镜像对象

　激活关键点编辑模式后，可通过输入下列字母直接进入某种编辑方式：MI—镜像，MO—移动，RO—旋转，SC—缩放，ST—拉伸。

5.5

编辑图形元素属性

在 AutoCAD 中，对象属性是指系统赋予对象的颜色、线型、图层、高度及文字样式等特性。例如直线和曲线包含图层、线型及颜色等，而文本则具有图层、颜色、字体及字高等特性。改变对象属性一般可通过 PROPERTIES 命令，使用该命令时，系统打开"特性"对话框，该对话框列出了所选对象的所有属性，通过该对话框用户可以很方便地修改对象的属性。

改变对象属性的另一种方法是采用 MATCHPROP 命令，该命令可以使被编辑对象的属性与指定源对象的某些属性完全相同，即把源对象的属性传递给目标对象。

5.5.1 用 PROPERTIES 命令改变对象属性

下面介绍 PROPERTIES 命令。

PROPERTIES 命令的启动方法如下。

- 菜单命令:【修改】/【特性】。
- 面板:"视图"选项卡中"选项板"面板上的■按钮。
- 命令: PROPERTIES 或简写为 PROPS。

【例 5-17】 使用 PROPERTIES 命令修改非连续线当前线型的比例因子。

例 5-17

(1) 打开素材文件 "dwg\第 5 章\5-17.dwg",如图 5-33 左图所示。用 PROPERTIES 命令将左图修改为右图样式。

(2) 选择要编辑的非连续线,如图 5-33 左图所示。

(3) 单击"选项板"面板上的■按钮或输入 PROPERTIES 命令,打开"特性"对话框,如图 5-34 所示。

根据所选对象的不同,【特性】对话框中显示的属性项目也不同,但有一些属性项目几乎是所有对象都拥有的,如颜色、图层及线型等。当在绘图区中选择单个对象时,"特性"对话框就显示此对象的特性。若选择多个对象,则"特性"对话框将显示它们所共有的特性。

(4) 单击"线型比例"文本框,然后输入当前线型比例因子,该比例因子默认值是 1,输入新数值 "2",按 Enter 键,图形窗口中的非连续线立即更新,显示修改后的结果,如图 5-33 右图所示。

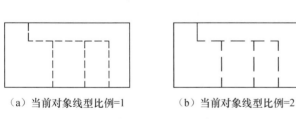

(a) 当前对象线型比例=1　　(b) 当前对象线型比例=2

图 5-33　修改当前线型的比例因子

图 5-34　"特性"对话框

5.5.2 对象特性匹配

MATCHROP 命令非常有用,用户可使用此命令将源对象的属性(如颜色、线型、图层和线型比例等)传递给目标对象。操作时,用户要选择两个对象,第一个为源对象,第二个为目标对象。

MATCHROP 命令的启动方法如下。

- 菜单命令:【修改】/【特性匹配】。
- 面板:"默认"选项卡中"特性"面板上的■(特性匹配)按钮。

- 命令：MATCHPROP 或简写为 MA。

【例 5-18】 使用 MATCHPROP 命令进行对象特性匹配。

（1）打开素材文件 "dwg\第 5 章\5-18.dwg"，如图 5-35 左图所示。用 MATCHPROP 命令将左图修改为右图样式。

（2）单击 "特性" 面板上的 （特性匹配）按钮或输入 MATCHPROP 命令，AutoCAD 提示如下。

例 5-18

```
命令：'_matchprop
选择源对象：                              //选择源对象，如图 5-35 左图所示
选择目标对象或[设置(S)]：                  //选择第一个目标对象
选择目标对象或[设置(S)]：                  //选择第二个目标对象
选择目标对象或[设置(S)]：                  //按 Enter 键结束
```

选择源对象后，光标变成类似 "刷子" 的形状，用此 "刷子" 来选取接受属性匹配的目标对象，结果如图 5-35 右图所示。

如果用户仅想使目标对象的部分属性与源对象相同，可在选择源对象后，输入 "S"，打开 "特性设置" 对话框，如图 5-36 所示。默认情况下，系统选中该对话框中所有源对象的属性进行复制，但也可指定其中的部分属性传递给目标对象。

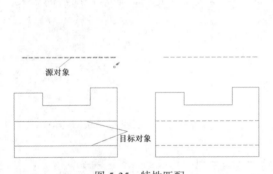

图 5-35 特性匹配

图 5-36 "特性设置" 对话框

5.6 综合练习——利用已有图形生成新图形

读者可通过例 5-19、例 5-20、例 5-21 和例 5-22 进行利用已有图形生成新图形的综合练习。

【例 5-19】 用 OFFSET、COPY、ROTATE、STRETCH 等命令绘制如图 5-37 所示的图形。

（1）设定绘图区域的大小为 150×150，设置线型全局比例因子为 0.2。

（2）创建以下图层。

例 5-19

名称	颜色	线型	线宽
轮廓线层	白色	Continuous	0.5
中心线层	红色	Center	默认

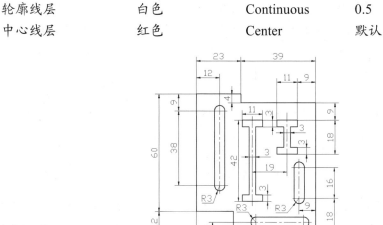

图 5-37　用 OFFSET、COPY、ROTATE、STRETCH 等命令绘制的图形（1）

（3）打开极轴追踪、对象捕捉及捕捉追踪功能，设置极轴追踪角度的增量为 90°，设定对象捕捉方式为端点、圆心、交点，设置仅沿正交方向进行捕捉追踪。

（4）切换到轮廓线层，画两条绘图基准线 *A*、*B*，线段 *A* 的长度约为 80，线段 *B* 的长度约为 90，如图 5-38 所示。

（5）用 OFFSET、TRIM 等命令绘制线框 *C*，如图 5-39 所示。

（6）用 LINE、CIRCLE 等命令绘制线框 *D*，如图 5-40 所示。

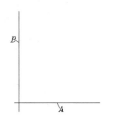
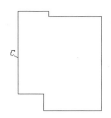
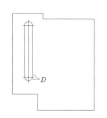

图 5-38　画基准线 *A*、*B*　　　图 5-39　绘制线框 *C*　　　图 5-40　绘制线框 *D*

（7）把线框 *D* 复制到 *E*、*F* 处，结果如图 5-41 所示。

（8）把线框 *E* 绕 *G* 点旋转−90°，结果如图 5-42 所示。

（9）用 STRETCH 命令改变线框 *E*、*F* 的长度，结果如图 5-43 所示。

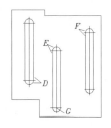
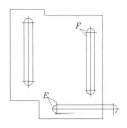
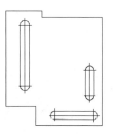

图 5-41　复制线框 *D*　　　图 5-42　旋转线框 *E*　　　图 5-43　拉伸对象

（10）用 LINE 及 OFFSET 命令绘制线框 *H*，如图 5-44 所示。

（11）把线框 *H* 复制到 *I* 处，结果如图 5-45 所示。

（12）用 STRETCH 命令拉伸线框 *I*，然后将定位线修改到中心线层上，结果如图 5-46 所示。

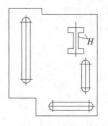

图 5-44　绘制线框 *H*

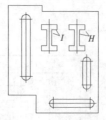

图 5-45　复制线框 *H*

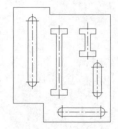

图 5-46　拉伸对象等

【例 5-20】　用 OFFSET、COPY、ROTATE、STRETCH 等命令绘制如图 5-47 所示的图形。

【例 5-21】　用 COPY、ROTATE、ALIGN、STRETCH 等命令绘制如图 5-48 所示的图形。

【例 5-22】　用 COPY、ROTATE、STRETCH、ALIGN 等命令绘制如图 5-49 所示的图形。

例 5-20

例 5-21

例 5-22

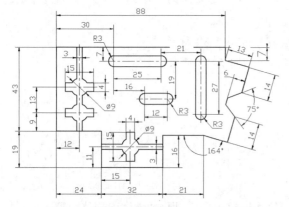

图 5-47　用 OFFSET、COPY、ROTATE、STRETCH 等命令绘制的图形（2）

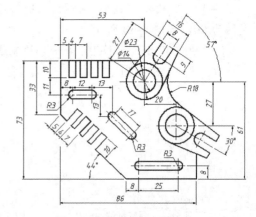

图 5-48　用 COPY、ROTATE、ALIGN、STRETCH 等命令绘制的图形

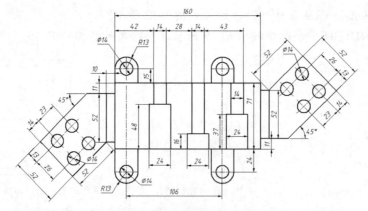

图 5-49　用 COPY、ROTATE、STRETCH、ALIGN 等命令绘制的图形

5.7 综合练习——画倾斜方向的图形

读者可通过例 5-23、例 5-24、例 5-25 和例 5-26 进行画倾斜方向的图形的综合练习。

【例 5-23】 用 OFFSET、MOVE、ROTATE、ALIGN 等命令绘制如图 5-50 所示的图形。

例 5-23

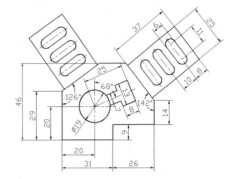

图 5-50 用 OFFSET、MOVE、ROTATE、ALIGN 等命令绘制的图形（1）

（1）设定绘图区域的大小为 150×150，设置线型全局比例因子为 0.2。

（2）创建以下图层。

名称	颜色	线型	线宽
轮廓线层	白色	Continuous	0.5
中心线层	红色	Center	默认

（3）打开极轴追踪、对象捕捉及捕捉追踪功能，设置极轴追踪角度的增量为 90°，设定对象捕捉方式为端点、圆心、交点，设置仅沿正交方向进行捕捉追踪。

（4）用 LINE 命令绘制线框 A，如图 5-51 所示。

（5）用 XLINE 及 TRIM 命令绘制斜线 B、C，如图 5-52 所示。

（6）用 CIRCLE 命令画圆 D，用 OFFSET、TRIM 等命令画线框 E，如图 5-53 所示。

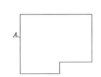

图 5-51 绘制线框 A

图 5-52 绘制斜线 B、C

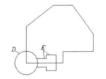

图 5-53 画圆 D 及线框 E

（7）把圆 D 及线框 E 移动到正确的位置，绘制定位线，然后将线框 E 绕圆 D 的圆心旋转 22°，结果如图 5-54 所示。

（8）绘制平面图形 F，如图 5-55 所示。

（9）复制平面图形 F，将其定位到正确的位置，然后把定位线修改到中心线层上，结果如图 5-56 所示。

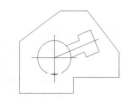

图 5-54 移动及旋转对象等

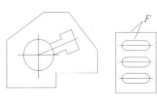

图 5-55 绘制图形 F

图 5-56 复制及定位图形等

【例 5-24】 用 OFFSET、MOVE、ROTATE、ALIGN 等命令绘制如图 5-57 所示的图形。

【例 5-25】 用 OFFSET、MOVE、ROTATE、ALIGN 等命令绘制如图 5-58 所示的图形。

例 5-24　　　　例 5-25

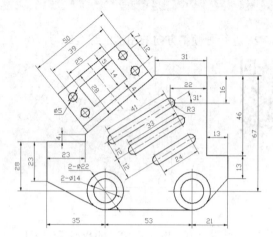

图 5-57　用 OFFSET、MOVE、ROTATE、
ALIGN 等命令绘制的图形（2）

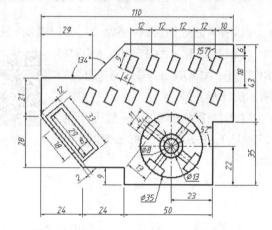

图 5-58　用 OFFSET、MOVE、ROTATE、
ALIGN 等命令绘制的图形（3）

【例 5-26】 用 OFFSET、COPY、MOVE、ROTATE 等命令绘制如图 5-59 所示的图形。

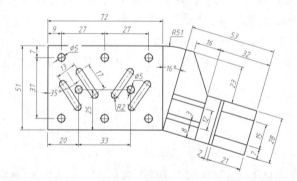

例 5-26

图 5-59　用 OFFSET、COPY、MOVE、ROTATE 等命令绘制的图形

5.8

综合实训——绘制视图及剖视图

读者可通过例 5-27、例 5-28、例 5-29 和例 5-30 进行绘制视图及剖视图的综合实训。

【例 5-27】 根据轴测图及视图轮廓绘制视图及剖视图，如图 5-60 所示。主视图采用阶梯剖方式。

例 5-27

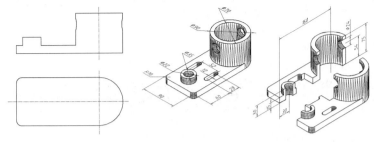

图 5-60　绘制视图及剖视图（1）

【例 5-28】　根据轴测图及视图轮廓绘制视图及剖视图，如图 5-61 所示。主视图采用全剖方式。

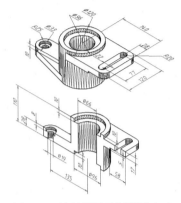

例 5-28

图 5-61　绘制视图及剖视图（2）

【例 5-29】　根据轴测图及视图轮廓绘制视图及剖视图，如图 5-62 所示。主视图采用旋转剖的方式绘制。

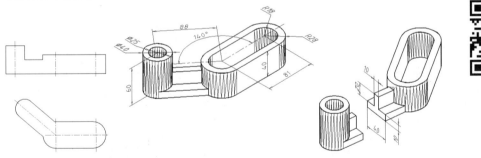

例 5-29

图 5-62　绘制视图及剖视图（3）

【例 5-30】　根据图 5-63 所示的轴测图绘制视图及剖视图，主视图采用旋转剖的方式绘制。

例 5-30

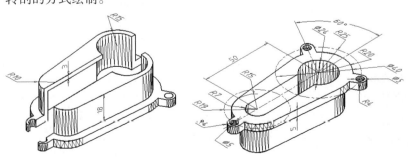

图 5-63　绘制视图及剖视图（4）

操作与练习

1. 绘制图 5-64 所示的图形。
2. 绘制图 5-65 所示的图形。

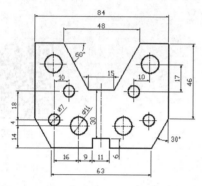

图 5-64　复制和镜像对象

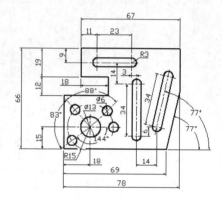

图 5-65　旋转和复制对象

3. 绘制图 5-66 所示的图形。
4. 绘制图 5-67 所示的图形。

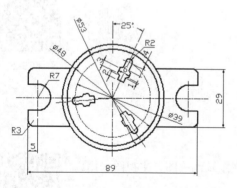

图 5-66　用 ALIGN 命令定位图形

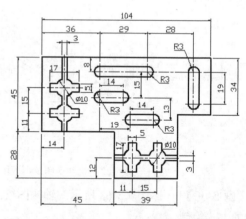

图 5-67　用 COPY、ROTATE 等命令绘制的图形

5. 绘制图 5-68 所示的图形。
6. 绘制图 5-69 所示的图形。
7. 绘制图 5-70 所示的图形。
8. 绘制图 5-71 所示的图形。
9. 绘制图 5-72 所示的图形。
10. 绘制图 5-73 所示的图形。

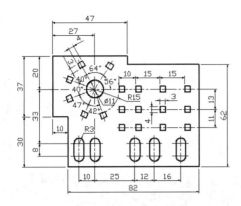
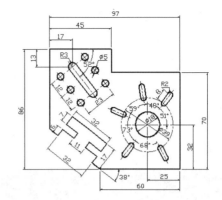

图 5-68 利用关键点编辑模式绘制的图形　　图 5-69 用 ROTATE、ALIGN 等命令绘制的图形

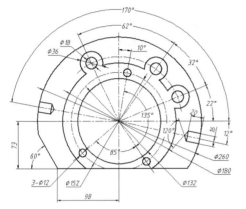
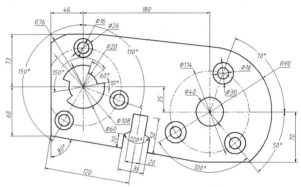

图 5-70 用 CIRCLE、ROTATE 等命令绘制的图形　　图 5-71 用 CIRCLE、ROTATE、ALIGN 等命令绘制的图形

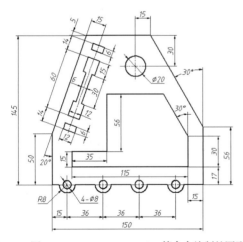
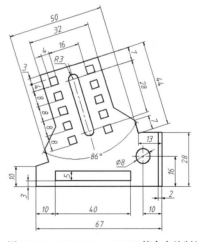

图 5-72 用 LINE、CIRCLE、ALIGN 等命令绘制的图形　　图 5-73 用 LINE、MIRROR、ALIGN 等命令绘制的图形

第6章

二维高级绘图

到目前为止，读者已经学习了 AutoCAD 的基本绘图和编辑命令，并且可以绘制简单的二维图形了。本章将讲述 AutoCAD 的一些更高级的功能，如创建某些特殊对象的命令等。此外，还将介绍绘制复杂平面图形的一般方法。掌握这些内容后，读者的 AutoCAD 使用水平将得到很大提高。

通过对本章的学习，读者可以掌握 PLINE、MLINE、POINT、DIVIDE、DONUT 及 REGION 等命令的用法，并了解绘制复杂平面图形的一般步骤。

【学习目标】
- 创建多段线及编辑多段线。
- 创建多线及编辑多线。
- 生成点对象、等分点和圆环。
- 创建面域和面域间的布尔运算。
- 绘制复杂平面图形的一般方法。

6.1 创建及编辑多段线

PLINE 命令用来创建二维多段线。多段线是由几段线段和圆弧构成的连续线条，它是一个单独的图形对象。二维多段线具有以下特点。

（1）能够设定多段线中线段及圆弧的宽度。

（2）可以利用有宽度的多段线形成实心圆、圆环或带锥度的粗线等。

（3）能在指定的线段交点处或对整个多段线进行倒圆角或倒角处理。

1. PLINE 命令启动方法
- 菜单命令：【绘图】/【多段线】。
- 面板："默认"选项卡中"绘图"面板上的 按钮。
- 命令：PLINE。

编辑多段线的命令是 PEDIT，该命令可以修改整个多段线的宽度值或分别控制各段的宽度值。此外，用户还可通过该命令将线段、圆弧构成的连续线编辑成一条多段线。

2. PEDIT 命令启动方法

- 菜单命令：【修改】/【对象】/【多段线】。
- 面板："默认"选项卡中"修改"面板上的 ⬜ 按钮。
- 命令：PEDIT。

【例 6-1】 使用 PLINE、PEDIT 命令创建及编辑多段线。

例 6-1

（1）打开素材文件 "dwg\第 6 章\6-1.dwg"，如图 6-1 左图所示。

（2）用 PLINE、PEDIT 及 OFFSET 命令将左图修改为右图样式。

（3）打开极轴追踪、对象捕捉及自动追踪功能，设定对象捕捉方式为端点、交点。

```
命令: _pline
指定起点: from                          //使用正交偏移捕捉
基点:                                   //捕捉点 A, 如图 6-2 左图所示
<偏移>: @50,-30                         //输入点 B 的相对坐标
指定下一个点或[圆弧(A)/半宽(H)/长度(L)/放弃(U)/宽度(W)]: 153
                                        //从点 B 向右追踪并输入追踪距离
指定下一点或[圆弧(A)/闭合(C)/半宽(H)/长度(L)/放弃(U)/宽度(W)]: 90
                                        //从点 C 向下追踪并输入追踪距离
指定下一点或[圆弧(A)/闭合(C)/半宽(H)/长度(L)/放弃(U)/宽度(W)]: a
                                        //选用"圆弧(A)"选项画圆弧
指定圆弧的端点或[角度(A)/圆心(CE)/闭合(CL)/方向(D)/半宽(H)/直线(L)/半径(R)/第二个点(S)/放
弃(U)/宽度(W)]: 63                       //从点 D 向左追踪并输入追踪距离
指定圆弧的端点或[角度(A)/圆心(CE)/闭合(CL)/方向(D)/半宽(H)/直线(L)/半径(R)/第二个点(S)/放
弃(U)/宽度(W)]: l                        //选用"直线(L)"选项切换到画直线模式
指定下一点或[圆弧(A)/闭合(C)/半宽(H)/长度(L)/放弃(U)/宽度(W)]: 30
                                        //从点 E 向上追踪并输入追踪距离
指定下一点或[圆弧(A)/闭合(C)/半宽(H)/长度(L)/放弃(U)/宽度(W)]:
                                        //从点 F 向左追踪, 再以点 B 为追踪参考点确定点 G
指定下一点或[圆弧(A)/闭合(C)/半宽(H)/长度(L)/放弃(U)/宽度(W)]:
                                        //捕捉点 B
指定下一点或[圆弧(A)/闭合(C)/半宽(H)/长度(L)/放弃(U)/宽度(W)]:
                                        //按 Enter 键结束
命令: pedit
选择多段线或[多条(M)]:                    //选择线段 M, 如图 6-2 左图所示
是否将其转换为多段线? <Y>                 //按 Enter 键将线段 M 转换为多段线
输入选项[闭合(C)/合并(J)/宽度(W)/编辑顶点(E)/拟合(F)/样条曲线(S)/非曲线化(D)/线型生成(L)/
反转(R)/放弃(U)]: j                      //选用"合并(J)"选项
选择对象:  指定对角点:总计 5 个          //选择线段 H、I、J、K 和 L
选择对象:                               //按 Enter 键
输入选项[闭合(C)/合并(J)/宽度(W)/编辑顶点(E)/拟合(F)/样条曲线(S)/非曲线化(D)/线型生成(L)/
反转(R)/放弃(U)]:                        //按 Enter 键结束
```

（4）用 OFFSET 命令将两个闭合线框向内偏移，偏移距离为 10，结果如图 6-2 右图所示。

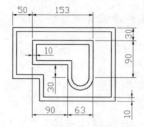

图 6-1　画多段线及编辑多段线

图 6-2　创建及编辑多段线

3. PLINE 命令选项

- **圆弧(A)：** 使用此选项可以画圆弧。
- **闭合(C)：** 此选项使多段线闭合，它与 LINE 命令的 "C" 选项作用相同。
- **半宽(H)：** 该选项使用户可以指定本段多段线的半宽度，即线宽的一半。
- **长度(L)：** 指定本段多段线的长度，其方向与上一条线段相同或沿上一段圆弧的切线方向。
- **放弃(U)：** 删除多段线中最后一次绘制的线段或圆弧。
- **宽度(W)：** 设置多段线的宽度，此时系统将提示"指定起点宽度"和"指定端点宽度"，用户可输入不同的起始宽度和终点宽度值来绘制一条宽度逐渐变化的多段线。

4. PEDIT 命令选项

- **合并(J)：** 将线段、圆弧或多段线与所编辑的多段线连接，以形成一条新的多段线。
- **宽度(W)：** 修改整条多段线的宽度。

6.2

创建多线

　　MLINE 命令用于创建多线。多线是由多条平行直线组成的对象，其最多可包含 16 条平行线，线间的距离、线的数量、线条颜色及线型等都可以调整。该对象常用于绘制墙体、公路或管道等。

　　创建多线命令的启动方法如下。

- **菜单命令：**【绘图】/【多线】。
- **命令：** MLINE 或简写为 ML。

【例 6-2】　使用 MLINE 命令画多线。

（1）打开素材文件 "dwg\第 6 章\6-2.dwg"，如图 6-3 左图所示。

例 6-2

（2）用 MLINE 命令将左图修改为右图样式。

```
命令: _mline
指定起点或[对正(J)/比例(S)/样式(ST)]: j          //选用"对正(J)"选项
输入对正类型[上(T)/无(Z)/下(B)] <上>: z           //设定对正方式为"无(Z)"
指定起点或[对正(J)/比例(S)/样式(ST)]: int         //捕捉点 A，如图 6-3 左图所示
指定下一点: int 于                                //捕捉点 B
指定下一点或[放弃(U)]:                            //捕捉点 C
指定下一点或[闭合(C)/放弃(U)]:    int 于          //捕捉点 D
```

指定下一点或[闭合(C)/放弃(U)]:	int 于	//捕捉点 E
指定下一点或[闭合(C)/放弃(U)]:	int 于	//捕捉点 F
指定下一点或[闭合(C)/放弃(U)]:	int 于	//捕捉点 G
指定下一点或[闭合(C)/放弃(U)]:	int 于	//捕捉点 H
指定下一点或[闭合(C)/放弃(U)]:	int 于	//捕捉点 I
指定下一点或[闭合(C)/放弃(U)]:	int 于	//捕捉点 J
指定下一点或[闭合(C)/放弃(U)]:	int 于	//捕捉点 K
指定下一点或[闭合(C)/放弃(U)]:	c	//使多线闭合

结果如图 6-3 右图所示。

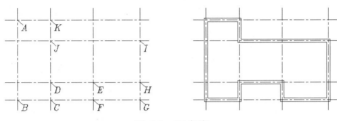

图 6-3　画多线

创建多线命令的选项如下。

- 对正(J): 设定多线对正方式，即多线中哪条线段的端点与光标重合并随之移动，该选项有以下 3 个子选项。

  上(T): 若从左往右绘制多线，则对正点将在最顶端线段的端点处。

  无(Z): 对正点位于多线中偏移量为 0 的位置处。多线中线条的偏移量可在多线样式中设定。

  下(B): 若从左往右绘制多线，则对正点将在最底端线段的端点处。

- 比例(S): 指定多线宽度相对于定义宽度（在多线样式中定义）的比例因子，该比例不影响线型比例。

- 样式(ST): 该选项使用户可以选择多线样式，默认样式是"STANDARD"。

6.3 多线样式

多线的外观由多线样式决定，在多线样式中用户可以设定多线中线条的数量、每条线的颜色和线型、线间的距离等，还能指定多线两个端头的形式，如弧形端头、平直端头等。

多线样式命令的启动方法如下。

- 菜单命令:【格式】/【多线样式】。
- 命令: MLSTYLE。

【例 6-3】　创建新多线样式。

（1）启动 MLSTYLE 命令，系统弹出"多线样式"对话框，如图 6-4 所示。

例 6-3

（2）单击 新建(N)... 按钮，弹出"创建新的多线样式"对话框，如图 6-5 所示。在"新样式名"文本框中输入新样式的名称"样式-240"，在"基础样式"下拉列表中选择"STANDARD"，该样式将成为新样式的样板样式。

图 6-4 "多线样式"对话框

图 6-5 "创建新的多线样式"对话框

（3）单击 继续 按钮，弹出"新建多线样式"对话框，如图 6-6 所示。在该对话框中完成以下任务。

- 在"说明"文本框中输入关于多线样式的说明文字。
- 在"图元"列表框中选中"0.5"，然后在"偏移"文本框中输入数值"120"。
- 在"图元"列表框中选中"-0.5"，然后在"偏移"文本框中输入数值"-120"。

图 6-6 "新建多线样式"对话框

（4）单击 确定 按钮，返回"多线样式"对话框，单击 置为当前(U) 按钮，使新样式成为当前样式。

"新建多线样式"对话框中常用选项的功能介绍如下。

- 添加(A) 按钮：单击此按钮，系统在多线中添加一条新线，该线的偏移量可在"偏移"文本框中输入。

- 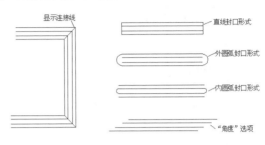 按钮：删除"图元"列表框中选定的线元素。

- 【颜色】下拉列表：通过此列表修改"图元"列表框中选定线元素的颜色。

- 线型(T)... 按钮：指定"图元"列表框中选定线元素的线型。

- 【显示连接】：选择该复选项，则系统在多线拐角处显示连接线，如图 6-7 左图所示。

- 【直线】：在多线的两端产生直线封口
  形式，如图 6-7 右图所示。

- 【外弧】：在多线的两端产生外圆弧封
  口形式，如图 6-7 右图所示。

- 【内弧】：在多线的两端产生内圆弧封
  口形式，如图 6-7 右图所示。

- 【角度】：指多线某一端的端口连线与
  多线的夹角，如图 6-7 右图所示。

图 6-7　多线的各种特性

- 【填充颜色】下拉列表：通过此下拉列表设置多线的填充色。

6.4　编辑多线

MLEDIT 命令用于编辑多线，其主要功能如下。

（1）改变两条多线的相交形式，例如使它们相交成"十"字形或"T"字形。

（2）在多线中加入控制顶点或删除顶点。

（3）将多线中的线条切断或接合。

编辑多线命令的启动方法如下。

- 菜单命令：【修改】/【对象】/【多线】。

- 命令：MLEDIT。

例 6-4

【例 6-4】　使用 MLEDIT 命令编辑多线。

（1）打开素材文件"dwg\第 6 章\6-4.dwg"，如图 6-8 左图所示。用 MLEDIT 命令将左图修改为右图样式。

（2）启动 MLEDIT 命令，打开"多线编辑工具"对话框，如图 6-9 所示。该对话框中的小型图片形象地说明了各项编辑功能。

（3）选择"T 形合并"，AutoCAD 提示如下。

```
命令: _mledit
选择第一条多线:                //在点 A 处选择多线，如图 6-8 右图所示
选择第二条多线:                //在点 B 处选择多线
选择第一条多线 或[放弃(U)]:     //在点 C 处选择多线
选择第二条多线:                //在点 D 处选择多线
选择第一条多线 或[放弃(U)]:     //在点 E 处选择多线
选择第二条多线:                //在点 F 处选择多线
```

选择第一条多线 或[放弃(U)]:	//在点 G 处选择多线
选择第二条多线:	//在点 H 处选择多线
选择第一条多线 或[放弃(U)]:	//按 Enter 键结束

结果如图 6-8 右图所示。

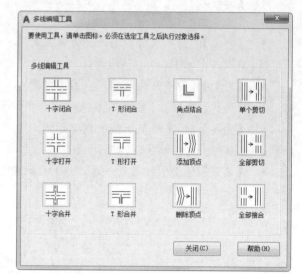

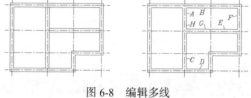

图 6-8　编辑多线　　　　　　　　　　图 6-9　"多线编辑工具"对话框

6.5 分解多线及多段线

EXPLODE 命令（简写为 X）可将多线、多段线、块、标注及面域等复杂对象分解成 AutoCAD 的基本图形对象。例如，连续的多段线是一个单独对象，用 EXPLODE 命令"炸开"后，多段线的每一段都是独立对象。

输入 EXPLODE 命令或单击"修改"面板上的 💷（分解多线段）按钮，系统提示"选择对象"，用户选择图形对象后，AutoCAD 进行分解。

6.6 点对象

在系统中可创建单独的点对象，点的外观由点样式控制。一般在创建点之前要先设置点的样式，但也可先绘制点，再设置点样式。

6.6.1　设置点样式

选取菜单命令【格式】/【点样式】，打开"点样式"对话框，如图 6-10 所示。该对话框提供了多种样式的点，用户可根据需要进行选择。此外，用户还能通过"点大小"文本框指定点的大小。点的大小既可以相对于屏幕大小来设置，也可以直接输入点的绝对尺寸。

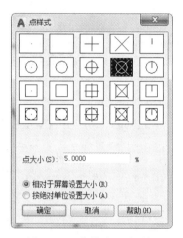

图 6-10　"点样式"对话框

6.6.2　创建点

POINT 命令可创建点对象，此类对象可以作为绘图的参考点。节点捕捉"NOD"可以拾取该对象。

创建点命令的启动方法如下。

- 菜单命令：【绘图】/【点】/【多点】。
- 面板："默认"选项卡中"绘图"面板上的 按钮。
- 命令：POINT 或简写为 PO。

【例 6-5】　使用 POINT 命令创建点。

例 6-5

```
命令: _point
指定点:      //输入点的坐标或在屏幕上拾取点，系统在指定位置创建点对象，如图 6-11 所示
*取消*       //按 Esc 键结束
```

图 6-11　创建点对象

　若将点的尺寸设置成绝对数值，则缩放图形后将引起点的大小发生变化。而相对于屏幕大小设置点尺寸时，就不会出现这种情况（要用 REGEN 命令重新生成图形）。

6.6.3　画测量点

MEASURE 命令用于在图形对象上按指定的距离放置点对象（POINT 对象），这些点可用"NOD"进行捕捉。对于不同类型的图形元素，测量距离的起始点是不同的。若是直线或非闭合的多段线，起点是离选择点最近的端点。若是闭合多段线，则起点是多段线的起点。若是圆，则以坐标系 x 轴与圆的交点为起点开始测量。

画测量点命令的启动方法如下。

- 菜单命令：【绘图】/【点】/【定距等分】。
- 面板："默认"选项卡中"绘图"面板上的 按钮。
- 命令：MEASURE 或简写为 ME。

【例 6-6】　使用 MEASURE 命令创建测量点。

打开素材文件"dwg\第 6 章\6-6.dwg"，用 MEASURE 命令创建两个测量点 C、D，如图 6-12 所示。

例 6-6

```
命令: _measure
选择要定距等分的对象:              //在 A 端附近选择对象，如图 6-12 所示
指定线段长度或[块(B)]: 160         //输入测量长度
命令:
MEASURE                          //重复命令
选择要定距等分的对象:              //在 B 端附近选择对象
指定线段长度或[块(B)]: 160         //输入测量长度
```

结果如图 6-12 所示。

画测量点命令的选项如下。

- 块(B)：按指定的测量长度在对象上插入图块（在 9.2 节中介绍图块）。

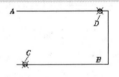

图 6-12　创建测量点

6.6.4　画等分点

DIVIDE 命令根据等分数目在图形对象上放置等分点，这些点并不分割对象，只是标明等分的位置。可等分的图形元素包括直线、圆、圆弧、样条线及多段线等。对于圆，等分的起始点位于坐标系 x 轴与圆的交点处。

画等分点命令的启动方法如下。

- 菜单命令：【绘图】/【点】/【定数等分】。
- 面板："默认"选项卡中"绘图"面板上的按钮。
- 命令：DIVIDE 或简写为 DIV。

【例 6-7】　使用 DIVIDE 命令等分对象。

例 6-7

打开素材文件"dwg\第 6 章\6-7.dwg"，用 DIVIDE 命令创建等分点，结果如图 6-13 所示。

```
命令: DIVIDE
选择要定数等分的对象:              //选择线段，如图 6-13 所示
```

输入线段数目或[块(B)]: 4	//输入等分的数目
命令:DIVIDE	//重复命令
选择要定数等分的对象:	//选择圆弧
输入线段数目或[块(B)]: 5	//输入等分数目

结果如图 6-13 所示。

画等分点命令的选项如下。

- 块(B): 在等分处插入图块。

图 6-13　等分对象

6.7 画圆环及圆点

DONUT 命令可创建填充圆环或圆点。启动该命令后，用户依次输入圆环内径、外径及圆心，AutoCAD 就生成圆环。若要画圆点，则指定内径为"0"即可。

画圆环及圆点命令的启动方法如下。

- 菜单命令:【绘图】/【圆环】。
- 面板:"默认"选项卡中"绘图"面板上的◎按钮。
- 命令: DONUT。

【例 6-8】　使用 DONUT 命令画圆环。

例 6-8

命令: _donut	
指定圆环的内径 <2.0000>: 3	//输入圆环内径
指定圆环的外径 <5.0000>: 6	//输入圆环外径
指定圆环的中心点或<退出>:	//指定圆心
指定圆环的中心点或<退出>:	//按 Enter 键结束

结果如图 6-14 所示。

DONUT 命令生成的圆环实际上是具有宽度的多段线，用户可以用 PEDIT 命令编辑该对象。此外，用户还可以设定是否对圆环进行填充。当把变量 FILLMODE 设置为"1"时，系统将填充圆环，否则不填充。

图 6-14　画圆环

6.8 画复杂平面图形的方法

本节将详细讲解图 6-15 所示图形的绘制过程。设置这个例题的目的是使读者对前面所学内容进行综合演练，并掌握用 AutoCAD 绘制平面图形的一般方法。

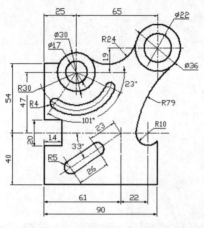

图 6-15　画复杂平面图形

6.8.1　画图形主要定位线

首先绘制图形的主要定位线，这些定位线将是以后绘图的重要基准线。

（1）单击"图层"面板上的 按钮，打开"图层特性管理器"对话框，通过此对话框创建以下图层。

名称	颜色	线型	线宽
轮廓线层	白色	Continuous	0.50
中心线层	红色	CENTER	默认

（2）打开极轴追踪、对象捕捉及自动追踪功能，设定对象捕捉方式为交点、圆心。

（3）设定绘图区域的大小为 200×200，设置线型全局比例因子为 0.3。

（4）切换到轮廓线层。在该层上画水平线 A 和竖直线 B，线段 A、B 的长度约为 120，如图 6-16 所示。

（5）将线段 A 和线段 B 复制到 C、D、E、F 处，结果如图 6-17 所示。

（6）用 LENGTHEN 命令调整线段 C、D、E、F 的长度，结果如图 6-18 所示。

图 6-16　画水平线及竖直线　　　图 6-17　复制线段　　　图 6-18　调整线段长度

6.8.2　画主要已知线段

绘制主要定位线后，下面再画主要已知线段，即由图中的尺寸可确定其形状和位置的线段。画圆及平行线，如图 6-19 左图所示，修剪多余线条，结果如图 6-19 右图所示。

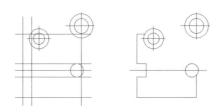

图 6-19　画圆及平行线并修剪多余线条

6.8.3　画主要连接线段

继续前面的练习，下面根据已知线条绘制连接线条。画相切圆，如图 6-20 左图所示，修剪多余线条，形成相切圆弧，结果如图 6-20 右图所示。

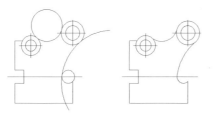

图 6-20　画相切圆弧并修剪多余线条

6.8.4　画次要细节特征定位线

前面已经绘制了主要已知线段和连接线段，形成了主要形状特征，下面开始画图形的其他局部细节。

（1）首先绘制细节特征定位线，如图 6-21 所示。

```
命令：_circle 指定圆的圆心或[三点(3P)/两点(2P)/切点、切点、半径(T)]:
                                        //捕捉交点 A，如图 6-21 所示
指定圆的半径或[直径(D)] <79.0000>: 30   //输入圆半径
命令：_xline 指定点或[水平(H)/垂直(V)/角度(A)/二等分(B)/偏移(O)]: a
                                        //使用"角度(A)"选项
输入构造线角度 (0) 或[参照(R)]: -23      //输入角度值
指定通过点：                            //捕捉交点 A
指定通过点：                            //按 Enter 键
命令：                                  //重复命令
XLINE 指定点或[水平(H)/垂直(V)/角度(A)/二等分(B)/偏移(O)]: a
                                        //使用"角度(A)"选项
输入构造线角度 (0) 或[参照(R)]: r        //使用"参照(R)"选项
选择直线对象：                          //选择直线 B
输入构造线角度 <0>: -101                //输入与直线 B 的夹角
指定通过点：                            //捕捉交点 A
指定通过点：                            //按 Enter 键
命令：                                  //重复命令
XLINE 指定点或[水平(H)/垂直(V)/角度(A)/二等分(B)/偏移(O)]: a
```

	//使用"角度(A)"选项
输入构造线角度 (0) 或[参照(R)]: -147	//输入角度值
指定通过点: 47	//从点 C 向右追踪并输入追踪距离
指定通过点:	//按 Enter 键结束

结果如图 6-21 所示。

（2）用 BREAK 命令打断过长的线条，结果如图 6-22 所示。

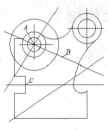 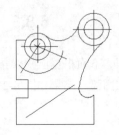

图 6-21　绘制定位线　　　　　　　　图 6-22　打断线条

6.8.5　画次要特征已知线段

画出细节特征的定位线后，下面绘制其已知线条。

（1）画圆 D、E，如图 6-23 所示。

命令: _circle 指定圆的圆心或[三点(3P)/两点(2P)/切点、切点、半径(T)]: from	
	//使用正交偏移捕捉
基点:	//捕捉交点 H
<偏移>: @23<-147	//输入点 F 的相对坐标
指定圆的半径或[直径(D)] <30.0000>: 5	//输入圆半径
命令:	//重复命令
CIRCLE 指定圆的圆心或[三点(3P)/两点(2P)/切点、切点、半径(T)]: from	
	//使用正交偏移捕捉
基点:	//捕捉交点 H
<偏移>: @49<-147	//输入点 G 的相对坐标
指定圆的半径或[直径(D)] <5.0000>: 5	//按 Enter 键结束

结果如图 6-23 所示。

（2）画圆 I、J，结果如图 6-24 所示。

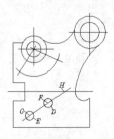 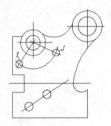

图 6-23　画圆 D、E　　　　　　　　图 6-24　画圆 I、J

6.8.6　画次要特征连接线段

画出次要特征的已知线条后，再根据已知线条绘制连接线条。画圆的公切线及相切圆，如图 6-25 左图所示。修剪多余线条，结果如图 6-25 右图所示。

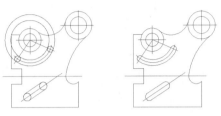

图 6-25　画公切线及相切圆并修剪多余线条

6.8.7　修饰平面图形

到目前为止，已经绘制出所有已知线段和连接线段，接下来的任务是对平面图形做一些修饰，主要包括以下步骤。

（1）用 BREAK 命令打断太长的线条。

（2）用 LENGTHEN 命令改变线条的长度。

（3）修改不正确的线型。

（4）改变对象所在的图层。

（5）修剪并擦去不必要的线条。

结果如图 6-26 所示。

图 6-26　修饰图形

6.9
面域对象及布尔操作

域（REGION）是指二维的封闭图形，可由线段、多段线、圆、圆弧及样条曲线等对象围成，但应保证相邻对象间共享连接的端点，否则将不能创建域。域是一个单独的实体，具有面积、周长及形心等几何特性。使用域绘图与传统的绘图方法是截然不同的，此时可采用"并""交"及"差"等布尔运算来构造不同形状的图形，图 6-27 所示为这 3 种布尔运算的结果。

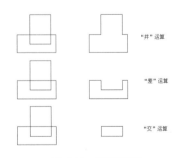

图 6-27　布尔运算

6.9.1　创建面域

创建面域命令的启动方法如下。

- 菜单命令：【绘图】/【面域】。
- 面板："默认"选项卡中"绘图"面板上的按钮。
- 命令：REGION 或简写为 REG。

【例 6-9】 使用 REGION 命令创建面域。

打开素材文件 "dwg\第 6 章\6-9.dwg"，如图 6-28 所示，用 REGION 命令将该图创建成面域。

例 6-9

```
命令: _region
选择对象: 指定对角点: 找到 3 个        //选择矩形及两个圆，如图 6-28 所示
选择对象:                           //按 Enter 键结束
```

图 6-28 中包含了 3 个闭合区域，因而可创建 3 个面域。

面域以线框的形式显示出来，用户可以对面域进行移动及复制等操作，还可用 EXPLODE 命令分解面域，使其还原为原始图形对象。

图 6-28 创建面域

6.9.2 并运算

并运算将所有参与运算的面域合并为一个新面域。

并运算命令的启动方法如下。

- 菜单命令：【修改】/【实体编辑】/【并集】。
- 命令：UNION 或简写为 UNI。

【例 6-10】 使用 UNION 命令执行"并"运算。

（1）打开素材文件 "dwg\第 6 章\6-10.dwg"，如图 6-29 左图所示。

（2）用 UNION 命令将左图修改为右图样式。

例 6-10

```
命令: union
选择对象: 指定对角点: 找到 5 个        //选择 5 个面域，如图 6-29 左图所示
选择对象:                           //按 Enter 键结束
```

结果如图 6-29 右图所示。

图 6-29 执行并运算（1）

6.9.3 差运算

可利用差运算从一个面域中去掉一个或多个面域，从而形成一个新面域。

差运算命令的启动方法如下。

- 菜单命令：【修改】/【实体编辑】/【差集】。
- 命令：SUBTRACT 或简写为 SU。

【例 6-11】 使用 SUBTRACT 命令执行"差"运算。

例 6-11

（1）打开素材文件"dwg\第6章\6-11.dwg"，如图6-30左图所示。

（2）用SUBTRACT命令将左图修改为右图样式。

```
命令: subtract
选择对象: 找到 1 个                          //选择大圆面域，如图 6-30 左图所示
选择对象:                                   //按 Enter 键
选择对象:总计 4 个                          //选择 4 个小矩形面域
选择对象:                                   //按 Enter 键结束
```

结果如图6-30右图所示。

图6-30　执行差运算

6.9.4　交运算

交运算可以求出各个相交面域的公共部分。

交运算命令的启动方法如下。

● 菜单命令：【修改】/【实体编辑】/【交集】。

● 命令：INTERSECT或简写为IN。

例6-12

【例6-12】　使用INTERSECT命令执行"交"运算。

（1）打开素材文件"dwg\第6章\6-12.dwg"，如图6-31左图所示。

（2）用INTERSECT命令将左图修改为右图样式。

```
命令: intersect
选择对象: 指定对角点: 找到 2 个             //选择圆面域及另一面域，如图 6-31 左图所示
选择对象:                                   //按 Enter 键结束
```

结果如图6-31右图所示。

图6-31　执行交运算

6.9.5　实战提高

面域造型的特点是通过面域对象的并运算、交运算或差运算来创建图形，当图形边界比较复杂时，这种绘图法的效率是很高的。用户如果采用这种方法绘图，首先必须对图形进行分析，以确定应生成哪些面域对象，然后考虑如何进行布尔运算，以形成最终的图形。

例6-13

【例6-13】　利用面域造型法绘制图6-32所示的图形。

（1）绘制同心圆 A、B、C、D，并将其创建成面域，如图 6-33 所示。

（2）用面域 B "减去" 面域 A，再用面域 D "减去" 面域 C。

（3）画圆 E 和矩形 F，并将其创建成面域，如图 6-34 所示。

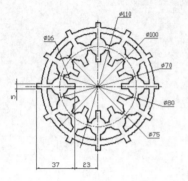

图 6-32　面域造型（1）

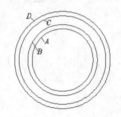

图 6-33　绘制同心圆并创建面域

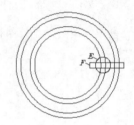

图 6-34　画圆及矩形并创建面域

（4）创建圆 E 和矩形 F 的环形阵列，结果如图 6-35 所示。

（5）对所有面域对象执行并运算，结果如图 6-36 所示。

图 6-35　创建环形阵列

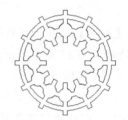

图 6-36　执行并运算（2）

【例 6-14】　利用面域造型法绘制图 6-37 所示的图形。

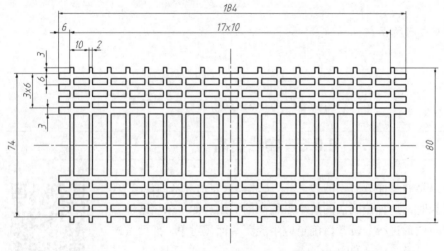

例 6-14

图 6-37　面域造型（2）

6.10

综合练习——掌握绘制复杂平面图形的一般方法

读者可通过例 6-15、例 6-16、例 6-17 和例 6-18 进行综合练习，以便掌握绘制复杂平面图形的一般方法。

【例 6-15】 绘制图 6-38 所示的图形。

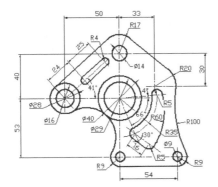

图 6-38 绘制复杂平面图形（1）

例 6-15

（1）设定绘图区域的大小为 200×200，设置线型全局比例因子为 0.2。

（2）创建以下图层。

名称	颜色	线型	线宽
轮廓线层	白色	Continuous	0.5
中心线层	红色	Center	默认

（3）切换到轮廓线层，打开极轴追踪、对象捕捉及捕捉追踪功能，设置极轴追踪角度增量为 90°，设定对象捕捉方式为端点、圆心、交点，设置仅沿正交方向进行捕捉追踪。

（4）绘制图形的主要定位线，如图 6-39 所示。

（5）画圆，如图 6-40 所示。

（6）画过渡圆弧及切线，如图 6-41 所示。

图 6-39 绘制主要定位线

图 6-40 画圆（1）

图 6-41 画过渡圆弧及切线（1）

（7）画局部细节的定位线，如图 6-42 所示。

（8）画圆，如图 6-43 所示。

（9）画过渡圆弧及切线，并修剪多余线条，然后将定位线修改到中心线层上，结果如

图 6-44 所示。

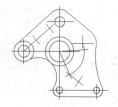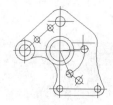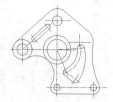

图 6-42　画局部细节定位线　　图 6-43　画圆（2）　图 6-44　画过渡圆弧及切线（2）

例 6-16

【例 6-16】　绘制图 6-45 所示的图形。

【例 6-17】　绘制图 6-46 所示的图形。

例 6-17

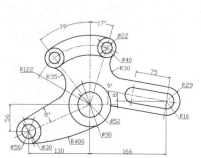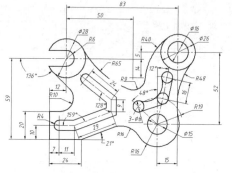

图 6-45　绘制复杂平面图形（2）　　　　图 6-46　绘制复杂平面图形（3）

【例 6-18】　绘制图 6-47 所示的图形。

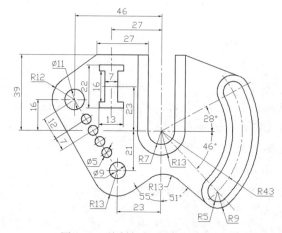

图 6-47　绘制复杂平面图形（4）

6.11

综合练习——作图技巧训练

读者可通过例 6-19、例 6-20、例 6-21 和例 6-22 进行作图技巧训练的综合练习。

【例6-19】 绘制图6-48所示的图形。

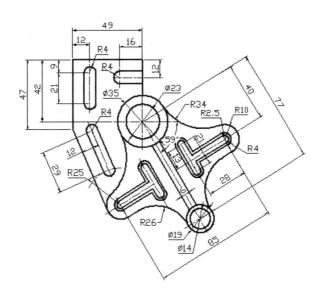

图6-48 绘制复杂平面图形（1）

（1）设定绘图区域的大小为 200×200 ，设置线型全局比例因子为0.2。

（2）创建以下图层。

名称	颜色	线型	线宽
轮廓线层	白色	Continuous	0.5
中心线层	红色	Center	默认

（3）切换到轮廓线层，打开极轴追踪、对象捕捉及捕捉追踪功能，设置极轴追踪角度增量为90°，设定对象捕捉方式为端点、圆心、交点，设置仅沿正交方向进行捕捉追踪。

（4）绘制图形的主要定位线，如图6-49所示。

（5）画圆和过渡圆弧，如图6-50所示。

（6）画线段 A、B，再用 PLINE、OFFSET、MIRROR 等命令画线框 C 和 D，如图6-51所示。

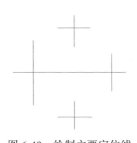

图6-49 绘制主要定位线

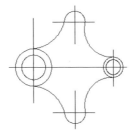

图6-50 画圆和过渡圆弧

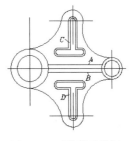

图6-51 画线段及线框

（7）将图形绕 E 点顺时针旋转59°，结果如图6-52所示。

（8）用 LINE 命令画线段 F、G、H、I，如图6-53所示。

（9）用 PLINE 命令画线框 A、B，如图6-54所示。

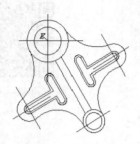

图 6-52　旋转对象

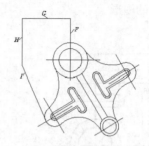

图 6-53　画线段

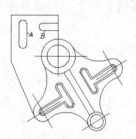

图 6-54　画线框

（10）画定位线 *C*、*D* 等，如图 6-55 所示。

（11）画线框 *E*，再补画一些定位线，然后将所有定位线修改到中心线层上，结果如图 6-56 所示。

图 6-55　画定位线

图 6-56　画线框等

【例 6-20】　绘制图 6-57 所示的图形。

【例 6-21】　绘制图 6-58 所示的图形。

例 6-20　　　　　例 6-21

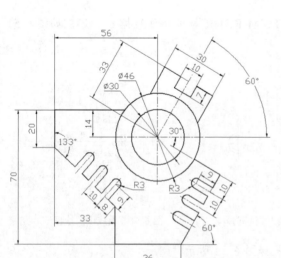

图 6-57　绘制复杂平面图形（2）

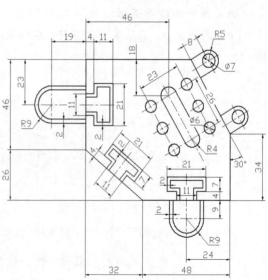

图 6-58　绘制复杂平面图形（3）

【例 6-22】　绘制图 6-59 所示的图形。

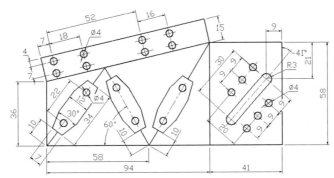

图 6-59　绘制复杂平面图形（4）

6.12

综合实训——绘制视图及剖视图

读者可通过例 6-23、例 6-24、例 6-25 和例 6-26 进行绘制视图及剖视图的综合实训。

【例 6-23】　参照轴测图，采用合适的表达方案将机件表达清楚，如图 6-60 所示。

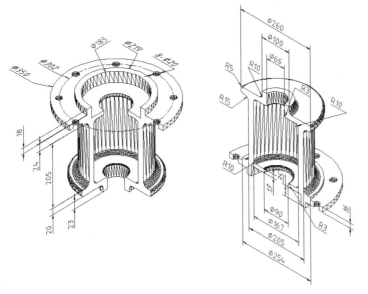

图 6-60　绘制视图及剖视图（1）

【例 6-24】　参照轴测图，采用合适的表达方案将机件表达清楚，如图 6-61 所示。

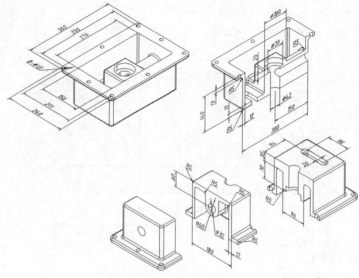

图 6-61　绘制视图及剖视图（2）

【例 6-25】　根据轴测图绘制视图及剖视图，如图 6-62 所示。主视图采用旋转剖方式绘制。

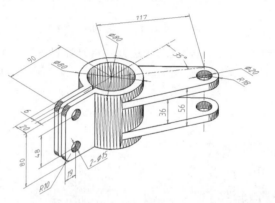

例 6-25

图 6-62　绘制视图及剖视图（3）

【例 6-26】　根据轴测图绘制剖视图，如图 6-63 所示。主视图及俯视图都采用半剖方式绘制。

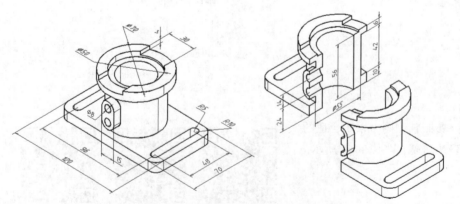

例 6-26

图 6-63　绘制视图及剖视图（4）

操作与练习

1. 利用 LINE、PEDIT、DIVIDE 等命令绘制平面图形，如图 6-64 所示。

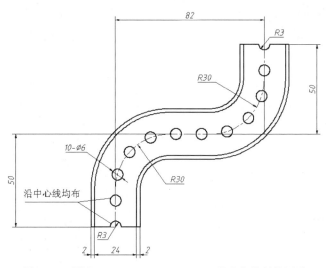

图 6-64　利用 LINE、PEDIT、DIVIDE 等命令绘制的图形

2. 利用 LINE、PLINE、DONUT 等命令绘制平面图形，尺寸自定，如图 6-65 所示。图形轮廓及箭头都是多段线。

3. 用 MLINE、PLINE、DONUT 等命令绘制图 6-66 所示的图形。

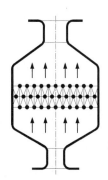

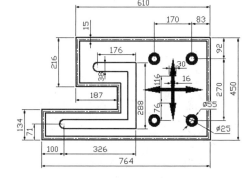

图 6-65　利用 LINE、PLINE、DONUT 等
命令绘制的图形

图 6-66　用 MLINE、PLINE、DONUT 等
命令绘制的图形

4. 绘制图 6-67 所示的图形。
5. 绘制图 6-68 所示的图形。
6. 绘制图 6-69 所示的图形。
7. 绘制图 6-70 所示的图形。

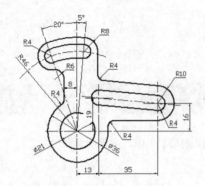

图 6-67　操作与练习题 4 图

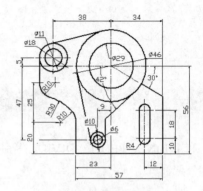

图 6-68　操作与练习题 5 图

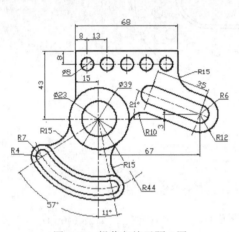

图 6-69　操作与练习题 6 图

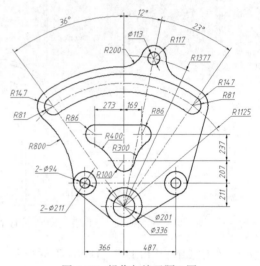

图 6-70　操作与练习题 7 图

8．绘制图 6-71 所示的图形。

9．利用面域造型法绘制图 6-72 所示的图形。

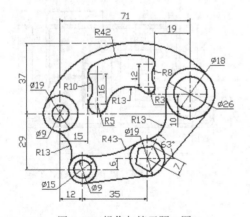

图 6-71　操作与练习题 8 图

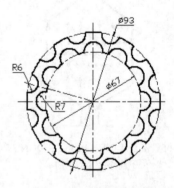

图 6-72　面域造型

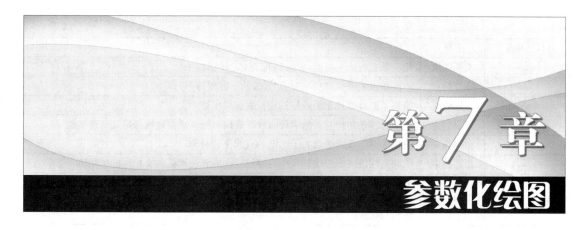

第7章

参数化绘图

通过对本章的学习，读者可以掌握创建添加、编辑几何约束和尺寸约束的方法，学会利用变量及表达式约束图形，熟悉参数化绘图的一般方法。

【学习目标】

- 添加、编辑几何约束。
- 添加、编辑尺寸约束。
- 利用变量及表达式约束图形。
- 了解参数化绘图的一般步骤。

7.1

几何约束

本节将介绍添加及编辑几何约束的方法。

7.1.1 添加几何约束

几何约束用于确定二维对象间或对象上各点间的几何关系，如平行、垂直、同心或重合等。例如，可添加平行约束使两条线段平行，添加重合约束使两端点重合等。

可以通过"参数化"选项卡的"几何"面板来添加几何约束，几何约束的种类如表 7-1 所示。

表 7-1 几何约束的种类

几何约束按钮	名称	功能
	重合约束	使两个点或一个点和一条直线重合
	共线约束	使两条线段位于同一条无限长的直线上
	同心约束	使选定的圆、圆弧或椭圆保持同一个中心点
	固定约束	使一个点或一条曲线固定到相对于世界坐标系（WCS）的指定位置和方向上
	平行约束	使两条直线保持相互平行
	垂直约束	使两条直线或多段线的夹角保持 90°

续表

几何约束按钮	名称	功能
〟	水平约束	使一条直线或一对点与当前 UCS 的 x 轴保持平行
⫲	竖直约束	使一条直线或一对点与当前 UCS 的 y 轴保持平行
⌔	相切约束	使两条曲线保持相切或与其延长线保持相切
⌁	平滑约束	使一条样条曲线与其他样条曲线、直线、圆弧或多段线保持几何连续性
⟨⟩	对称约束	使两个对象或两个点关于选定的直线保持对称
=	相等约束	使两条线段或多段线具有相同的长度，或者使圆弧具有相同的半径值
⤸	自动约束	根据选择对象自动添加几何约束。单击"几何"面板右下角的箭头，打开"约束设置"对话框，通过"自动约束"选项卡设置添加各类约束的优先级及是否添加约束的公差值

在添加几何约束时，两个对象的选择顺序将决定对象怎样更新。通常，所选的第二个对象会根据第一个对象进行调整。例如，应用垂直约束时，选择的第二个对象将调整为垂直于第一个对象。

例 7-1

【例 7-1】 绘制平面图形，图形尺寸任意，如图 7-1 左图所示。编辑图形，然后为图中的对象添加几何约束，结果如图 7-1 右图所示。

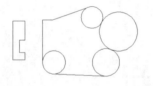

图 7-1 添加几何约束

（1）绘制平面图形，图形尺寸任意，如图 7-2 左图所示。修剪多余线条，结果如图 7-2 右图所示。

（2）单击"几何"面板上的 ⤸（自动约束）按钮，然后选择所有的图形对象，AutoCAD 自动对已选对象添加几何约束，结果如图 7-3 所示。

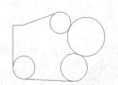

图 7-2 绘制平面图形（1）

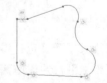

图 7-3 自动添加几何约束

（3）添加以下约束。

① 固定约束：单击 🔒（固定约束）按钮，捕捉点 A，如图 7-4 所示。

② 相切约束：单击 ⌔（相切约束）按钮，先选择圆弧 B，再选线段 C。

③ 水平约束：单击 〟（水平约束）按钮，选择线段 D。

结果如图 7-4 所示。

（4）绘制两个圆，如图 7-5 左图所示。给两个圆添加同心约束，结果如图 7-5 右图所示。指定圆弧圆心时，可利用 "CEN" 捕捉。

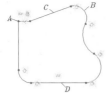

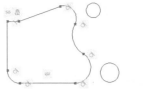

图 7-4 添加固定约束、相切约束及水平约束　　　　图 7-5 添加同心约束

（5）绘制平面图形，图形尺寸任意，如图 7-6 左图所示。旋转及移动图形，结果如图 7-6 右图所示。

（6）为图形内部的线框添加自动约束，然后在线段 E、F 间加入平行约束，结果如图 7-7 所示。

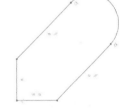

图 7-6 绘制平面图形（2）　　　　图 7-7 添加约束

7.1.2　编辑几何约束

添加几何约束后，在对象的旁边出现约束图标。将鼠标光标移动到图标或图形对象上，AutoCAD 将亮显相关的对象及约束图标。对已添加到图形中的几何约束可以进行显示、隐藏和删除等操作。

【例 7-2】　编辑几何约束。

（1）绘制平面图形，并添加几何约束，如图 7-8 所示。图中两条长线段平行且相等，两条短线段垂直且相等。

例 7-2　　　　图 7-8 绘制图形并添加约束

（2）单击"参数化"选项卡中"几何"面板上的 全部隐藏 按钮，图形中的所有几何约束将全部隐藏。

（3）单击"参数化"选项卡中"几何"面板上的 全部显示 按钮，图形中的所有几何约束又全部显示。

（4）将鼠标光标放到某一约束上，该约束将高亮显示，单击鼠标右键弹出快捷菜单，如图 7-9 所示。选择快捷菜单中的【删除】命令可以将该几何约束删除。选择快捷菜单中的【隐藏】命令，该几何约束将被隐藏，要想重新显示该几何约束，运用"参数化"选项卡中"几何"面板上的 显示/隐藏 按钮。

（5）选择快捷菜单中的【约束栏设置】命令或单击"几何"面板右下角的箭头，将弹出"约束设置"对话框，如图 7-10 所示。通过该对话框可以设置哪种类型的约束显示在约束栏图标中，还可以设置约束栏图标的透明度。

（6）选择受约束的对象，单击"参数化"选项卡中"管理"面板上的 （删除约束）按钮，将删除图形中的所有几何约束和尺寸约束。

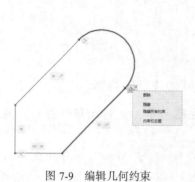

图 7-9　编辑几何约束　　　　　　　　图 7-10　"约束设置"对话框

7.1.3　修改已添加几何约束的对象

用户可通过以下方法编辑受约束的几何对象。

（1）使用关键点编辑模式修改受约束的几何图形，该图形会保留应用的所有约束。

（2）使用 MOVE、COPY、ROTATE 和 SCALE 等命令修改受约束的几何图形后，结果会保留应用于对象的约束。

（3）在有些情况下，使用 TRIM、EXTEND 及 BREAK 等命令修改受约束的对象后，所加约束将被删除。

7.2　尺寸约束

本节将介绍添加及编辑尺寸约束的方法。

7.2.1　添加尺寸约束

尺寸约束可以控制二维对象的大小、角度及两点间距离等，此类约束可以是数值，也可以是变量及方程式。改变尺寸约束，则约束将驱动对象发生相应变化。

用户可通过"参数化"选项卡的"标注"面板来添加尺寸约束。尺寸约束的种类、转换及显示如表 7-2 所示。

表 7-2　　　　　　　　　　尺寸约束的种类、转换及显示

按钮	名称	功能
	线性约束	约束两点之间的水平或竖直距离
	对齐约束	约束两点、点与直线、直线与直线间的距离
	半径约束	约束圆或圆弧的半径
	直径约束	约束圆或圆弧的直径
	角度约束	约束直线间的夹角、圆弧的圆心角或 3 个点构成的角度

续表

按钮	名称	功能
	转换	（1）将普通尺寸标注（与标注对象关联）转换为动态约束或注释性约束 （2）使动态约束与注释性约束相互转换 （3）利用"形式（F）"选项指定当前尺寸约束为动态约束或注释性约束
	显示/隐藏	显示或隐藏选定对象的动态标注约束
	全部显示	显示图形中所有的动态标注约束
	全部隐藏	隐藏图形中所有的动态标注约束

尺寸约束分为两种形式：动态约束和注释性约束。在默认的情况下尺寸约束是动态约束，系统变量 CCONSTRAINTFORM 为 0，若为 1，则默认尺寸约束为注释性约束。

- 动态约束：标注外观由固定的预定义标注样式决定（在第 8 章中介绍标注样式），不能修改，且不能被打印。在缩放操作过程中，动态约束保持相同大小。单击"标注"面板上的 动态约束模式 按钮，创建动态约束。

- 注释性约束：标注外观由当前标注样式控制，可以修改，也可以打印。在缩放操作过程中，注释性约束的大小发生变化。可把注释性约束放在同一图层上，设置颜色及改变可见性。单击"标注"面板上的 注释性约束模式 按钮，创建注释性约束。

动态约束与注释性约束间可相互转换，选择尺寸约束，单击鼠标右键，在弹出的快捷菜单中选择【特性】命令，打开"特性"对话框，在"约束形式"下拉列表中指定尺寸约束要采用的形式。

【例 7-3】 绘制平面图形，添加几何约束及尺寸约束，使图形处于完全约束状态，如图 7-11 所示。

例 7-3

（1）设定绘图区域的大小为 200×200，并使该区域充满整个图形窗口显示出来。

（2）打开极轴追踪、对象捕捉及自动追踪功能，设定对象捕捉方式为端点、交点及圆心。

（3）绘制图形，图形尺寸任意，如图 7-12 左图所示。让 AutoCAD 自动约束图形，对圆心 A 施加固定约束，对所有圆弧施加相等约束，结果如图 7-12 右图所示。

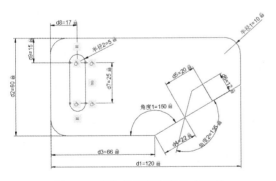

图 7-11　添加几何约束及尺寸约束

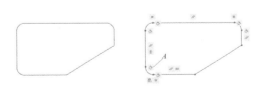

图 7-12　自动约束图形及施加固定约束（1）

（4）添加以下尺寸约束。

① 线性约束：单击 （线性约束）按钮，指定点 B、C，输入约束值，创建线性尺寸约束，如图 7-13 左图所示。

② 角度约束：单击 ⬠ （角度约束）按钮，选择线段 *D*、*E*，输入角度值，创建角度约束。

③ 半径约束：单击 ⬠ （半径约束）按钮，选择圆弧，输入半径值，创建半径约束。

④ 继续创建其余尺寸约束，结果如图 7-13 右图所示。添加尺寸约束的一般顺序是：先定形，后定位；先大尺寸，后小尺寸。

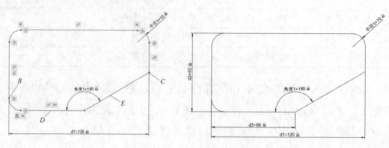

图 7-13　自动约束图形及施加固定约束（2）

（5）绘制图形，图形尺寸任意，如图 7-14 左图所示。使 AutoCAD 自动约束新图形，然后添加平行及垂直约束，结果如图 7-14 右图所示。

（6）添加尺寸约束，如图 7-15 所示。

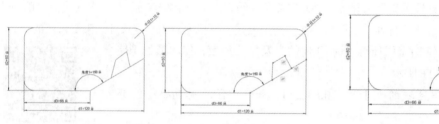

图 7-14　自动约束图形及施加平行和垂直约束　　　　图 7-15　加入尺寸约束

（7）绘制图形，图形尺寸任意，如图 7-16 左图所示。修剪多余线条，添加几何约束及尺寸约束，结果如图 7-16 右图所示。

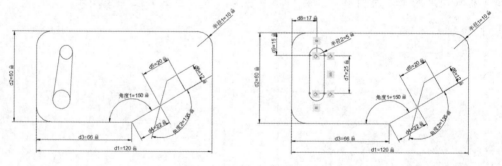

图 7-16　绘制图形及添加约束

（8）保存图形，7.2.2 小节将使用它。

7.2.2　编辑尺寸约束

对于已创建的尺寸约束，可采用以下方法进行编辑。

（1）双击尺寸约束或利用 DDEDIT 命令编辑约束的值、变量名称或表达式。

（2）选中尺寸约束，拖动与其关联的三角形关键点改变约束的值，同时驱动图形对象改变。

（3）选中约束，单击鼠标右键，利用快捷菜单中的相应命令编辑约束。

继续前面的练习，下面修改尺寸值及转换尺寸约束。

（1）将总长尺寸由 120 改为 100，"角度 1"改为 130，结果如图 7-17 所示。

（2）单击"参数化"选项卡中"标注"面板上的 全部隐藏 按钮，图中的所有尺寸约束将全部隐藏，单击 全部显示 按钮所有尺寸约束又显示出来。

（3）选中所有的尺寸约束，单击鼠标右键，在弹出的快捷菜单中选择【特性】命令，弹出"特性"对话框，如图 7-18 所示。在"约束形式"下拉列表中选择"注释性"选项，则动态尺寸约束转换为注释性尺寸约束。

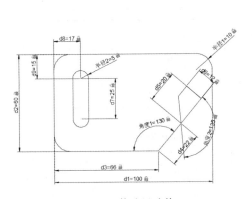

图 7-17　修改尺寸值　　　　　　　　图 7-18　"特性"对话框

（4）修改尺寸约束名称的格式。单击"标注"面板右下角的箭头，弹出"约束设置"对话框，如图 7-19 左图所示。在"标注"选项卡的"标注名称格式"下拉列表中选择"值"选项，再取消对"为注释性约束显示锁定图标"复选项的选择，结果如图 7-19 右图所示。

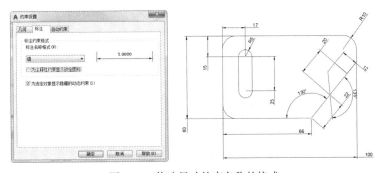

图 7-19　修改尺寸约束名称的格式

7.2.3　用户变量及方程式

尺寸约束通常是数值形式，但也可采用自定义变量或数学表达式。单击"参数化"选项卡中"管理"面板上的 fx 按钮，打开"参数管理器"对话框，如图 7-20 所示。此管理器显示所有的尺寸约束及用户变量，利用它可以轻松地对约束和变量进行管理。

- 单击尺寸约束的名称，亮显图形中的约束。
- 双击名称或表达式进行编辑。
- 单击鼠标右键，在弹出的快捷菜单中选择【删除】命令，以删除标注约束或用户变量。
- 单击列标题名称，对相应列进行排序。

尺寸约束或变量采用表达式时，常用的运算符及数学函数如表7-3及表7-4所示。

图7-20 "参数管理器"对话框

表7-3 在表达式中使用的运算符

运算符	说明	运算符	说明
+	加	/	除
-	减或取负值	^	求幂
*	乘	（ ）	圆括号或表达式分隔符

表7-4 表达式中支持的函数

函数	语法	函数	语法
余弦	cos（表达式）	反余弦	acos（表达式）
正弦	sin（表达式）	反正弦	asin（表达式）
正切	tan（表达式）	反正切	atan（表达式）
平方根	sqrt（表达式）	幂函数	pow（表达式1；表达式2）
对数，基数为e	ln（表达式）	指数函数，底数为e	exp（表达式）
对数，基数为10	lg（表达式）	指数函数，底数为10	exp10（表达式）
将度转换为弧度	d2r（表达式）	将弧度转换为度	r2d（表达式）

【例7-4】 定义用户变量，以变量及表达式约束图形。

（1）指定当前尺寸约束为注释性约束，并设定尺寸格式为"名称"。

（2）绘制平面图形，添加几何约束及尺寸约束，使图形处于完全约束状态，如图7-21所示。

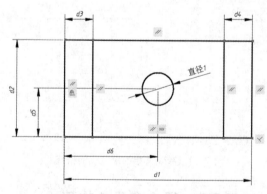

例7-4

图7-21 绘制平面图形及添加约束

（3）单击"管理"面板上的 fx 按钮，打开"参数管理器"对话框，利用该管理器修改变量名称、定义用户变量及建立新的表达式等，如图7-22所示。单击 fx 按钮可以建立新的用户变量。

（4）利用"参数管理器"将矩形面积改为3000，结果如图7-23所示。

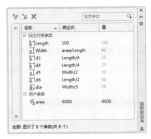

图7-22　"参数管理器"对话框

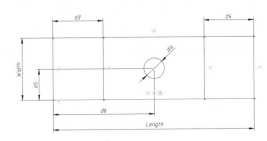

图7-23　修改矩形面积

7.3 参数化绘图的一般步骤

使用LINE、CIRCLE及OFFSET等命令绘图时，必须输入准确的数据参数，这样绘制完成的图形是精确无误的。若要改变图形的形状及大小，一般要重新绘制。利用AutoCAD的参数化功能绘图，创建的图形对象是可变的，其形状及大小由几何约束及尺寸约束控制。当修改这些约束后，图形就发生相应变化。

利用参数化功能绘图的步骤与采用一般绘图命令绘图是不同的，主要作图过程如下。

（1）根据图样的大小设定绘图区域的大小，并将绘图区充满图形窗口显示，这样就能了解随后绘制的草图轮廓的大小，而不至于使草图形状失真太大。

（2）将图形分成由外轮廓及多个内轮廓组成，按先外后内的顺序绘制。

（3）绘制外轮廓的大致形状，创建的图形对象大小是任意的，相互间的位置关系（如平行、垂直等）是近似的。

（4）根据设计要求对图形元素添加几何约束，确定它们之间的几何关系。一般先由AutoCAD自动创建约束（如重合、水平等），然后加入其他约束。为使外轮廓在xy坐标面的位置固定，应对其中某点施加固定约束。

（5）添加尺寸约束确定外轮廓中各图形元素的精确大小及位置。创建的尺寸（包括定形及定位尺寸）标注顺序一般为先大后小，先定形后定位。

（6）采用相同的方法依次绘制各个内轮廓。

例7-5

【例7-5】　利用AutoCAD的参数化功能绘制平面图形，如图7-24所示。先画出图形的大致形状，然后给所有对象添加几何约束及尺寸约束，使图形处于完全约束状态。

（1）设定绘图区域的大小为800×800，并使该区域充满整个图形窗口显示出来。

图7-24　利用参数化功能绘图

（2）打开极轴追踪、对象捕捉及自动追踪功能，设定对象捕捉方式为端点、交点及圆心。

（3）使用 LINE、CIRCLE 及 TRIM 等命令绘制图形，图形尺寸任意，如图 7-25 左图所示。修剪多余线条并倒圆角，形成外轮廓草图，结果如图 7-25 右图所示。

（4）启动自动添加几何约束功能，给所有图形对象添加几何约束，如图 7-26 所示。

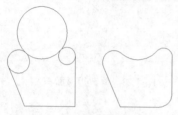

图 7-25　绘制图形外轮廓线

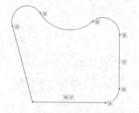

图 7-26　自动添加几何约束

（5）创建以下约束。

① 给圆弧 A、B、C 添加相等约束，使 3 个圆弧的半径相等，结果如图 7-27 左图所示。

② 对左下角点施加固定约束。

③ 给圆心 D、F 及圆弧中点 E 添加水平约束，使 3 点位于同一条水平线上，结果如图 7-27 右图所示。操作时，可利用对象捕捉确定要约束的目标点。

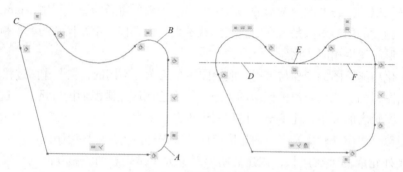

图 7-27　添加几何约束

（6）单击 全部隐藏 按钮，隐藏几何约束。标注圆弧的半径尺寸，然后标注其他尺寸，如图 7-28 左图所示。将角度值修改为 60°，结果如图 7-28 右图所示。

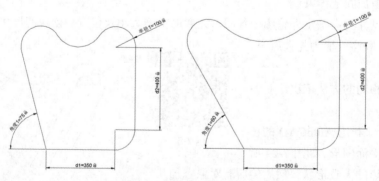

图 7-28　添加尺寸约束（1）

（7）绘制圆及线段，如图 7-29 左图所示。修剪多余线条并自动添加几何约束，结果如图 7-29 右图所示。

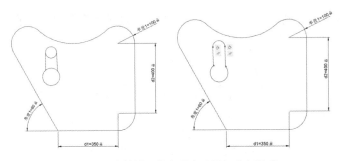

图 7-29　绘制圆、线段及自动添加几何约束

（8）给圆弧 *G*、*H* 添加同心约束，给线段 *I*、*J* 添加平行约束等，结果如图 7-30 所示。

（9）复制线框，结果如图 7-31 左图所示。对新线框添加同心约束，结果如图 7-31 右图所示。

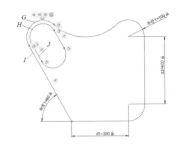

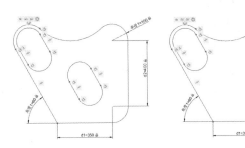

图 7-30　添加同心及平行约束　　　　　　图 7-31　复制对象并添加同心约束

（10）使圆弧 *L*、*M* 的圆心位于同一条水平线上，并让它们的半径相等，结果如图 7-32 所示。

（11）标注圆弧的半径尺寸 40，如图 7-33 左图所示。将半径值由 40 改为 30，结果如图 7-33 右图所示。

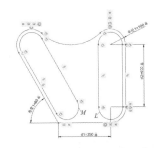

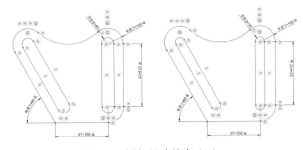

图 7-32　添加水平及相等约束　　　　　　图 7-33　添加尺寸约束（2）

7.4 综合练习——利用参数化功能绘图

读者可以通过例 7-6、例 7-7 和例 7-8 进行利用参数化功能绘图的综合练习。

【例 7-6】 利用参数化功能绘图方法绘制如图 7-34 所示的操场平面图。

例 7-6

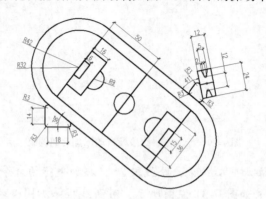

图 7-34 操场平面图

（1）设置绘图环境。

① 设定对象捕捉方式为端点、中点及圆心，启用对象捕捉追踪和极轴追踪。

② 创建"图形"图层，并将"图形"图层置为当前图层。

（2）绘制操场平面图中的足球场。

① 执行绘制多段线命令绘制场地轮廓线，结果如图 7-35 所示，其中尺寸任意，形状正确即可。

② 建立自动约束，结果如图 7-36 所示。

图 7-35 场地

图 7-36 建立自动约束

③ 建立尺寸标注，结果如图 7-37 所示。

④ 修改尺寸标注，结果如图 7-38 所示。

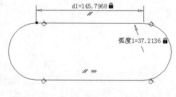

图 7-37 建立尺寸标注

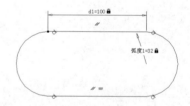

图 7-38 修改尺寸标注

⑤ 隐藏几何约束和动态约束，执行绘制圆、绘制矩形、修剪等命令绘制足球场内部图形，结果如图 7-39 所示。

⑥ 执行偏移命令绘制操场跑道，结果如图 7-40 所示。

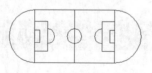

图 7-39 绘制足球场内部

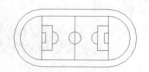

图 7-40 绘制操场跑道

（3）绘制篮球场。

① 执行绘线命令绘制篮球场外轮廓线，建立自动约束，结果如图 7-41 所示。

② 建立标注约束，结果如图 7-42 所示。

图 7-41　绘制篮球场外轮廓线并建立自动约束

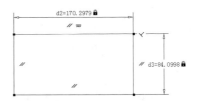

图 7-42　建立标注约束

③ 修改标注约束，结果如图 7-43 所示。

④ 隐藏几何约束和动态约束，执行绘制圆、绘制线、修剪等命令绘制篮球场内部图形，结果如图 7-44 所示。

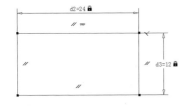

图 7-43　修改标注约束（1）

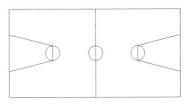

图 7-44　绘制篮球场内部

（4）绘制两个圆角三角形场地。

① 执行绘制多段线、圆角命令，绘制圆角三角形场地草图，如图 7-45 所示。

② 建立自动约束和标注约束，如图 7-46 所示。

图 7-45　圆角三角形场地草图

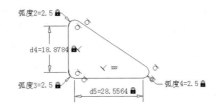

图 7-46　建立自动约束和标注约束

③ 修改标注约束，结果如图 7-47 所示。

④ 执行复制命令复制圆角三角形场地，删除线性标注约束，添加对齐标注约束，结果如图 7-48 所示。

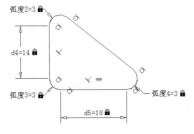

图 7-47　修改标注约束（2）

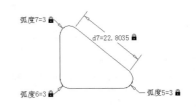

图 7-48　修改复制图中的标注约束

⑤ 修改标注约束，结果如图 7-49 所示。

（5）组合图形。

① 将所有图形创建成块，结果如图 7-50 所示。

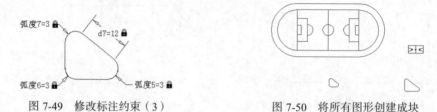

图 7-49　修改标注约束（3）　　　　　图 7-50　将所有图形创建成块

② 为大圆角三角形场地和足球场地建立共线几何约束，结果如图 7-51 所示。

③ 删除共线几何约束，执行移动命令，移动大圆角三角形场地到如图 7-52 所示的位置。

图 7-51　建立共线几何约束　　　　　图 7-52　删除共线几何约束并移动图形

④ 用同样的方式组合其他图形，完成图形绘制，结果如图 7-34 所示。

【例 7-7】　利用 AutoCAD 的参数化功能绘制平面图形，如图 7-53 所示。先画出图形的大致形状，然后为所有对象添加几何约束及尺寸约束，使图形处于完全约束状态。

【例 7-8】　利用 AutoCAD 的参数化功能绘制平面图形，如图 7-54 所示。为所有对象添加几何约束及尺寸约束，使图形处于完全约束状态。

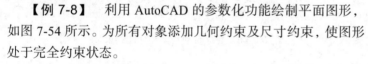

例 7-7　　　　　例 7-8

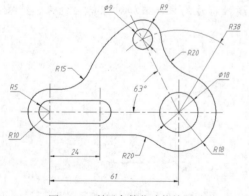

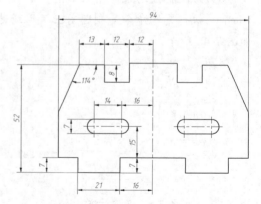

图 7-53　利用参数化功能绘图（1）　　　　　图 7-54　利用参数化功能绘图（2）

操作与练习

1. 利用 AutoCAD 的参数化功能绘制平面图形，如图 7-55 所示。为所有对象添加几何约束及尺寸约束，使图形处于完全约束状态。

2. 利用 AutoCAD 的参数化功能绘制平面图形，如图 7-56 所示。为所有对象添加几何约束及尺寸约束，使图形处于完全约束状态。

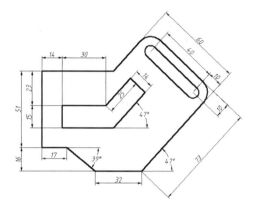

图 7-55　利用参数化功能绘图（1）

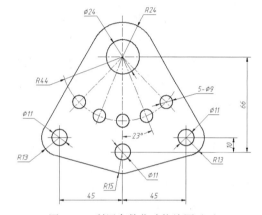

图 7-56　利用参数化功能绘图（2）

第8章
书写文字和标注尺寸

在工程图中，设计人员常利用文字进行说明或提供扼要的注释。完备且布局适当的说明文字，不仅能使图样更好地表达设计思想，并且还会使图样本身显得整洁清晰。

尺寸是工程图中的另一项重要内容，用来描述设计对象各组成部分的大小和相对位置关系，是实际生产的重要依据。标注尺寸在图纸设计中是一个关键环节，正确的尺寸标注可使生产顺利完成，而不良的尺寸标注则将导致生产次品甚至废品，给企业带来严重的经济损失。

通过对本章的学习，读者可以了解文字样式和尺寸样式的基本概念，学会如何创建单行文字和多行文字，并掌握标注各类尺寸的方法。

【学习目标】
- 创建文字样式。
- 书写单行文字和多行文字。
- 编辑文字内容和属性。
- 创建标注样式。
- 标注直线型、角度型、直径型及半径型尺寸等。
- 标注尺寸公差和形位公差。
- 编辑尺寸文字和调整标注位置。

8.1 书写文字的方法

在 AutoCAD 中有两类文字对象，一类是单行文字，另一类是多行文字，它们分别由 DTEXT 命令和 MTEXT 命令来创建。一般来讲，比较简短的文字项目，如标题栏信息、尺寸标注说明等，常常采用单行文字；而带有段落格式的信息，如工艺流程、技术条件等，则常采用多行文字。

AutoCAD 生成的文字对象外观由与它关联的文字样式决定。在默认情况下，Standard 文字样式是当前样式，用户也可根据需要创建新的文字样式。

【例 8-1】 打开素材文件"dwg\第 8 章\8-1.dwg"，如图 8-1 左图所示，

例 8-1

将左图修改为右图。此练习内容包括创建文字样式、书写单行文字和多行文字、编辑文字等。

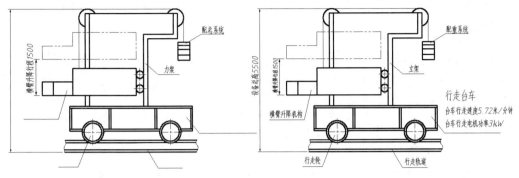

图 8-1　书写文字并编辑

8.1.1　创建国标文字样式及书写单行文字

文字样式主要是控制与文本链接的字体文件、字符宽度、文字倾斜角度及高度等项目。用户可以针对每一种不同风格的文字创建相应的文字样式，这样在输入文本时就可以用相应的文字样式来控制文本的外观。例如，用户可以建立专门用于控制尺寸标注文字和设计说明文字外观的文字样式。

用 DTEXT 命令可以非常灵活地创建文字项目。发出此命令后，用户不仅可以设定文本的对齐方式和文字的倾斜角度，还能用十字光标在不同的地方选取点，以定位文本的位置（系统变量 DTEXTED 不等于 0）。该特性使用户只发出一次命令就能在图形的多个区域放置文本。另外，DTEXT 命令还提供了屏幕预演的功能，即在文字输入的同时也在屏幕上显示出来，这样用户就很容易发现文本输入是否错误，以便及时修改。

在默认情况下，单行文字关联的文字样式是"Standard"，采用的字体是"txt.shx"。如果用户要输入中文，则应修改当前文字样式，使其与中文字体相关联。此外，用户也可以创建一个采用中文字体的新文字样式。

下面介绍创建符合国标规定的文字样式的方法。

（1）选择菜单命令【格式】/【文字样式】或输入命令代号 STYLE，打开"文字样式"对话框，如图 8-2 所示。

（2）单击 新建(N)... 按钮，打开"新建文字样式"对话框，在"样式名"文本框中输入文字样式的名称"工程文字"，如图 8-3 所示。

图 8-2　"文字样式"对话框

图 8-3　"新建文字样式"对话框

（3）单击 确定 按钮，返回"文字样式"对话框，在"字体名"下拉列表中选择"gbeitc.shx"选项，再选择"使用大字体"复选项，然后在"大字体"下拉列表中选择"gbcbig.shx"选项，如图 8-2 所示。

AutoCAD 提供了符合国标的字体文件。在工程图中，中文字体采用 gbcbig.shx，该字体文件包含仿宋字。西文字体采用 gbeitc.shx 或 gbenor.shx，前者是斜体西文，后者是直体西文。

（4）单击 应用(A) 按钮，然后退出"文字样式"对话框。

"文字样式"对话框中的常用选项介绍如下。

- 【样式】：该列表框中显示图样中所有文字样式的名称，用户可以从中选择一个。
- 新建(N)... 按钮：单击此按钮，就可以创建新文字样式。
- 置为当前(C) 按钮：将在"样式"列表框中选定的文字样式设为当前样式。
- 删除(D) 按钮：在"样式"列表框中选择一个文字样式，再单击此按钮就可以将该文字样式删除。当前样式和正在使用的文字样式不能被删除。
- 【字体名】下拉列表：在此列表中罗列了所有的字体。带有双"T"标志的字体是 Windows系统提供的 TrueType 字体，其他字体是 AutoCAD 自带的字体（*.shx），其中 gbenor.shx和 gbeitc.shx（斜体西文）字体是符合国标的工程字体。
- 【使用大字体】：大字体是指专为亚洲国家设计的文字字体。其中 gbcbig.shx 字体是符合国标的工程汉字字体，该字体文件还包含一些常用的特殊符号。由于 gbcbig.shx字体中不包含西文字体定义，因此使用时可将其与 gbenor.shx 和 gbeitc.shx 字体配合使用。
- 【字体样式】：取消勾选"使用大字体"复选项，将会出现"字体样式"下拉列表。如果用户选择的字体支持不同的样式，如粗体或斜体等，就可以在"字体样式"下拉列表中选择一个。
- 【高度】：输入字体的高度。如果用户在该文本框中指定了文本高度，则当使用 DTEXT（单行文字）命令时，系统将不再提示"指定高度"。
- 【颠倒】：选择此复选项，文字将上下颠倒显示。该复选项仅影响单行文字，如图 8-4所示。

AutoCAD 2018　　　　Ɐ∩ϝoϹⱯↃ ƧoⰋ8

关闭【颠倒】复选项　　　　打开【颠倒】复选项

图 8-4　关闭或打开"颠倒"复选项

- 【反向】：选择该复选项，文字将首尾反向显示。该复选项仅影响单行文字，如图 8-5所示。

AutoCAD 2018　　　　8Ⱏ0Ƨ ⰃⱯϽoⱦυⱯ

关闭【反向】复选项　　　　打开【反向】复选项

图 8-5　关闭或打开"反向"复选项

- 【垂直】：选择该复选项，文字将沿竖直方向排列，如图 8-6 所示。

AutoCAD

A
u
t
o
C
A
D

关闭【垂直】复选项   打开【垂直】复选项

图 8-6　关闭或打开"垂直"复选项

- 【宽度因子】：默认的宽度因子为"1"。若输入小于 1 的数值，则文本将变窄，否则文本变宽，如图 8-7 所示。

AutoCAD 2018   AutoCAD 2018

宽度比例因子为 1.0   宽度比例因子为 0.7

图 8-7　调整宽度比例因子

- 【倾斜角度】：该文本框用于指定文本的倾斜角度，角度值为正时向右倾斜，角度为负时向左倾斜，如图 8-8 所示。

AutoCAD 2018   AutoCAD 2018

倾斜角度为 30º   倾斜角度为-30º

图 8-8　设置文字的倾斜角度

下面介绍创建单行文字的方法。

选择菜单命令【绘图】/【文字】/【单行文字】或输入命令 DTEXT，启动创建单行文字命令。

```
命令: dtext
指定文字的起点或[对正(J)/样式(S)]:          //单击点 A，如图 8-9 所示
指定高度 <3.0000>: 5                       //输入文字高度
指定文字的旋转角度 <0>:                      //按 Enter 键
横臂升降机构                                //输入文字
行走轮                                      //在 B 处单击一点，并输入文字
行走轨道                                    //在 C 处单击一点，输入文字并按 Enter 键
                                          //按 Enter 键结束

命令:DTEXT                                 //重复命令
指定文字的起点或[对正(J)/样式(S)]:          //单击点 D
指定高度 <5.0000>:                         //按 Enter 键
指定文字的旋转角度 <0>: 90                   //输入文字旋转角度
设备总高 5500                               //输入文字并按 Enter 键
                                          //按 Enter 键结束
```

结果如图 8-9 所示。

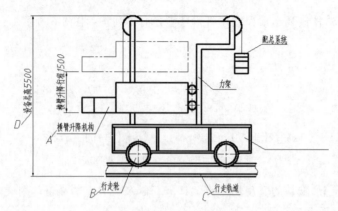

图 8-9　创建单行文字

单行文字命令的选项如下。

- 样式（S）：指定当前的文字样式。
- 对正（J）：设定文字的对齐方式。

用 DTEXT 命令可连续输入多行文字，每行按 Enter 键结束，但用户不能控制各行的间距。DTEXT 命令的优点是文字对象的每一行都是一个单独的实体，因而对每行进行重新定位或编辑都很容易。

8.1.2　修改文字样式

修改文字样式也是在"文字样式"对话框中进行的，其过程与创建文字样式相似，这里不再重复。

修改文字样式时，用户应注意以下几点。

（1）修改完成后，单击"文字样式"对话框中的 应用(A) 按钮，则修改生效，系统立即更新图样中与此文字样式关联的文字。

（2）当改变文字样式连接的字体文件时，系统改变所有文字外观。

（3）当修改文字的"颠倒""反向"及"垂直"特性时，系统将改变单行文字外观。而修改文字高度、宽度比例及倾斜角时，则不会引起已有单行文字外观的改变，但将影响此后创建的文字对象。

（4）对于多行文字，只有"垂直""宽度因子"及"倾斜角度"选项才影响其外观。

8.1.3　单行文字的对齐方式

发出 DTEXT 命令后，系统提示用户输入文本的插入点，此点和实际字符的位置关系由对齐方式（对正（J））所决定。对于单行文字，系统提供了十多种对齐选项。在默认的情况下，文本是左对齐的，即指定的插入点是文字的左基线点，如图 8-10 所示。

文字的对齐方式
左基线点

图 8-10　左对齐方式

如果要改变单行文字的对齐方式，就使用"对正（J）"选项。在"指定文字的起点或[对正（J）/样式（S）]:"提示下，输入"j"，则系统提示如下。

[左(L)/居中(C)/右(R)/对齐(A)/中间(M)/布满(F)/左上(TL)/中上(TC)/右上(TR)/左中(ML)/正中(MC)/右中(MR)/左下(BL)/中下(BC)/右下(BR)]:

下面对以上选项做详细说明。

- 对齐（A）：使用此选项时，系统提示指定文本分布的起始点和结束点。当用户选定两点并输入文本后，系统把文字压缩或扩展使其充满指定的宽度范围，而文字的高度则按适当比例进行变化，以使文本不至于被扭曲。

- 布满（F）：使用此选项时，系统增加了"指定高度"提示。"布满（F）"也将压缩或扩展文字使其充满指定的宽度范围，但保持文字的高度值等于指定的数值。

分别利用"对齐（A）"和"调整（F）"选项在矩形框中填写文字，结果如图 8-11 所示。

- 左(L)/居中(C)/右(R)/对齐(A)/中间(M)/布满(F)/左上(TL)/中上(TC)/右上(TR)/左中(ML)/正中(MC)/右中(MR)/左下(BL)/中下(BC)/右下(BR)：通过这些选项设置文字的插入点，各插入点的位置如图 8-12 所示。

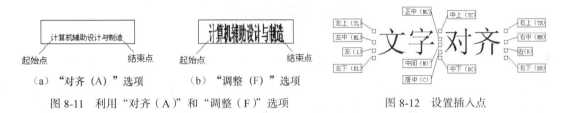

（a）"对齐（A）"选项　　　（b）"调整（F）"选项

图 8-11　利用"对齐（A）"和"调整（F）"选项

图 8-12　设置插入点

8.1.4　在单行文字中加入特殊符号

工程图中用到的许多符号都不能通过标准键盘直接输入，如文字的下画线、直径代号等。当用户利用 DTEXT 命令创建文字注释时，必须输入特殊代码来产生特定的字符，这些代码及相应的特殊符号如表 8-1 所示。

表 8-1　　　　　　　　　　　　特殊字符的代码

代码	字符	代码	字符
%%o	文字的上画线	%%p	表示"±"
%%u	文字的下画线	%%c	直径代号
%%d	角度的度符号		

使用表中代码生成特殊字符的样例如图 8-13 所示。

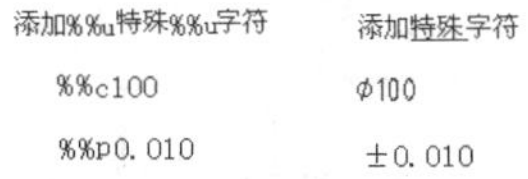

添加%%u特殊%%u字符　　　添加特殊字符

%%c100　　　　　　φ100

%%p0.010　　　　　　±0.010

图 8-13　创建特殊字符

8.1.5　创建多行文字

MTEXT 命令可以创建复杂的文字说明。用 MTEXT 命令生成的文字段落称为多行文字，多行文字可由任意数目的文字行组成，所有的文字构成一个单独的实体。使用 MTEXT 命令时，用户可以指定文本分布的宽度，但文字沿竖直方向可无限延伸。另外，用户还能设置多行文字中单个字符或某一部分文字的属性（包括文本的字体、倾斜角度和高度等）。

下面介绍创建多行文字的方法。

（1）单击"注释"面板上的 <kbd>A 多行文字</kbd> 按钮或输入命令代号 MTEXT，AutoCAD 提示如下。

指定第一角点：	//在 E 处单击，如图 8-14 所示
指定对角点：	//在 F 处单击

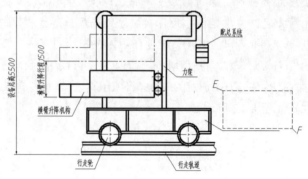

图 8-14　指定多行文字的输入区域

（2）系统弹出"文字编辑器"选项卡及顶部带标尺的文字输入框，在"样式"面板中选择"Standard"选项，在"字体高度"文本框中输入数值"5"，然后输入文字，如图 8-15 所示。

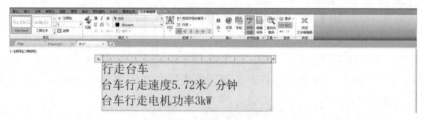

图 8-15　输入多行文字

（3）单击"关闭"面板上的 <kbd>X</kbd>（关闭）按钮，结果如图 8-16 所示。

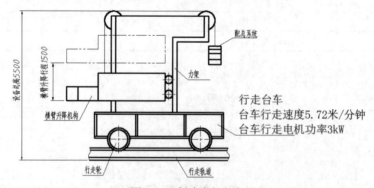

图 8-16　创建多行文字

启动 MTEXT 命令并建立文本框后，系统弹出"文字编辑器"选项卡及顶部带标尺的文字输入框，这两部分组成了多行文字编辑器，如图 8-17 所示。利用此编辑器，可方便地创建文字并设置文字样式、对齐方式、字体及字高等。

图 8-17　多行文字编辑器

用户在文字输入框中输入文本，文字输入框是透明的，用户可以观察到输入的文字与其他对象是否重叠。

下面对多行文字编辑器的主要功能做简要介绍。

1. "文字编辑器" 选项卡

- 【样式】面板：设置多行文字的文字样式。若将一个新样式与现有多行文字相关联，将不会影响文字的某些特殊格式，如粗体、斜体和堆叠等。
- 【字体】下拉列表：从此列表中选择需要的字体。多行文字对象中可以包含不同字体的字符。
- 【字体高度】文本框：从此下拉列表中选择或输入文字高度。多行文字对象中可以包含不同高度的字符。
- B 按钮：如果所选用的字体支持粗体，则可以通过此按钮将文本修改为粗体形式，按下该按钮为打开状态。
- I 按钮：如果所选用的字体支持斜体，则可以通过此按钮将文本修改为斜体形式，按下该按钮为打开状态。
- U 按钮：可利用此按钮将文字修改为下画线形式。
- 【文字颜色】下拉列表：为输入的文字设定颜色或修改已选定文字的颜色。
- 标尺 按钮：打开或关闭文字输入框上部的标尺。
- ，，，， 按钮：设定文字的对齐方式，这 5 个按钮的功能分别为左对齐、居中、右对齐、对正和分散对齐。
- 行距 按钮：设定段落文字的行间距。
- 项目符号和编号 按钮：给段落文字添加数字编号、项目符号或大写字母形式的编号。
- O 按钮：给选定的文字添加上画线。
- @ 按钮：单击此按钮，弹出菜单，该菜单包含了许多常用符号。
- 【倾斜角度】文本框：设定文字的倾斜角度。
- 【追踪】文本框：控制字符间的距离。输入大于 1 的数值将增大字符间距，否则会缩小字符间距。
- 【宽度因子】文本框：设定文字的宽度因子。输入小于 1 的数值，文本将变窄，否则文本变宽。
- A 按钮：设置多行文字的对正方式。

2. 文本输入框

（1）标尺：设置首行文字及段落文字的缩进，还可设置制表位，操作方法如下。

- 拖动标尺上第一行的缩进滑块，可改变所选段落第一行的缩进位置。

- 拖动标尺上第二行的缩进滑块，可改变所选段落其余行的缩进位置。
- 标尺上显示了默认的制表位，如图 8-17 所示。要设置新的制表位，可用鼠标左键单击标尺。要删除创建的制表位，可用鼠标指针将制表位拖出标尺。

（2）快捷菜单：在文本输入框中单击鼠标右键，弹出快捷菜单，该菜单中包含了一些标准编辑命令和多行文字特有的命令，如图 8-18 所示（只显示了部分命令）。

- 【符号】：该命令包含以下几个常用的子命令。

【度数】：在光标定位处插入特殊字符 "%%d"，表示度数符号 "°"。

【正/负】：在光标定位处插入特殊字符 "%%p"，表示加、减符号 "±"。

【直径】：在光标定位处插入特殊字符 "%%c"，表示直径符号 "ϕ"。

【几乎相等】：在光标定位处插入符号 "≈"。

【下标 2】：在光标定位处插入下标 "2"。

【平方】：在光标定位处插入上标 "2"。

【立方】：在光标定位处插入上标 "3"。

【其他】：选取该选项，则系统打开 "字符映射表" 对话框，在该对话框的 "字体" 下拉列表中选取字体，显示出所选字体包含的各种字符，如图 8-19 所示。若要插入一个字符，选择它并单击 选择(S) 按钮，此时 AutoCAD 会将选取的字符放在 "复制字符" 文本框中。按此方法选取所有要插入的字符，然后单击 复制(C) 按钮，关闭 "字符映射表" 对话框，返回多行文字编辑器，在要插入字符的地方单击鼠标左键，再单击鼠标右键，弹出快捷菜单，从菜单中选取【粘贴】命令，这样就可以将字符插入多行文字中了。

图 8-18　快捷菜单

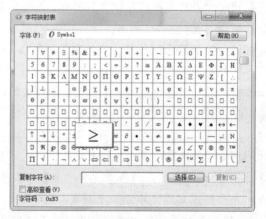

图 8-19　"字符映射表" 对话框

- 【项目符号和列表】：给段落文字添加编号及项目符号。
- 【背景遮罩】：为文字设置背景。
- 【段落对齐】：设置多行文字的对齐方式。
- 【段落】：设定制表位和缩进，控制段落对齐方式、段落间距和行间距。
- 【堆叠】：利用此命令可使层叠的文字堆叠起来（如图 8-20 所示），这对创建分数及公差形式的文字很有用。AutoCAD 通过特殊字符 "/" "^"

1/3　　　　　　　$\frac{1}{3}$

100+0.021^−0.008　　$100^{+0.021}_{-0.008}$

1#12　　　　　　　$\frac{1}{12}$

输入可堆叠的文字　　　堆叠结果

图 8-20　堆叠文字

及"#",表明多行文字是可层叠的。输入层叠文字的方式为"左边文字+特殊字符+右边文字",堆叠后,左边文字被放在右边文字的上面。

8.1.6　编辑文字

编辑文字的常用方法有以下两种。

（1）利用 DDEDIT 命令编辑单行文字或多行文字。选择的对象不同,系统打开的对话框也不同。对于单行文字,系统显示文本编辑框;对于多行文字,系统打开多行文字编辑器。用 DDEDIT 命令编辑文本的优点是,此命令会连续提示用户选择要编辑的对象,因而只要发出 DDEDIT 命令,就能一次修改许多文字对象。

（2）利用 PROPERTIES 命令修改文本。选择要修改的文字后,单击"视图"选项卡中"选项板"面板上的 按钮,启动 PROPERTIES 命令。打开"特性"对话框,在该对话框中,用户不仅能修改文本的内容,还能编辑文本的其他许多属性,如倾斜角度、对齐方式、高度和文字样式等。

继续前面的练习,编辑文字内容及属性。

（1）输入命令代号 DDEDIT,AutoCAD 提示如下。

```
命令: _ddedit
选择注释对象或[放弃(U)]:        //选择"配总系统",修改为"配重系统",按 Enter 键
选择注释对象或[放弃(U)]:        //选择"力架",修改为"立架",按 Enter 键
选择注释对象或[放弃(U)]:        //选择多行文字
```

在 AutoCAD 中打开"文字编辑器"选项卡,在"样式"面板中选择"工程文字"选项,将"行走台车"的文字高度修改为"7",然后单击 （关闭）按钮返回主窗口,AutoCAD 提示如下。

```
选择注释对象或[放弃(U)]:        //按 Enter 键结束
```

结果如图 8-21 所示。

（2）利用 PROPERTIES 命令,将"横臂升降行程 1500"的文字高度修改为"3.5",结果如图 8-21 所示。

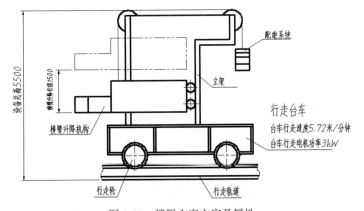

图 8-21　编辑文字内容及属性

8.1.7　在多行文字中添加特殊字符

例 8-2 演示了在多行文字中加入特殊字符的方法，文字内容如下。

内外转子的径向间隙δ为 0.10～0.25mm

试验时的机油温度为 85±5℃

【例 8-2】　添加特殊字符。

例 8-2

（1）单击"注释"面板上的 A 多行文字 按钮，再指定文字分布的宽度，在 AutoCAD 中打开多行文字编辑器，在"字体"下拉列表中选择"宋体"选项，在"字体高度"文本框中输入数值"5"，然后输入文字，如图 8-22 所示。

内外转子的径向间隙为0.10~0.25mm
试验时的机油温度为855

图 8-22　书写多行文字

（2）在要插入正/负符号的地方单击鼠标左键，再指定当前字体为"txt"，然后单击鼠标右键，弹出快捷菜单，选取【符号】/【正/负】命令，结果如图 8-23 所示。

内外转子的径向间隙为0.10~0.25mm
试验时的机油温度为85±5

图 8-23　插入正/负符号

（3）在文本输入窗口中单击鼠标右键，弹出快捷菜单，选取【符号】/【其他】命令，打开"字符映射表"对话框，如图 8-24 所示。

（4）在"字符映射表"对话框的"字体"下拉列表中选择"Symbol"选项，然后选择需要的字符"δ"，如图 8-24 所示。

（5）单击 选择(S) 按钮，再单击 复制(C) 按钮。

（6）返回多行文字编辑器，在需要插入"δ"符号的地方单击鼠标左键，然后单击鼠标右键，弹出快捷菜单，选择【粘贴】命令，结果如图 8-25 所示。

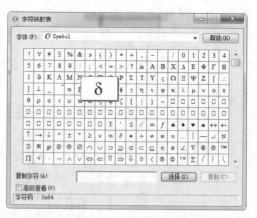

图 8-24　"字符映射表"对话框

 粘贴"δ"符号后，AutoCAD 将自动换行。

图 8-25　插入"δ"符号

（7）把"δ"符号的高度修改为"5.5"，再将鼠标指针放置在此符号的后面，按 Delete 键，结果如图 8-26 所示。

图 8-26　修改文字高度及调整文字位置

（8）打开"字符映射表"对话框，在对话框的"字体"下拉列表中选择"宋体"选项，然后选择需要的字符"℃"，如图 8-27 所示。

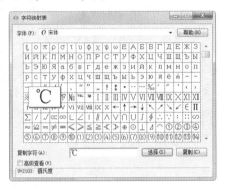

图 8-27　选择需要的字符

（9）用与步骤（5）～（7）相同的方法，插入"℃"符号，结果如图 8-28 所示。

图 8-28　插入"℃"符号

（10）单击 ✕ 按钮完成操作。

8.1.8　创建分数及公差形式的文字

下面介绍使用多行文字编辑器创建分数及公差形式的文字。

【例 8-3】　创建分数及公差形式的文字。

（1）打开多行文字编辑器，输入多行文字，如图 8-29 所示。

（2）选择文字"H7/m6"，单击鼠标右键，选择【堆叠】命令，结果如图 8-30 所示。

例 8-3

（3）选择文字 "+0.020^-0.016"，单击鼠标右键，选择【堆叠】命令，结果如图 8-31 所示。

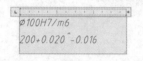

图 8-29　输入多行文字

图 8-30　创建分数形式文字

图 8-31　创建公差形式文字

（4）单击 "关闭" 面板上的 ✕（关闭）按钮完成。

通过堆叠文字的方法也可创建文字的上标或下标，输入方式为 "上标^" "^下标"。例如，输入 "53^" 后，选中 "3^"，单击鼠标右键，选择【堆叠】命令，结果变为 "5³"。

8.1.9　实战提高

读者可通过例 8-4、例 8-5 和例 8-6 进行实战提高。

【例 8-4】　打开素材文件 "dwg\第 8 章\8-4.dwg"，在图中添加单行文字，如图 8-32 所示。文字的字高为 3.5，中文字体采用 "gbcbig.shx"，西文字体采用 "gbeitc.shx"。

【例 8-5】　打开素材文件 "dwg\第 8 章\8-5.dwg"，在图中添加多行文字，如图 8-33 所示。图中文字特性如下。

- "注：双立柱……"：文字的字高为 3.5，字体采用 "宋体"。

- 其余文字的字高为 5，字体采用 "gbcbig.shx"。

例 8-4　　　　例 8-5

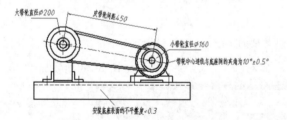

图 8-32　在单行文字中加入特殊符号

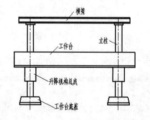

图 8-33　创建多行文字

【例 8-6】　打开素材文件 "dwg\第 8 章\8-6.dwg"，在图中添加多行文字，如图 8-34 所示。图中文字特性如下。

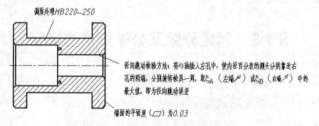

图 8-34　在多行文字中添加特殊符号

例 8-6

- 形位公差符号：文字的字高为 3，字体采用 "GDT"。

- "ξ、~"：文字的字高为 4，字体采用 "Symbol"。
- 其余文字：文字的字高为 5，中文字体采用 "gbcbig.shx"，西文字体采用 "gbeitc.shx"。

8.2

标注尺寸的方法

AutoCAD 的尺寸标注命令很丰富，利用它们可以轻松地创建出各种类型的尺寸。所有尺寸与尺寸样式关联，通过调整尺寸样式，就能控制与该样式关联的尺寸标注的外观。下面介绍创建尺寸样式的方法和 AutoCAD 的尺寸标注命令。

【例 8-7】 打开素材文件 "dwg\第 8 章\8-7.dwg"，如图 8-35 左图所示，将左图修改为右图。其中包括创建符合国标的尺寸样式，标注水平、竖直及倾斜方向的尺寸，标注直径和半径型尺寸等。

例 8-7

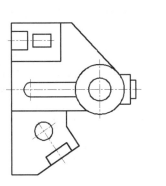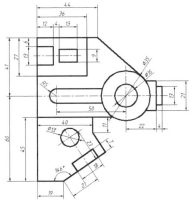

图 8-35　标注尺寸

8.2.1　创建国标尺寸样式

尺寸标注是一个复合体，以块的形式存储在图形中，其组成部分包括尺寸线、尺寸线两端的起止符号（箭头、斜线等）、尺寸界线及标注文字等，如图 8-36 所示，所有这些组成部分的格式都由尺寸样式来控制。

在标注尺寸前，用户一般都要创建尺寸样式，否则 AutoCAD 将使用默认样式 "ISO-25" 生成尺寸标注。在 AutoCAD 中，用户可以定义多种不同的标注样式并为之命名。标注时用户只需指定某个样式为当前样式，就能创建相应的标注形式。

下面介绍建立符合国标规定的尺寸样式的方法。

（1）创建一个新文件。

（2）建立新文字样式，样式名为 "工程文字"，与该样式相连的字体文件是 "gbeitc.shx"

图 8-36　标注组成

（或"gbenor.shx"）和"gbcbig.shx"。

（3）单击"注释"面板上的 按钮或选择菜单命令【格式】/【标注样式】，打开"标注样式管理器"对话框，如图8-37所示。通过该对话框，用户可以命名新的尺寸样式或修改样式中的尺寸变量。

（4）单击 新建(N)... 按钮，打开"创建新标注样式"对话框，如图8-38所示。在该对话框的"新样式名"文本框中输入新的样式名称"工程标注"，在"基础样式"下拉列表中指定某个尺寸样式作为新样式的副本，则新样式将包含副本样式的所有设置。此外，用户还可在"用于"下拉列表中设定新样式对某一种类尺寸的特殊控制。在默认的情况下，"用于"下拉列表中的选项是"所有标注"，意思是指新样式将控制所有类型的尺寸。

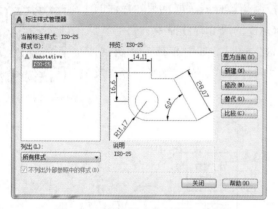

图8-37 "标注样式管理器"对话框

图8-38 "创建新标注样式"对话框

（5）单击 继续 按钮，打开"新建标注样式"对话框，如图8-39所示。

图8-39 "新建标注样式"对话框

该对话框中有7个选项卡，在这些选项卡中分别进行以下设置。

- 在"文字"选项卡的"文字样式"下拉列表中选择"工程文字"选项，在"文字高度""从尺寸线偏移"文本框中分别输入"3.5"和"0.8"，在"文字对齐"分组框中选择"与尺寸线对齐"单选项。
- 在"线"选项卡的"基线间距""超出尺寸线"和"起点偏移量"文本框中分别输入"7"

"2"和"0.5"。

- 在"符号和箭头"选项卡的"第一个"下拉列表中选择"实心闭合"选项，在"箭头大小"文本框中输入"2"。
- 在"调整"选项卡的"使用全局比例"文本框中输入"1"（绘图比例的倒数）。
- 在"主单位"选项卡的"单位格式""精度"和"小数分隔符"下拉列表中分别选择"小数""0.00"和"句点"选项。

（6）单击 ▢确定 按钮，得到一个新的尺寸样式，再单击 置为当前(U) 按钮，使新样式成为当前样式。

下面介绍"新建标注样式"对话框中常用选项的功能。

1. 控制尺寸线、尺寸界线

在"线"选项卡中可对尺寸线、尺寸界线进行设置。

- 【基线间距】：此选项决定了平行尺寸线间的距离，例如，当创建基线型尺寸标注时，相邻尺寸线间的距离由该选项控制，如图 8-40 所示。
- 【超出尺寸线】：控制尺寸界线超出尺寸线的距离，如图 8-41 所示。国标中规定，尺寸界线一般超出尺寸线 2～3mm。如果准备使用 1：1 的比例出图，则延伸值要设定为 2～3。
- 【起点偏移量】：控制尺寸界线起点与标注对象端点间的距离，如图 8-41 所示。

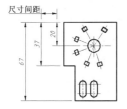

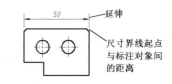

图 8-40　控制尺寸线间的距离　　　图 8-41　延伸尺寸界线、控制尺寸界线起点与标注对象间的距离

2. 控制尺寸箭头及圆心标记

用户利用"符号和箭头"选项卡可对尺寸箭头和圆心标记等进行设置。

- 【第一个】和【第二个】：这两个下拉列表用于选择尺寸线两端起止符号的形式。
- 【引线】：通过此下拉列表设置引线标注的起止符号形式。
- 【箭头大小】：利用此选项设定起止符号大小，机械图中设置为 2。
- 【标记】：利用"标注"面板上的 ⊕（圆心）按钮创建圆心标记。圆心标记是指标明圆或圆弧圆心位置的小十字线，如图 8-42（a）所示。
- 【直线】：利用"标注"面板上的 ⊕（圆心）按钮创建中心线。中心线是指过圆心并延伸至圆周的水平直线及竖直直线，如图 8-42（b）所示。注意，只有把尺寸线放在圆或圆弧的外边时（需在"调整"选项卡中取消对"在尺寸界线之间绘制尺寸线"复选项的选择），AutoCAD 才绘制圆心标记或中心线。

3. 控制尺寸文字的外观和位置

在"文字"选项卡中，用户可以调整尺寸文字的外观，并能控制文字的位置。

- 【文字样式】：在此下拉列表中选择文字样式或单击其右侧的▣按钮，打开"文字样式"对话框，利用该对话框创建新的文字样式。
- 【文字高度】：在此文本框中指定文字的高度。若已在文本样式中设定了文字高度，则此文本框中设置的文本高度是无效的。

- 【绘制文字边框】：用户可以通过此选项给标注文本添加一个矩形边框，如图 8-43 所示。

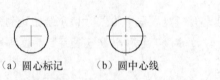

（a）圆心标记　（b）圆中心线

图 8-42　圆心标记及圆中心线

给标注文字添加矩形框

图 8-43　给标注文字添加矩形框

- "垂直"下拉列表：此下拉列表中包含 5 个选项，当选择某一个选项时，请注意对话框右上角预览图片的变化，通过这张图片用户可以更清楚地了解每一个选项的功能，如表 8-2 所示。

表 8-2　　　　　　　　　　　　"垂直"下拉列表中各选项的功能

选项	功能
居中	尺寸线断开，标注文字放置在断开处
上	尺寸文字放置在尺寸线上
外部	以尺寸线为准，将标注文字放置在距标注对象最远的那一边
JIS	标注文字的放置方式遵循日本工业标准
下	将标注文字放在尺寸线下方

- "水平"下拉列表：此下拉列表中包含 5 个选项，各选项的功能如表 8-3 所示。

表 8-3　　　　　　　　　　　　"水平"下拉列表中各选项的功能

选项	功能
居中	尺寸文字放置在尺寸线的中部
第一条尺寸界线	在靠近第一条尺寸界线处放置标注文字
第二条尺寸界线	在靠近第二条尺寸界线处放置标注文字
第一条尺寸界线上方	将标注文字放置在第一条尺寸界线上
第二条尺寸界线上方	将标注文字放置在第二条尺寸界线上

- 【从尺寸线偏移】：该选项用于设定标注文字与尺寸线间的距离，如图 8-44 所示。若标注文本在尺寸线的中间（尺寸线断开），则其值表示断开处尺寸线的端点与尺寸文字的间距。另外，该值也用来控制文本边框与其中的文本的距离。
- 【水平】：使所有的标注文本水平放置。
- 【与尺寸线对齐】：使标注文本与尺寸线对齐。对于国标标注，应选择此单选项。
- 【ISO 标准】：当标注文字在两条尺寸界线的内部时，标注文字与尺寸线对齐，否则，标注文字水平放置。

国标中规定了尺寸文字放置的位置及方向，如图 8-45 所示。水平尺寸数字的字头朝上，垂直尺寸数字的字头朝左，要尽可能避免在图示 30° 范围内标注尺寸。线性尺寸数字一般应写在尺寸线上方，也允许写在尺寸线的中断处，但在同一张图样上应尽可能保持一致。

在 AutoCAD 中，用户可以方便地调整标注文字的位置。标注机械图时，若要正确地控制标注文字，则可在"文字位置"和"文字对齐"分组框中进行以下设置。

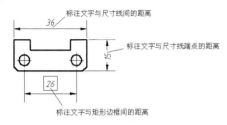

图 8-44　控制文字相对于尺寸线的偏移量

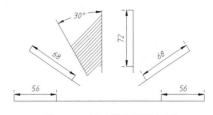

图 8-45　尺寸数字标注规则

- 在【垂直】下拉列表中选择【上】选项。
- 在【水平】下拉列表中选择【居中】选项。
- 选择【与尺寸线对齐】单选项。

4. 调整箭头、标注文字及尺寸界线间的位置关系

在"调整"选项卡中，用户可以调整标注文字、尺寸箭头及尺寸界线间的位置关系。标注时，若两条尺寸界线间有足够的空间，则 AutoCAD 将箭头、标注文字放在尺寸界线之间；若两条尺寸界线间的空间不足，则 AutoCAD 将按此选项卡中的设置调整箭头或标注文字的位置。

（1）【文字或箭头（最佳效果）】：对标注文本及箭头进行综合考虑，自动选择将其中之一放在尺寸界线的外侧，以达到最佳标注效果。该选项有以下 3 种放置方式。

- 若尺寸界线间的距离仅够容纳文字，则只把文字放在尺寸界线内。
- 若尺寸界线间的距离仅够容纳箭头，则只把箭头放在尺寸界线内。
- 若尺寸界线间的距离既不够容纳文字又不够容纳箭头，则文字和箭头都放在尺寸界线外。

（2）【箭头】：选择此单选项后，AutoCAD 尽量将箭头放在尺寸界线内，否则，文字和箭头都放在尺寸界线外。

（3）【文字】：选择此单选项后，AutoCAD 尽量将文字放在尺寸界线内，否则，文字和箭头都放在尺寸界线外。

（4）【文字和箭头】：当尺寸界线间不能同时放下文字和箭头时，就将文字和箭头都放在尺寸界线外。

（5）【文字始终保持在尺寸界线之间】：选择此单选项后，AutoCAD 总是把文字放置在尺寸界线内。

（6）【若箭头不能放在尺寸界线内，则将其取消】：该选项可以和前面的选项一同使用。若尺寸界线间的空间不足以放下尺寸箭头且箭头也没有被调整到尺寸界线外时，AutoCAD 将不绘制出箭头。

（7）【尺寸线旁边】：当标注文字在尺寸界线外时，将文字放置在尺寸线旁边，如图 8-46（a）所示。

（8）【尺寸线上方，带引线】：当标注文字在尺寸界线外时，把标注文字放在尺寸线上方并用指引线与其相连，如图 8-46（b）所示。若选择此单选项，则移动文字时将不改变尺寸线的位置。

（9）【尺寸线上方，不带引线】：当标注文字在尺寸界线外时，把标注文字放在尺寸线上方，但不用指引线与其连接，如图 8-46（c）所示。若选择此单选项，则移动文字时将不改变尺寸线的位置。

（10）【使用全局比例】：全局比例值将影响尺寸标注所有组成元素的大小，如标注文字和尺寸箭头等，如图 8-47 所示。当用户要以 1∶2 的比例将图样打印在标准幅面的图纸上时，为

保证尺寸外观合适，应设定标注的全局比例为打印比例的倒数，即2.0。

| （a）在尺寸线旁 | （b）加引线 | （c）不加引线 |

图 8-46　控制文字位置　　　　　　图 8-47　全局比例对尺寸标注的影响

5. 设置线性尺寸及角度尺寸的精度

在"主单位"选项卡中用户可以设置尺寸数值的精度，并能给标注文字加入前缀或后缀。下面将分别介绍"线性标注"和"角度标注"分组框中的选项。

- 线性尺寸的【单位格式】：在此下拉列表中选择所需的长度单位类型。
- 线性尺寸的【精度】：设定长度型尺寸数字的精度（小数点后显示的位数）。
- 【小数分隔符】：若单位类型是小数，则可在此下拉列表中选择小数分隔符的形式。系统共提供了3种分隔符：逗点、句点和空格。
- 【比例因子】：可输入尺寸数字的缩放比例因子。当标注尺寸时，AutoCAD用此比例因子乘以真实的测量数值，然后将结果作为标注数值。
- 角度尺寸的【单位格式】：在此下拉列表中选择角度的单位类型。
- 角度尺寸的【精度】：设置角度型尺寸数字的精度（小数点后显示的位数）。

6. 设置尺寸公差

在"公差"选项卡中，用户能设置公差格式及输入上、下偏差值。

（1）【方式】下拉列表中包含5个选项。

- 【无】：只显示基本尺寸。
- 【对称】：如果选择"对称"选项，则只能在"上偏差"文本框中输入数值，标注时AutoCAD自动加入"±"符号，结果如图8-48（a）所示。
- 【极限偏差】：利用此选项可以在"上偏差"和"下偏差"文本框中分别输入尺寸的上、下偏差值。在默认的情况下，AutoCAD将自动在上偏差前面添加"+"号，在下偏差前面添加"□"号。若在输入偏差值时加上"+"或"－"号，则最终显示的符号将是默认符号与输入符号相乘的结果。输入值正、负号与标注效果的对应关系如图8-48（b）~图8-48（e）所示。

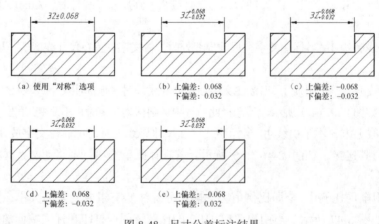

图 8-48　尺寸公差标注结果

- 【极限尺寸】：同时显示最大极限尺寸和最小极限尺寸。
- 【基本尺寸】：将尺寸标注值放置在一个长方形的框中（理想尺寸标注形式）。

（2）【精度】：设置上、下偏差值的精度（小数点后显示的位数）。

（3）【上偏差】：在此文本框中输入上偏差数值。

（4）【下偏差】：在此文本框中输入下偏差数值。

（5）【高度比例】：该选项能让用户调整偏差文本相对于尺寸文本的高度，默认值是 1，此时偏差文本与尺寸文本的高度相同。在标注机械图时，建议将此数值设定为 0.7 左右；但若使用【对称】选项，则"高度比例"值设置为1。

（6）【垂直位置】：在此下拉列表中可指定偏差文字相对于基本尺寸的位置关系。当标注机械图时，建议选择"中"选项。

（7）【前导】：隐藏偏差数字中前面的 0。

（8）【后续】：隐藏偏差数字中后面的 0。

8.2.2 创建水平、竖直及对齐尺寸标注

DIM 命令是一种集成化的标注命令，可一次创建多种类型的尺寸，如长度、对齐、角度、直径及半径尺寸等。使用该命令标注尺寸时，一般可采用以下两种方法。

（1）在标注对象上指定尺寸线的起始点及终止点，创建尺寸标注。

（2）直接选取要标注的对象。

标注完一个对象后，不要退出命令，可继续标注新的对象。

DIM 命令的启动方法如下。

- 面板："默认"选项卡中"注释"面板上的▨按钮。
- 命令：DIM。

DIMLINEAR 命令可以用于标注水平、竖直及倾斜方向的尺寸。标注时，若要使尺寸线倾斜，则输入"R"选项，然后输入尺寸线的倾角即可。

下面继续前面的练习，标注水平、竖直及倾斜方向的尺寸。

```
单击"注释"面板上的▨按钮，启动 DIM 命令。
命令：_dim
选择对象或指定第一个尺寸界线原点或[角度(A)/基线(B)/连续(C)/坐标(O)/对齐(G)/分发(D)/图层(L)/
放弃(U)]:                              //选择段线 A，如图 8-49 所示
指定尺寸界线位置或第二条线的角度[多行文字(M)/文字(T)/文字角度(N)/放弃(U)]:
                                      //拖动鼠标指针将尺寸线放置在适当位置

命令:DIM                              //重复命令
选择对象或指定第一个尺寸界线原点或[角度(A)/基线(B)/连续(C)/坐标(O)/对齐(G)/分发(D)/图层(L)/
放弃(U)]:                             //捕捉第一条尺寸界线的起始点 B
指定第二个尺寸界线原点或[放弃(U)]:     //捕捉第二条尺寸界线的起始点 C
指定尺寸界线位置或第二条线的角度[多行文字(M)/文字(T)/文字角度(N)/放弃(U)]:
                                      //拖动鼠标指针将尺寸线放置在适当位置

命令:DIM                              //重复命令
选择对象或指定第一个尺寸界线原点或[角度(A)/基线(B)/连续(C)/坐标(O)/对齐(G)/分发(D)/图层(L)/
```

放弃(U)]：	//捕捉第一条尺寸界线的起始点 D
指定第二个尺寸界线原点或[放弃(U)]：	//捕捉第二条尺寸界线的起始点 E
指定尺寸界线位置或第二条线的角度[多行文字(M)/文字(T)/文字角度(N)/放弃(U)]：
	//拖动鼠标指针将尺寸线放置在适当位置

不要退出 DIM 命令，继续同样的操作标注其他尺寸，结果如图 8-50 所示。

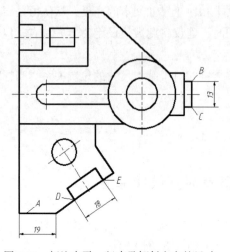

图 8-49　标注水平、竖直及倾斜方向的尺寸

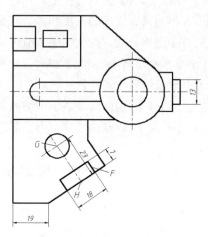

图 8-50　创建对齐尺寸标注

DIM 命令的常用选项介绍如下。

- 角度(A)：标注角度尺寸。
- 基线(B)：创建基线型尺寸。
- 连续(C)：创建连续型尺寸。
- 坐标(O)：生成坐标标注。
- 对齐(G)：使多条尺寸线对齐。
- 分发(D)：使平行尺寸线均布。
- 图层(L)：忽略当前层设置，通过选择一个对象或输入图层名称指定尺寸标注放置的图层。
- 多行文字(M)：使用该选项时，打开多行文字编辑器，利用此编辑器用户可输入新的标注文字。

 若修改了系统自动标注的文字，就会失去尺寸标注的关联性，即尺寸数字不随标注对象的改变而改变。

- 文字(T)：此选项使用户可以在命令行上输入新的尺寸文字。
- 文字角度(A)：通过该选项设置文字的放置角度。

8.2.3　创建连续型尺寸标注

连续型尺寸标注是一系列首尾相连的标注形式。DIM 命令的"连续（C）"选项可创建这种尺寸。

- 连续（C）：启动该选项，选择已有尺寸的尺寸线一端作为标注起始点，生成连续型尺寸。

下面继续前面的练习，创建连续尺寸标注。

命令：_dim

选择对象或指定第一个尺寸界线原点或[角度(A)/基线(B)/连续(C)/坐标(O)/对齐(G)/分发(D)/图层(L)/

放弃(U)]：   //选择线段 K，如图 8-51 所示

选择对象或指定第一个尺寸界线原点或[角度(A)/基线(B)/连续(C)/坐标(O)/对齐(G)/分发(D)/图层(L)/

放弃(U)]：C   //使用"连续(C)"选项

指定第一个尺寸界线原点以继续：   //在"12"的尺寸线右端选择一点

指定第二个尺寸界线原点或[选择(S)/放弃(U)]<选择>：

      //捕捉点 M，如图 8-51 所示

指定第二个尺寸界线原点或[选择(S)/放弃(U)]<选择>：

      //捕捉点 N

指定第二个尺寸界线原点或[选择(S)/放弃(U)]<选择>：   //按 Enter 键

指定第一个尺寸界线原点以继续：   //再按 Enter 键

结果如图 8-51 所示。

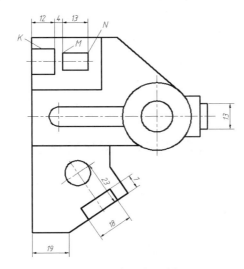

图 8-51   创建连续尺寸标注

8.2.4 创建基线型尺寸标注

基线型尺寸标注是指所有的尺寸都从同一个点开始标注，即它们共用一条尺寸界线。DIM 命令的"基线（B）"选项可创建这种尺寸。

- 基线（B）：启动该选项，选择已有尺寸的尺寸线一端作为标注起始点生成基线型尺寸。

继续前面的练习，创建基线尺寸标注。

命令：_dim

选择对象或指定第一个尺寸界线原点或[角度(A)/基线(B)/连续(C)/坐标(O)/对齐(G)/分发(D)/图层(L)/

放弃(U)]：B   //使用"基线(B)"选项

指定作为基线的第一个尺寸界线原点或[偏移(O)]：   //指定点 A 处的尺寸界线为基准线，如图 8-52 所示

指定第二个尺寸界线原点或[选择(S)/偏移(O)/放弃(U)]<选择>：

      //指定基线标注第二个点 B

指定第二个尺寸界线原点或 [选择(S)/偏移(O)/放弃(U)] <选择>:	
	//指定基线标注第三个点 C，然后按 Enter 键

结果如图 8-52 所示。

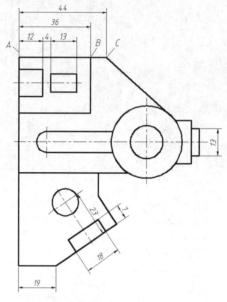

图 8-52　创建基线尺寸标注

8.2.5　创建角度尺寸标注

标注角度时，用户可以通过拾取两条边线、3 个点或一段圆弧来创建角度尺寸。

下面继续前面的练习，标注角度尺寸。

选择对象或指定第一个尺寸界线原点或 [角度(A)/基线(B)/连续(C)/坐标(O)/对齐(G)/分发(D)/图层(L)/	
放弃(U)]:A	//使用"角度(A)"选项
选择圆弧、圆、直线或 [顶点(V)]:	//选择角的第一条边 A，如图 8-53 所示
选择直线以指定角度的第二条边:	//选择角的第二条边 B
指定角度标注位置或 [多行文字(M)/文字(T)/文字角度(N)/放弃(U)]:	
	//移动鼠标指针指定尺寸线的位置

结果如图 8-53 所示。

选择圆弧时，系统直接标注圆弧所对应的圆心角，移动指针到圆心的不同侧时，标注的数值也不同。

选择圆时，第一个选择点是角度的起始点，再单击一点是角度的终止点，系统会标注出这两点间圆弧所对应的圆心角。当移动鼠标指针到圆心的不同侧时，标注的数值不同。

DIM 命令具有一个选项，允许用户利用 3 个点标注角度。当 AutoCAD 提示"选择圆弧、圆、直线或 <顶点(V)>:"时，直接按 Enter 键，AutoCAD 继续提示如下。

指定角的顶点或 [放弃(U)]:	//指定角的顶点，如图 8-54 所示
为角度的第一条边指定端点或 [放弃(U)]:	//指定角的第一个端点

为角度的第二条边指定端点或[放弃(U)]: 　　　　　　　　//指定角的第二个端点

指定角度标注位置或[多行文字(M)/文字(T)/文字角度(N)/放弃(U)]:

　　　　　　　　　　　　　　　　　　　　　　//移动鼠标指针指定尺寸线的位置

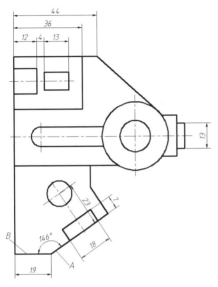

图 8-53　创建角度尺寸标注　　　　　　　　图 8-54　通过 3 个点标注角度

8.2.6　创建直径和半径型尺寸标注

　　启动 DIM 命令，选择圆或圆弧就能创建直径或半径型尺寸。标注时，AutoCAD 自动在标注文字前面加入"ϕ"或"R"符号。

　　下面继续前面的练习，标注直径和半径型尺寸。

命令: _dim

选择对象或指定第一个尺寸界线原点或[角度(A)/基线(B)/连续(C)/坐标(O)/对齐(G)/分发(D)/图层(L)/放弃(U)]: 　　　　　　　　　　　　　//将鼠标指针移动到圆 A 上

选择圆以指定直径或[半径(R)/折弯(J)/角度(A)]:

　　　　　　　　　　　　　　　　　　　　　//选择要标注的圆 A，如图 8-55 所示

指定直径标注位置或[半径(R)/多行文字(M)/文字(T)/文字角度(N)/放弃(U)]:

　　　　　　　　　　　　　　　　　　　　　//移动鼠标指针指定标注文字的位置

选择对象或指定第一个尺寸界线原点或[角度(A)/基线(B)/连续(C)/坐标(O)/对齐(G)/分发(D)/图层(L)/放弃(U)]: 　　　　　　　　　　　　　//将鼠标指针移动到圆弧 B 上

选择圆弧以指定半径或[直径(D)/折弯(J)/弧长(L)/角度(A)]:

　　　　　　　　　　　　　　　　　　　　　//选择要标注的圆弧 B，如图 8-55 所示

指定半径标注位置或[直径(D)/角度(A)/多行文字(M)/文字(T)/文字角度(N)/放弃(U)]:

　　　　　　　　　　　　　　　　　　　　　//移动鼠标指针指定标注文字的位置

选择对象或指定第一个尺寸界线原点或[角度(A)/基线(B)/连续(C)/坐标(O)/对齐(G)/分发(D)/图层(L)/放弃(U)]: 　　　　　　　　　　　　　//按 Enter 键

　　结果如图 8-55 所示。

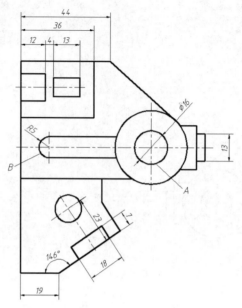

图 8-55　创建直径和半径型尺寸标注

8.2.7　删除和重命名尺寸样式

删除和重命名尺寸样式是在"标注样式管理器"对话框中进行的。

【例 8-8】　删除和重命名尺寸样式。

（1）在"标注样式管理器"对话框的"样式"列表框中选择要进行操作的样式名。

（2）单击鼠标右键，弹出快捷菜单，选择【删除】命令，删除尺寸样式，如图 8-56 所示。

例 8-8

（3）若要重命名样式，则选择【重命名】命令，然后输入新名称，如图 8-56 所示。

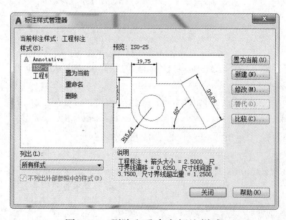

图 8-56　删除和重命名标注样式

需要注意的是，当前样式及正被使用的尺寸样式不能被删除。此外，用户也不能删除样式列表中仅有的一个标注样式。

8.2.8　将角度数值水平放置

国标中对于角度文本注写有规定，如图 8-57 所示。角度数字一律水平书写，一般注写在尺寸线的中断处，必要时可注写在尺寸线上方或外面，也可画引线标注。显然，角度文本的注写方式与线性尺寸文本是不同的。

图 8-57　角度文本注写规则

为使角度数字的放置形式符合国标规定，用户可采用当前样式覆盖方式标注角度。

【例 8-9】　打开素材文件"dwg\第 8 章\8-9.dwg"，用当前样式覆盖方式标注角度，如图 8-58 所示。

（1）单击"注释"面板上的 ✍ 按钮，打开"标注样式管理器"对话框。

（2）单击 替代(O)... 按钮，打开"替代当前样式"对话框。

例 8-9

（3）进入"文字"选项卡，在"文字对齐"分组框中选择"水平"单选项，如图 8-59 所示。

（4）返回主窗口，用 DIM 命令标注角度尺寸，角度数字将水平放置，如图 8-58 所示。

（5）角度标注完成后，若要恢复原来的尺寸样式，需要进入"标注样式管理器"对话框。在此对话框的列表框中选择尺寸样式，然后单击 置为当前(U) 按钮，此时系统打开一个提示性对话框，继续单击 确定 按钮完成设置。

图 8-58　利用尺寸样式覆盖方式标注角度

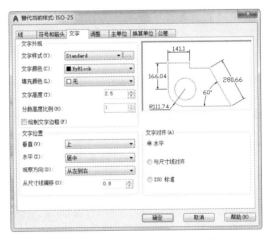

图 8-59　"替代当前样式"对话框

8.2.9　尺寸及形位公差标注

创建尺寸公差的方法有两种。

- 在"替代当前样式"对话框的"公差"选项卡中设置尺寸的上、下偏差。
- 标注时，利用"多行文字（M）"选项打开多行文字编辑器，然后采用堆叠文字方式标注公差。

标注形位公差可使用 TOLERANCE 及 QLEADER 命令，前者只能产生公差框格，而后者既能形成公差框格又能形成标注指引线。

【例8-10】 打开素材文件"dwg\第8章\8-10.dwg"，利用当前样式覆盖方式标注尺寸公差，如图8-60所示。

（1）打开"标注样式管理器"对话框，然后单击 替代(0)... 按钮，打开"替代当前样式"对话框，再进入"公差"选项卡，弹出新的一页，如图8-61所示。

例8-10

（2）在"方式""精度"和"垂直位置"下拉列表中分别选择"极限偏差""0.000"和"中"，在"上偏差""下偏差"和"高度比例"框中分别输入"0.039""0.015"和"0.75"，如图8-61所示。

（3）返回AutoCAD图形窗口，发出DIM命令，AutoCAD提示如下。

```
命令: _dim
选择对象或指定第一个尺寸界线原点或[角度(A)/基线(B)/连续(C)/坐标(O)/对齐(G)/分发(D)/图层(L)/放弃(U)]:                    //捕捉交点A，如图8-60所示
指定第二个尺寸界线原点或[放弃(U)]:                    //捕捉交点B
指定尺寸界线位置或第二条线的角度[多行文字(M)/文字(T)/文字角度(N)/放弃(U)]:
                    //移动鼠标指针指定标注文字的位置
```

结果如图8-60所示。

 标注尺寸公差时，若空间过小，可考虑使用较窄的文字进行标注。具体方法是先建立一个新的文本样式，在该样式中设置文字宽度比例因子小于1，然后通过尺寸样式的覆盖方式使当前尺寸样式连接新文字样式，这样标注的文字宽度就会变小。

【例8-11】 通过堆叠文字方式标注尺寸公差。

```
命令: _dim
选择对象或指定第一个尺寸界线原点或[角度(A)/基线(B)/连续(C)/坐标(O)/对齐(G)/分发(D)/图层(L)/放弃(U)]:                    //捕捉交点A，如图8-60所示
指定第二个尺寸界线原点或[放弃(U)]:                    //捕捉交点B
指定尺寸界线位置或第二条线的角度[多行文字(M)/文字(T)/文字角度(N)/放弃(U)]:
              //打开多行文字编辑器，在此编辑器中采用堆叠文字方式输入尺寸公差，如图8-62所示
指定尺寸界线位置或第二条线的角度[多行文字(M)/文字(T)/文字角度(N)/放弃(U)]:
                    //移动鼠标指针指定标注文字的位置
```

结果如图8-60所示。

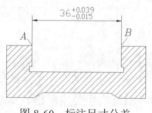

图8-60 标注尺寸公差

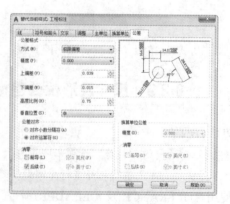

图8-61 "公差"选项卡

例8-11

图 8-62　输入尺寸公差

公差文字的字高可设定为标注文字字高的 0.75 倍。

【例 8-12】　打开素材文件"dwg\第 8 章\8-12.dwg"，用 QLEADER 命令标注形位公差，如图 8-63 所示。

（1）键入 QLEADER 命令，AutoCAD 提示"指定第一个引线点或[设置（S）]<设置>: "，直接按 Enter 键，打开"引线设置"对话框，在"注释"选项卡中选择"公差"单选项，如图 8-64 所示。

（2）单击 确定 按钮，AutoCAD 提示如下。

例 8-12

指定第一个引线点或[设置（S）]<设置>:　　　　//捕捉端点 P，如图 8-63 所示
指定下一点: <正交 开>　　　　　　　　　　　//打开正交并在 Q 处单击一点
指定下一点:　　　　　　　　　　　　　　　　//按 Enter 键

（3）打开"形位公差"对话框，在此对话框中输入公差值，如图 8-65 所示。

（4）单击 确定 按钮，结果如图 8-63 所示。

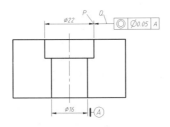

图 8-63　标注形位公差

图 8-64　"引线设置"对话框

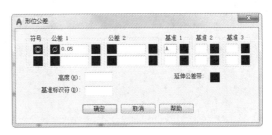

图 8-65　"形位公差"对话框

8.2.10　引线标注

MLEADER 命令用于创建引线标注。引线标注由箭头、引线、基线及多行文字或图块组成，

如图 8-66 所示。其中，箭头的形式、引线外观、文字属性及图块形状等由引线样式控制。

选中引线标注对象，利用关键点移动基线，则引线、文字或图块跟随移动。若利用关键点移动箭头，则只有引线跟随移动，基线、文字或图块不动。

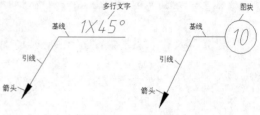

图 8-66　引线标注的组成部分

【例 8-13】　打开素材文件"dwg\第 8 章\8-13.dwg"，用 MLEADER 命令创建引线标注，如图 8-67 所示。

（1）单击"注释"面板上的 按钮，打开"多重引线样式管理器"对话框，如图 8-68 所示。利用该对话框可新建、修改、重命名或删除引线样式。

例 8-13

（2）单击 修改(M)... 按钮，打开"修改多重引线样式"对话框，如图 8-69 所示。在该对话框中完成以下设置。

- "引线格式"选项卡。

- "引线结构"选项卡。

- 文本框中的数值表示基线的长度。
- "内容"选项卡。

设置的选项如图 8-69 所示。其中，"基线间隙"文本框中的数值表示基线与标注文字间的距离。

（3）单击"注释"面板上的 引线 按钮，启动创建引线标注命令。

```
命令: _mleader
指定引线箭头的位置或[引线基线优先（L）/内容优先（C）/选项（O）] <选项>:
                                //指定引线起始点 A，如图 8-67 所示
指定引线基线的位置:              //指定引线下一个点 B
                                //按 Enter 键，启动多行文字编辑器，然后输入标注文字
                                "φ4×120°"
```

（4）重复命令，创建另一个引线标注，结果如图 8-67 所示。

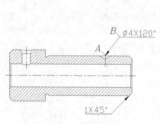

图 8-67　引线标注

图 8-68　"多重引线样式管理器"对话框

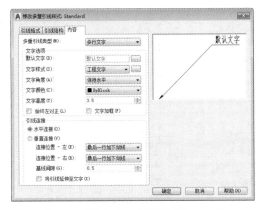

图 8-69　"修改多重引线样式"对话框

　创建引线标注时，若文本或指引线的位置不合适，则可利用关键点编辑方式进行调整。

8.2.11　修改标注文字和调整标注位置

修改尺寸标注文字的最佳方法是使用 DDEDIT 命令。发出该命令后，用户可以连续地修改想要编辑的尺寸。关键点编辑方式非常适合于移动尺寸线和标注文字，进入这种编辑模式后，一般利用尺寸线两端或标注文字所在处的关键点来调整标注位置。

【例 8-14】　打开素材文件"dwg\第 8 章\8-14.dwg"，如图 8-70 左图所示。修改标注文字的内容并调整标注位置等，结果如图 8-70 右图所示。

例 8-14

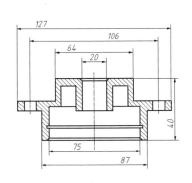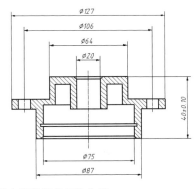

图 8-70　修改标注文字内容及调整标注位置

（1）利用 DDEDIT 命令将尺寸"40"修改为"40±0.10"。

（2）选择尺寸"40±0.10"，并激活文本所在处的关键点，AutoCAD 自动进入拉伸编辑模式。向右移动鼠标指针，调整文本的位置，结果如图 8-71 所示。

（3）单击"注释"面板上的 ![按钮] 按钮，打开"标注样式管理器"对话框，再单击 替代(0)... 按钮，打开"替代当前样式"对话框，进入"主单位"选项卡，在"前缀"文本框中输入直径代号"%%c"。

（4）返回图形窗口，单击"注释"选项卡中"标注"面板上的 按钮，AutoCAD 提示"选择对象"，选择尺寸"127""106"等，按 Enter 键，结果如图 8-72 所示。

（5）调整平行尺寸线间的距离，如图 8-73 所示。

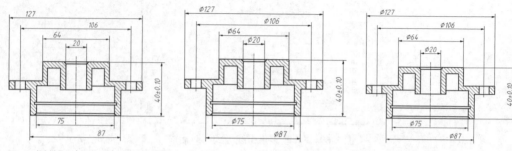

图 8-71　调整尺寸"40±0.10"的位置　　　图 8-72　修改文字内容　　　图 8-73　调整平行尺寸线间的距离

单击"标注"面板上的 按钮，启动 DIMSPACE 命令。

```
命令: _DIMSPACE
选择基准标注:                              //选择"ϕ20"
选择要产生间距的标注:找到 1 个              //选择"ϕ64"
选择要产生间距的标注:找到 1 个，总计 2 个   //选择"ϕ106"
选择要产生间距的标注:找到 1 个，总计 3 个   //选择"ϕ127"
选择要产生间距的标注:                       //按 Enter 键
输入值或[自动(A)] <自动>: 12               //输入间距值并按 Enter 键
```

结果如图 8-73 所示。

（6）利用 PROPERTIES 命令将所有标注文字的高度改为 3.5，然后利用夹点编辑方式调整一些标注文字的位置，结果如图 8-70 右图所示。

8.3

尺寸标注综合练习

下面提供平面图形及零件图的标注练习。练习内容包括标注尺寸、创建尺寸公差和形位公差、标注表面粗糙度及选用图幅等。

8.3.1　标注平面图形

读者可通过例 8-15 和例 8-16 进行标注平面图形练习。

【例 8-15】　打开素材文件"dwg\第 8 章\8-15.dwg"，标注该图形，结果如图 8-74 所示。

（1）建立一个名为"标注层"的图层，设置图层颜色为绿色，线型为 Continuous，并使其成为当前层。

例 8-15

（2）创建新文字样式，样式名为"标注文字"。与该样式相连的字体文件是"gbeitc.shx"和"gbcbig.shx"。

（3）创建一个尺寸样式，名称为"国标标注"，对该样式作以下设置。

- 标注文本链接"标注文字"，文字高度为 2.5，精度为 0.0，小数点格式是"句点"。
- 标注文本与尺寸的线间的距离是 0.8。
- 箭头大小为 2。
- 尺寸界线超出尺寸线的长度为 2。
- 尺寸线起始点与标注对象端点间的距离为 0.2。
- 标注基线尺寸时，平行尺寸线间的距离为 6。
- 标注全局比例因子为 2。
- 使"国标标注"成为当前样式。

（4）打开对象捕捉，设置捕捉类型为端点、交点。标注尺寸，结果如图 8-74 所示。

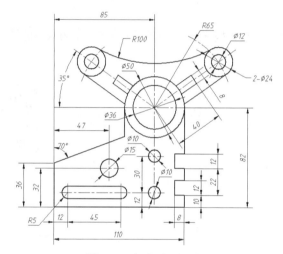

图 8-74　标注平面图形

【例 8-16】　打开素材文件"dwg\第 8 章\8-16.dwg"，标注该图形，结果如图 8-75 所示。

（1）建立一个名为"标注层"的图层，设置图层颜色为绿色，线型为 Continuous，并使其成为当前层。

（2）创建新文字样式，样式名为"标注文字"。与该样式相连的字体文件是"gbeitc.shx"和"gbcbig.shx"。

（3）创建一个尺寸样式，名称为"国标标注"，对该样式作以下设置。

例 8-16

- 标注文本链接"标注文字"，文字高度为 2.5，精度为 0.0，小数点格式是"句点"。
- 标注文本与尺寸线间的距离是 0.8。
- 箭头大小为 2。
- 尺寸界线超出尺寸线长度为 2。
- 尺寸线起始点与标注对象端点间的距离为 0.2。
- 标注基线尺寸时，平行尺寸线间的距离为 6。
- 标注全局比例因子为 6。
- 使"国标标注"成为当前样式。

（4）打开对象捕捉，设置捕捉类型为端点、交点。标注尺寸，结果如图 8-75 所示。

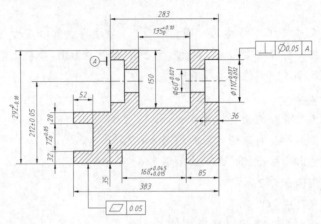

图 8-75　标注尺寸公差及形位公差

8.3.2　插入图框、标注零件尺寸及表面粗糙度

读者可通过例 8-17 和例 8-18 进行插入图框、标注零件尺寸及表面粗糙度的练习。

【例 8-17】　打开素材文件 "dwg\第 8 章\8-17.dwg"，标注传动轴零件图，标注结果如图 8-76 所示。零件图的图幅选用 A3 幅面，绘图比例为 2∶1，标注字高为 2.5，字体为 "gbeitc.shx"，标注全局比例因子为 0.5。

例 8-17-1　　例 8-17-2

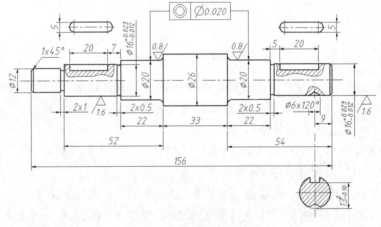

图 8-76　标注传动轴零件图

（1）打开包含标准图框及表面粗糙度符号的图形文件 "A3.dwg"，如图 8-77 所示。在图形窗口中单击鼠标右键，弹出快捷菜单，选择【剪贴板】/【带基点复制】命令，然后指定 A3 图框的右下角为基点，再选择该图框及表面粗糙度符号。

（2）切换到当前零件图，在图形窗口中单击鼠标右键，弹出快捷菜单，选择【剪贴板】/【粘贴】命令，把 A3 图框复制到当前图形中，结果如图 8-78 所示。

（3）用 SCALE 命令把 A3 图框和表面粗糙度符号缩小 50%。

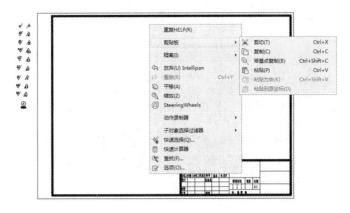

图 8-77　复制图框

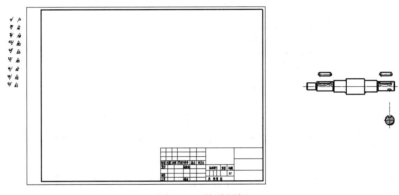

图 8-78　粘贴图框

（4）创建新文字样式，样式名为"标注文字"。与该样式相连的字体文件是"gbeitc.shx"和"gbcbig.shx"。

（5）创建一个尺寸样式，名称为"国标标注"，对该样式作以下设置。

- 标注文本链接"标注文字"，文字高度为 2.5，精度为 0.0，小数点格式是"句点"。
- 标注文本与尺寸线间的距离是 0.8。
- 箭头大小为 2。
- 尺寸界线超出尺寸线的长度为 2。
- 尺寸线起始点与标注对象端点间的距离为 0.2。
- 标注基线尺寸时，平行尺寸线间的距离为 6。
- 标注全局比例因子为 0.5（绘图比例的倒数）。
- 使【国标标注】成为当前样式。

（6）用 MOVE 命令将视图放入图框内，创建尺寸，再用 COPY 及 ROTATE 命令标注表面粗糙度，结果如图 8-76 所示。

【例 8-18】　打开素材文件"dwg\第 8 章\8-18.dwg"，标注传动箱零件图，标注结果如图 8-79 所示。零件图图幅选用 A3幅面，绘图比例为 1 : 2，标注字高为 2.5，字体为"gbeitc.shx"，标注全局比例因子为 2。

（1）打开包含标准图框及表面粗糙度符号的图形文件

例 8-18-1　　　　例 8-18-2

"A3.dwg"，将图框及表面粗糙度符号复制到当前零件图中。

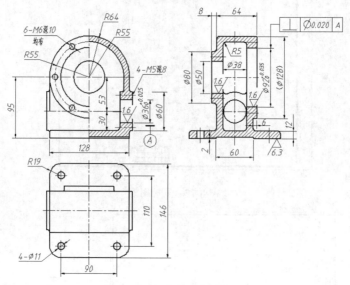

图 8-79　标注传动箱零件图

（2）用 SCALE 命令缩放 A3 图框和表面粗糙度符号，缩放比例为 2。

（3）创建新文字样式，样式名为"标注文字"。与该样式相连的字体文件是"gbeitc.shx"和"gbcbig.shx"。

（4）创建一个尺寸样式，名称为"国标标注"，对该样式作以下设置。

- 标注文本链接"标注文字"，文字高度为 2.5，精度为 0.0，小数点格式是"句点"。
- 标注文本与尺寸线间的距离是 0.8。
- 箭头大小为 2。
- 尺寸界线超出尺寸线的长度为 2。
- 尺寸线起始点与标注对象端点间的距离为 0.2。
- 标注基线尺寸时，平行尺寸线间的距离为 6。
- 标注全局比例因子为 2（绘图比例的倒数）。
- 使"国标标注"成为当前样式。

（5）用 MOVE 命令将视图放入图框内，创建尺寸，再用 COPY 及 ROTATE 命令标注表面粗糙度，结果如图 8-79 所示。

操作与练习

1. 打开素材文件"dwg\第 8 章\8-19.dwg"，在图中添加单行文字，如图 8-80 所示。文字字高设为 3.5，字体采用"楷体"。

2. 打开素材文件"dwg\第 8 章\8-20.dwg"，在图中添加单行及多行文字，如图 8-81 所示。

图中文字特性如下。

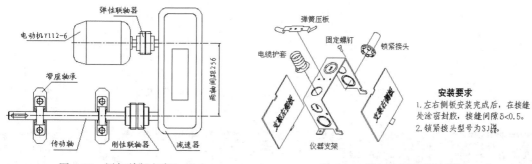

图 8-80　添加单行文字　　　　　　　　　图 8-81　添加单行及多行文字

- 单行文字字体为"宋体"，字高为10。其中，部分文字沿60°方向书写，字体倾斜角度为30°。
- 多行文字字高为12，字体为黑体和宋体。

3. 打开素材文件"dwg\第8章\8-21.dwg"，如图 8-82 所示，标注该图样。

4. 打开素材文件"dwg\第8章\8-22.dwg"，如图 8-83 所示，标注该图样。

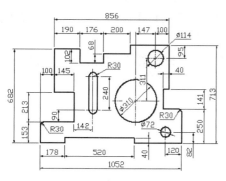

图 8-82　尺寸标注练习（1）

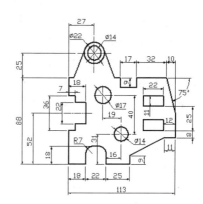

图 8-83　尺寸标注练习（2）

5. 打开素材文件"dwg\第8章\8-23.dwg"，如图 8-84 所示，标注该图样。

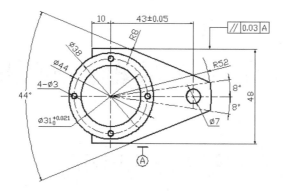

图 8-84　尺寸标注练习（3）

第9章
查询信息、图块及外部参照

在 AutoCAD 中，用户可以测量两点间的距离、某一个区域的面积及周长等。这些功能有助于用户了解图形信息，从而达到辅助绘图的目的。

为了提高设计效率，AutoCAD 提供了图块及外部参照的功能。图块是用户命名并保存的一组对象。创建图块后，用户在需要的时候就可以随时插入它们。无论构成图块的对象有多少，图块本身都只是一个单独的对象，用户可以对它进行移动、复制等编辑操作。外部参照使用户能以引用的方式将外部图形放置到当前图形中。当几个人共同完成一项设计任务时，利用外部参照来辅助工作是非常好的方法。设计时，每个设计人员都可以引用同一个图形，大家能够共享设计数据并能彼此间协调设计结果。

通过对本章的学习，读者可以掌握查询距离、面积、周长等图形信息的方法，并了解图块、外部参照的概念及基本使用方法等。

【学习目标】
- 查询距离、面积及周长等信息。
- 创建图块、插入图块。
- 引用外部图形。
- 更新当前图形中的外部引用。

9.1 获取图形信息的方法

本节将介绍获取图形信息的一些命令。

9.1.1 获取点的坐标

ID 命令用于查询图形对象上某点的绝对坐标，坐标值以 "x,y,z" 形式显示出来。对于二维图形，z 坐标值为零。

获取点的坐标的命令的启动方法如下。

- 菜单命令:【工具】/【查询】/【点坐标】。
- 面板:"默认"选项卡中"实用工具"面板上的 点坐标 按钮。
- 命令:ID。

【例 9-1】 使用 ID 命令查询点的坐标。

启动 ID 命令,AutoCAD 提示如下。

```
命令:'_id 指定点:cen 于              //捕捉圆心 A,如图 9-1 所示
X = 191.4177    Y = 121.9547    Z = 0.0000    //AutoCAD 显示圆心坐标值
```

图 9-1 查询点的坐标

 ID 命令显示的坐标值与当前坐标系的位置有关。如果用户在不同的位置创建新坐标系,则 ID 命令测量的同一点坐标值也将发生变化。

9.1.2 测量距离

DIST 命令可测量图形对象上两点之间的距离,同时还能计算出与两点连线相关的某些角度。测量距离命令的启动方法如下。

- 菜单命令:【工具】/【查询】/【距离】。
- 面板:"默认"选项卡中"实用工具"面板上的 距离 按钮。
- 命令:DIST 或简写为 DI。

【例 9-2】 使用 DIST 命令测量距离。

启动 DIST 命令,AutoCAD 提示如下。

```
命令:'_dist 指定第一点:end 于         //捕捉端点 A,如图 9-2 所示
指定第二点:end 于                    //捕捉端点 B
距离 = 87.8544,XY 平面中的倾角 = 106,  与 XY 平面的夹角 = 0
X 增量 = -24.4549,    Y 增量 = 84.3822,    Z 增量 = 0.0000
```

DIST 命令显示的测量值有如下意义。

- 距离:两点间的距离。
- XY 平面中的倾角:两点连线在 xy 平面上的投影与 x 轴间的夹角。
- 与 XY 平面的夹角:两点连线与 xy 平面间的夹角。
- X 增量:两点的 x 坐标差值。
- Y 增量:两点的 y 坐标差值。
- Z 增量:两点的 z 坐标差值。

图 9-2 测量距离

使用 DIST 命令时，两点的选择顺序不影响距离值，但影响该命令的其他测量值。

9.1.3　计算图形面积及周长

AREA 命令可以计算出圆、面域、多边形或一个指定区域的面积及周长，还可以进行面积的加、减运算等。

计算图形面积及周长命令的启动方法如下。

- 菜单命令:【工具】/【查询】/【面积】。
- 面板:"默认"选项卡中"实用工具"面板上的 面积 按钮。
- 命令: AREA 或简写为 AA。

例 9-3

【例 9-3】　使用 AREA 命令计算面积和周长。

打开素材文件"dwg\第 9 章\9-3.dwg"，如图 9-3 所示。启动 AREA 命令，AutoCAD 提示如下。

```
命令: _area
指定第一个角点或[对象（O）/增加面积（A）/减少面积（S）/退出（X）]:
                                        //捕捉交点 A，如图 9-3 左图所示
指定下一个点或[圆弧（A）/长度（L）/放弃（U）]:        //捕捉交点 B
指定下一个点或[圆弧（A）/长度（L）/放弃（U）]:        //捕捉交点 C
指定下一个点或[圆弧（A）/长度（L）/放弃（U）/总计（T）]:    //捕捉交点 D
指定下一个点或[圆弧（A）/长度（L）/放弃（U）/总计（T）]:    //捕捉交点 E
指定下一个点或[圆弧（A）/长度（L）/放弃（U）/总计（T）]:    //捕捉交点 F
指定下一个点或[圆弧（A）/长度（L）/放弃（U）/总计（T）]:    //按 Enter 键结束
面积 = 7567.2957, 周长 = 398.2821
命令:                             //重复命令
 AREA
指定第一个角点或[对象（O）/增加面积（A）/减少面积（S）/退出（X）]:  //捕捉端点 G，如图 9-3 右图所示
指定下一个点或[圆弧（A）/长度（L）/放弃（U）]:        //捕捉端点 H
指定下一个点或[圆弧（A）/长度（L）/放弃（U）]:        //捕捉端点 I
指定下一个点或[圆弧（A）/长度（L）/放弃（U）/总计（T）]:    //按 Enter 键结束
面积 = 2856.7133, 周长 = 256.3846
```

AREA 命令选项如下。

（1）对象（O）:求出所选对象的面积，有以下两种情况。

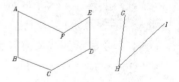

- 用户选择的对象是圆、椭圆、面域、正多边形及矩形等闭合图形。

图 9-3　计算面积

- 对于非闭合的多段线及样条曲线，AutoCAD 将假定有一条连线使其闭合，然后计算出闭合区域的面积。计算出的周长是多段线或样条曲线的实际长度。

（2）增加面积（A）:进入"加"模式。此选项使用户可以将新测量的面积加入总面积中。

（3）减少面积（S）:利用此选项可使 AutoCAD 把新测量的面积从总面积中扣除。

可以将复杂的图形创建成面域，然后利用"对象（O）"选项查询面积及周长。

9.1.4 列出对象的图形信息

LIST 命令将列表显示对象的图形信息，这些信息随对象类型的不同而不同，一般包括以下内容。

（1）对象的类型、图层及颜色等。

（2）对象的一些几何特性，如线段的长度、端点坐标、圆心位置、半径大小，以及圆的面积、周长等。

列出对象的图形信息的命令的启动方法如下。

- 菜单命令：【工具】/【查询】/【列表】。
- 面板："默认"选项卡中"特性"面板上的 列表 按钮。
- 命令：LIST 或简写为 LI。

例 9-4

【例 9-4】 使用 LIST 命令显示对象的图形信息。

启动 LIST 命令，AutoCAD 提示如下。

```
命令: _list
选择对象: 找到 1 个    //选择圆，如图 9-4 所示
选择对象:             //按 Enter 键结束，AutoCAD 打开"文本窗口"
     CIRCLE   图层: 0
              空间：模型空间
              句柄 = 8C
              圆心点, X=402.6691  Y=67.3143  Z= 0.0000
              半径   47.7047
              周长  299.7372
              面积 7149.4317
```

图 9-4 列表显示对象的图形

 用户可以将复杂的图形创建成面域，然后用 LIST 命令查询面积及周长等。

9.1.5 实战提高

读者可通过例 9-5、例 9-6 和例 9-7 进行实战提高。

【例 9-5】 打开素材文件 "dwg\第 9 章\9-5.dwg"，如图 9-5 所示。计算该图形的面积及周长。

（1）用 REGION 命令将图形外轮廓线框及内部线框创建成面域。

（2）用外轮廓线框构成的面域 "减去" 内部线框构成的面域。

（3）用 LIST 查询面域的面积和周长，结果为：面积等于 12 825.216 2，

例 9-5

周长等于 643.856 0。

【例 9-6】 打开素材文件 "dwg\第 9 章\9-6.dwg"，如图 9-6 所示。计算以下内容。

（1）图形外轮廓线的周长。

（2）线框 A 的周长及围成的面积。

（3）3 个圆弧槽的总面积。

（4）去除圆弧槽及内部异形孔后的图形总面积。

例 9-6   例 9-7

【例 9-7】 打开素材文件 "dwg\第 9 章\9-7.dwg"，如图 9-7 所示，该图是带传动图的简图，试计算带长及两个大带轮的中心距。

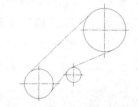

图 9-5　计算图形面积及周长　　　图 9-6　计算面积及周长　　　图 9-7　计算带长及带轮中心距

9.2 | 图块

在工程图中有大量反复使用的图形对象，如机械图中的螺栓、螺钉及垫圈等，建筑图中的门、窗等。由于这些对象的结构形状相同，只是尺寸有所不同，因此绘图时常常将它们生成图块。图块具有以下几个优点。

（1）减少重复性劳动并实现 "积木式" 绘图。

（2）将常用件、标准件创建成标准库，绘图时在需要的位置插入已定义的图块就可以了，不必反复绘制相同的图形元素，这样就实现了 "积木式" 的绘图方式。

（3）节省存储空间。每当图形中增加一个图元，AutoCAD 就会记录此图元的信息，从而增大了图形的存储空间。对于反复使用的图块，AutoCAD 仅对其作一次定义即可。当用户插入图块时，AutoCAD 只是对已定义的图块进行引用，这样就可以节省大量的存储空间。

（4）方便编辑。在 AutoCAD 中，图块是作为单一对象来处理的，常用的编辑命令（如 MOVE、COPY 及 ARRAY 等）都适用于图块。它还可以嵌套，即在一个图块中包含其他的一些图块。此外，如果对某一个图块进行重新定义，则会引起图样中所有与之相关的图块都自动更新。

9.2.1 创建图块

用 BLOCK 命令可以将图形的一部分或整个图形创建成图块，用户可以给图块起名，并可定义插入基点。

创建图块命令的启动方法如下。

- 菜单命令：【绘图】/【块】/【创建】。
- 面板："默认"选项卡中"块"面板上的 按钮。
- 命令：BLOCK 或简写为 B。

【例 9-8】 创建图块。

例 9-8

（1）打开素材文件 "dwg\第 9 章\9-8.dwg"。

（2）选取菜单命令【绘图】/【块】/【创建】，或者单击"块"面板上的 按钮，AutoCAD 打开"块定义"对话框，如图 9-8 所示。

（3）在"名称"输入框中输入新建图块的名称 "block-1"，如图 9-8 所示。

（4）选择构成块的图形元素。单击 按钮（选择对象），AutoCAD 返回绘图窗口，并提示"选择对象"，选择线框 A、B，如图 9-9 所示。

（5）指定块的插入基点。单击 按钮（拾取点），AutoCAD 返回绘图窗口，并提示"指定插入基点"，拾取点 C，如图 9-9 所示。

图 9-8 "块定义"对话框

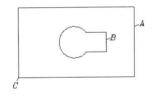

图 9-9 创建图块

（6）单击 确定 按钮，AutoCAD 生成图块。

在创建符号块时，一般将块图形画在一个 1×1 的正方形中，这样便于在插入块时确定图块沿 x、y 方向的缩放比例因子。

"块定义"对话框中常用选项的含义介绍如下。

- 【名称】：在此框中输入新建图块的名称，最多可使用 255 个字符。单击框右边的 按钮，打开下拉列表，该列表中显示了当前图形的所有图块。
- 【拾取点】：单击 按钮，AutoCAD 切换到绘图窗口，用户可直接在图形中拾取某点作为块的插入基点。
- 【X】【Y】【Z】文本框：在这 3 个文本框中分别输入插入基点的 x、y、z 坐标值。
- 【选择对象】：单击 按钮，AutoCAD 切换到绘图窗口，用户在绘图区中选择构成图块的图形对象。

- 【保留】：选择该单选项，则 AutoCAD 生成图块后，还保留构成块的原对象。
- 【转换为块】：选择该单选项，则 AutoCAD 生成图块后，把构成块的原对象也转化为块。
- 【删除】：该单选项使用户可以设置创建图块后，是否删除构成块的原对象。

9.2.2 插入图块或外部文件

用户可以使用 INSERT 命令在当前图形中插入块或其他图形文件。无论块还是被插入的图形多么复杂，AutoCAD 都将它们作为一个单独的对象。如果用户需要编辑其中的单个图形元素，就必须分解图块或文件块。

插入图块或外部文件的命令的启动方法如下。

- 菜单命令：【插入】/【块】。
- 面板："默认"选项卡中"块"面板上的 按钮。
- 命令：INSERT 或简写为 I。

例 9-9

【例 9-9】 使用 INSERT 命令插入图块。

（1）启动 INSERT 命令后，AutoCAD 打开"插入"对话框，如图 9-10 所示。

（2）在"名称"下拉列表中选择所需图块，或者单击 浏览(B)... 按钮，选择要插入的图形文件。

（3）单击 确定 按钮完成。

当把一个图形文件插入当前图中时，被插入图样的图层、线型、图块及字体样式等也将加入当前图中。如果两者中有重名的图样对象，那么当前图中的对象优先于被插入的图样。

图 9-10 "插入"对话框

"插入"对话框中常用选项的功能介绍如下。

- 【名称】：该下拉列表罗列了图样中的所有图块，通过此下拉列表，用户选择要插入的块。如果要将".dwg"文件插入到当前图形中，就单击 浏览(B)... 按钮，然后选择要插入的文件。
- 【插入点】：确定图块的插入点。用户可直接在【X】【Y】【Z】文本框中输入插入点的绝对坐标值，也可选择"在屏幕上指定"复选项，然后在屏幕上指定。
- 【比例】：确定块的缩放比例。用户可直接在【X】【Y】【Z】文本框中输入沿这 3 个方向的缩放比例因子，也可选择"在屏幕上指定"复选项，然后在屏幕上指定。

用户可以指定 x、y 方向的负比例因子，此时插入的图块将作镜像变换。

- 【统一比例】：该复选项使块沿 x、y、z 方向的缩放比例都相同。
- 【旋转】：指定插入块时的旋转角度。用户可在"角度"文本框中直接输入旋转角度值，也可通过"在屏幕上指定"复选项在屏幕上指定。
- 【分解】：若用户选择此复选项，则 AutoCAD 在插入块的同时分解块对象。

9.2.3　实战提高

读者可通过例 9-10 和例 9-11 进行实战提高。

【例 9-10】　创建及插入图块。

（1）打开素材文件"dwg\第 9 章\9-10.dwg"。

（2）创建"沙发"图块，设定 *A* 点为插入点，如图 9-11 所示。

（3）插入"沙发"块，结果如图 9-12 所示。

例 9-10

图 9-11　创建"沙发"块

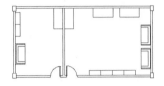

图 9-12　插入"沙发"块

（4）创建"转椅"图块，设定中点 *B* 为插入点，如图 9-13 所示。

（5）插入"转椅"块，结果如图 9-14 所示。

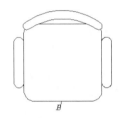

图 9-13　创建"转椅"块

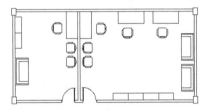

图 9-14　插入"转椅"块

（6）创建"计算机"图块，设定 *C* 点为插入点，如图 9-15 所示。

（7）插入"计算机"块，结果如图 9-16 所示。

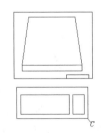

图 9-15　创建"计算机"块

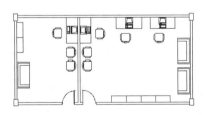

图 9-16　插入"计算机"块

【例 9-11】　利用符号块绘制电路图。

（1）打开素材文件"dwg\第 9 章\9-11.dwg"。

（2）将图中的 3 个电气符号创建成图块，插入点分别设定在 *A*、*B*、*C* 点处，如图 9-17 所示。注意，这 3 个符号的高度都为 1。这样做的原因是，当使用块时，用户能更方便

例 9-11

图 9-17　创建符号块

地控制块的缩放比例。

（3）在要放置符号的位置绘制矩形，矩形高度为 5，如图 9-18 所示。修剪及删除多余线条，结果如图 9-19 所示。

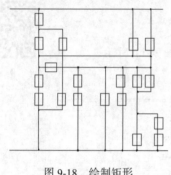

图 9-18　绘制矩形

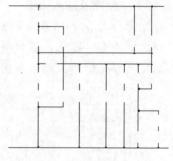

图 9-19　修剪结果

（4）插入电气符号块，块的缩放比例为 5，结果如图 9-20 所示。

（5）用 DTEXT 命令书写文字，文字的字高为 2.5，宽度比例因子为 0.8，字体为宋体，结果如图 9-21 所示。

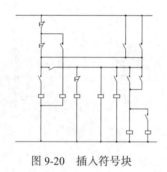

图 9-20　插入符号块

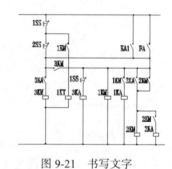

图 9-21　书写文字

9.3 使用外部参照

当用户将其他图形以块的形式插入当前图样中时，被插入的图形就成为当前图样的一部分。用户可能并不想如此，而仅仅是要把另一个图形作为当前图形的一个样例，或者想观察一下正在设计的模型与相关的其他模型是否匹配，此时就可通过外部引用（也称 Xref）将其他图形文件放置到当前图形中。

Xref 能使用户方便地在自己的图形中以引用的方式看到其他图样，被引用的图并不成为当前图样的一部分，当前图形中仅记录了外部引用文件的位置和名称。虽然如此，用户仍然可以控制被引用图形层的可见性，并能进行对象捕捉。

利用 Xref 获得其他图形文件比插入文件块有更多的优点。

（1）由于外部引用的图形并不是当前图样的一部分，因而利用 Xref 组合的图样比通过文件块构成的图样要小。

（2）每当 AutoCAD 装载图样时，系统都将加载最新的 Xref 版本。因此，若外部图形文件有所改动，则用户装入的引用图形也随之变动。

（3）利用外部引用将有利于几个人共同完成一个设计项目，因为 Xref 可以使设计者之间方便地查看对方的设计图样，从而协调设计内容。另外，Xref 也可使设计人员能够同时使用相同的图形文件进行分工设计。例如，一个建筑设计小组的所有成员通过外部引用就能同时参照建筑物的结构平面图，然后分别展开电路、管道等方面的设计工作。

9.3.1 引用外部图形

下面介绍引用外部图形命令的相关内容。

引用外部图形的命令的启动方法如下。

- 菜单命令：【插入】/【DWG 参照】。
- 面板："插入"选项卡中"参照"面板上的 按钮。
- 命令：ATTACH。

【例 9-12】 使用 ATTACH 命令引用外部图形。

例 9-12

启动 ATTACH 命令后，AutoCAD 打开"选择参照文件"对话框，用户在该对话框中选择所需文件后，单击 打开(O) 按钮，弹出"附着外部参照"对话框，如图 9-22 所示。通过该对话框，用户可将外部文件插入当前图形中。

"附着外部参照"对话框中各选项的功能介绍如下。

- 【名称】：该下拉列表显示了当前图形中包含的外部参照文件名称。用户可在下拉列表中直接选取文件，也可单击 浏览(B)... 按钮查找其他参照文件。

图 9-22 "附着外部参照"对话框

- 【附着型】：图形文件 A 嵌套了其他的 Xref，而这些文件是以"附着型"方式被引用的。当新文件引用图形 A 时，用户不仅可以看到图形 A 本身，还能看到图形 A 中嵌套的 Xref。附着方式的 Xref 不能循环嵌套，即如果图形 A 引用了图形 B，而图形 B 又引用了图形 C，则图形 C 不能再引用图形 A。

- 【覆盖型】：图形 A 中有多层嵌套的 Xref，但它们均以"覆盖型"方式被引用。当其他图形引用图形 A 时，就只能看到图形 A 本身，而其包含的任何 Xref 都不会显示出来。覆盖方式的 Xref 可以循环引用，这使设计人员可以灵活地查看其他任何图形文件，而无须为图形之间的嵌套关系而担忧。

- 【插入点】：在此分组框中指定外部参照文件的插入基点。用户可直接在【X】【Y】【Z】文本框中输入插入点坐标，也可选择"在屏幕上指定"复选项，然后在屏幕上指定。

- 【比例】：在此分组框中指定外部参照文件的缩放比例。用户可直接在【X】【Y】【Z】文本框中输入沿这 3 个方向的比例因子，也可选择"在屏幕上指定"复选项，然后在屏幕上指定。

- 【旋转】：确定外部参照文件的旋转角度。用户可直接在"角度"文本框中输入角度值，也可选择"在屏幕上指定"复选项，然后在屏幕上指定。

9.3.2　更新外部引用文件

当对被引用的图形做修改后，AutoCAD 并不自动更新当前图样中的 Xref 图形，用户必须重新加载以更新它。在"外部参照"对话框中，用户可以选择一个引用文件或同时选取几个文件，然后单击鼠标右键，选择【重载】命令，加载外部图形，如图 9-23 所示。由于可以随时进行更新，因此用户在设计过程中能及时获得最新的 Xref 文件。

更新外部引用文件命令的启动方法如下。

- 菜单命令：【插入】/【外部参照】。
- 面板："插入"选项卡中"参照"面板右下角的■按钮。
- 命令：XREF 或简写为 XR。

【例 9-13】　使用 XREF 命令更新外部引用文件。

例 9-13

启动 XREF 命令后，AutoCAD 弹出"外部参照"对话框，如图 9-23 所示。利用该对话框，用户可引用或重新加载外部图形。

"外部参照"对话框中常用选项的功能介绍如下。

- ■ ：单击此按钮，AutoCAD 弹出"选择参照文件"对话框，用户通过该对话框选择要插入的图形文件。

快捷菜单中常用选项的功能如下。

- 【附着】：选择此选项，AutoCAD 弹出"外部参照"对话框，用户通过该对话框选择要插入的图形文件。
- 【卸载】：暂时移走当前图形中的某个外部参照文件，但在列表框中仍保留该文件的路径。
- 【重载】：在不退出当前图形文件的情况下更新外部引用文件。
- 【拆离】：将某个外部参照文件去除。
- 【绑定】：将外部参照文件永久地插入当前图形中，使之成为当前文件的一部分。

图 9-23　加载外部图形

9.3.3　实战提高

读者可通过例 9-14 进行实战提高。

【例 9-14】　引用及重新加载外部图形。

（1）创建一个新的图形文件。

（2）单击"参照"面板上的■按钮，打开"选择参照文件"对话框。通过此对话框选择素材文件"dwg\第 9 章\9-14-A.dwg"，再单击 打开(0) 按钮，弹出"附着外部参照"对话框，如图 9-24 所示。

例 9-14

（3）单击 确定 按钮，再按 AutoCAD 的提示指定文件的插入点。移动及缩放图形，结果如图 9-25 所示。

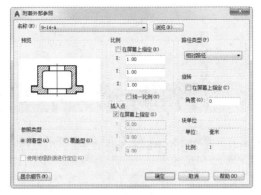

图 9-24 "附着外部参照"对话框

（4）用上述方法引用素材文件 "9-14-B.dwg"，再用 MOVE 命令把两个图形组合在一起，结果如图 9-26 所示。

图 9-25 插入图形

图 9-26 插入并组合图形

（5）打开素材文件 "9-14-A.dwg"，用 STRETCH 命令将零件下部配合孔的直径尺寸增加 4，保存图形。

（6）切换到新图形文件。单击 "参照" 面板右下角的 ▣ 按钮，打开 "外部参照" 对话框，如图 9-27 所示。在该对话框的文件列表框中选中素材文件 "9-14-A.dwg"，单击鼠标右键，在弹出的快捷菜单中选择【重载】命令以加载外部图形。

（7）重新加载外部图形后，结果如图 9-28 所示。

图 9-27 "外部参照"对话框

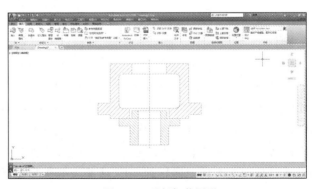

图 9-28 重新加载图形

操作与练习

1. 打开素材文件 "dwg\第 9 章\9-15.dwg"，如图 9-29 所示。试计算该图形面积及外轮廓线周长。

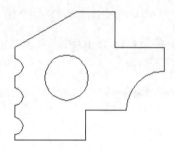

图 9-29　计算该图形的面积及外轮廓线周长

2. 下面这个练习的内容包括创建块、插入块及外部引用。

（1）打开素材文件 "dwg\第 9 章\9-16.dwg"，如图 9-30 所示。将图形定义为图块，块名为 "block"，插入点在 A 点。

（2）在当前文件中引用外部素材文件 "dwg\第 9 章\9-17.dwg"，然后插入 "block" 块，结果如图 9-31 所示。

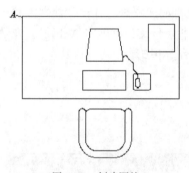

图 9-30　创建图块

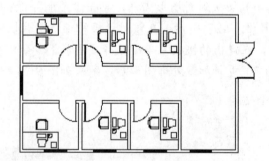

图 9-31　插入图块

3. 下面这个练习的内容包括引用外部图形、修改及保存图形、重新加载图形。

（1）打开素材文件 "dwg\第 9 章\9-18-1.dwg" 和 "9-18-2.dwg"。

（2）激活素材文件 "9-18-1.dwg"，用 XATTACH 命令插入素材文件 "9-18-2.dwg"，再用 MOVE 命令移动图形，使两个图形 "装配" 在一起，结果如图 9-32 所示。

（3）激活素材文件 "9-18-2.dwg"，如图 9-33 左图所示。用 STRETCH 命令调整上、下两孔的位置，使两孔间的距离增加 40，结果如图 9-33 右图所示。

（4）保存素材文件 "9-18-2.dwg"。

（5）激活素材文件"9-18-1.dwg"，用 XREF 命令重新加载素材文件"9-18-2.dwg"，结果如图 9-34 所示。

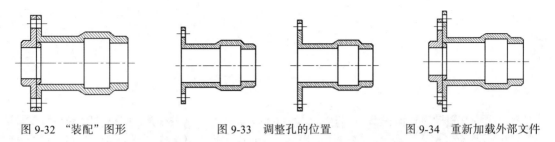

图 9-32 "装配"图形   图 9-33 调整孔的位置   图 9-34 重新加载外部文件

第10章

绘制机械图

本章将介绍一些典型零件的绘制方法。通过学习这些内容，读者在 AutoCAD 绘图方面能够得到更深入的训练，并提高解决实际问题的能力。

通过对本章的学习，读者可了解用 AutoCAD 绘制机械图的一般方法，并掌握一些实用的绘图技巧。

【学习目标】

- 画轴类零件的方法和技巧。
- 画叉架类零件的方法和技巧。
- 画箱体类零件的方法和技巧。

10.1 画轴类零件

轴类零件相对来讲较为简单，主要由一系列同轴回转体构成，其上常分布孔、槽等结构。它的视图表达方案是将轴线水平放置的位置作为主视图的位置。一般情况下，仅主视图就可表现其主要的结构形状。对于局部细节，则可利用局部视图、局部放大图和剖面图来表现。

轴类零件的视图有以下特点。

（1）主视图表现了零件的主要结构形状，有对称轴线。

（2）主视图图形是沿轴线方向排列的，大部分线条与轴线平行或垂直。

图 10-1 所示为一个轴类零件的主视图，对于该图形一般采取下面两种绘制方法。

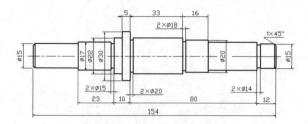

图 10-1　轴类零件主视图

1. 轴类零件画法一

第一种画法是用 OFFSET 命令和 TRIM 命令绘图，具体绘制过程如下。

（1）用 LINE 命令画主视图的对称轴线 A 及左端面线 B，如图 10-2 所示。

（2）偏移线段 A、B，然后修剪多余线条，形成第一轴段，如图 10-3 所示。

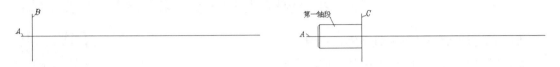

图 10-2　画对称轴线及左端面线　　　　　　　　图 10-3　画第一轴段

（3）偏移线段 A、C，然后修剪多余线条，形成第二轴段，如图 10-4 所示。

（4）偏移线段 A、D，然后修剪多余线条，形成第三轴段，如图 10-5 所示。

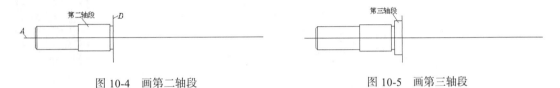

图 10-4　画第二轴段　　　　　　　　　图 10-5　画第三轴段

（5）用上述同样的方法，画出轴类零件主视图的其余轴段，结果如图 10-6 所示。

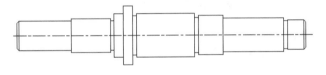

图 10-6　画其余轴段

2. 轴类零件画法二

第二种画法是用 LINE 命令和 MIRROR 命令绘图，具体绘制过程如下。

（1）打开极轴追踪、对象捕捉及自动追踪功能，设定对象捕捉方式为端点、交点。

（2）用 LINE 命令并结合极轴追踪、自动追踪功能，画出零件的轴线及外轮廓线，如图 10-7 所示。

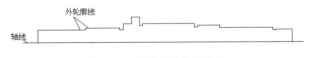

图 10-7　画轴线及外轮廓线

（3）以轴线为镜像线镜像外轮廓线，结果如图 10-8 所示。

（4）补画主视图的其余线条，结果如图 10-9 所示。

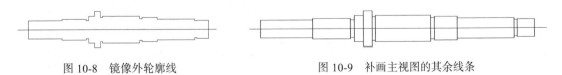

图 10-8　镜像外轮廓线　　　　　　　　图 10-9　补画主视图的其余线条

10.2 绘制轴类零件实例

例 10-1 和例 10-2 为绘制轴类零件实例。

【例 10-1】　绘制如图 10-10 所示的轴类零件。

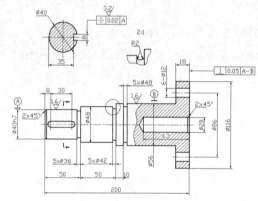

例 10-1-1

例 10-1-2

图 10-10　绘制轴类零件（1）

（1）创建以下图层。

名称	颜色	线型	线宽
轮廓线层	白色	Continuous	0.50
中心线层	红色	Center	默认
剖面线层	绿色	Continuous	默认
标注层	绿色	Continuous	默认

（2）打开极轴追踪、对象捕捉及捕捉追踪功能，设置极轴追踪角度增量为 30°，设定对象捕捉方式为端点、交点，设置沿所有极轴角进行捕捉追踪。

（3）切换到轮廓线层。画轴线 A、左端面线 B 及右端面线 C。这些线条是绘图的主要基准线，如图 10-11 所示。

> **要点提示**　有时也用 XLINE 命令画轴线及零件的左、右端面线，这些线条构成了主视图的布局线。

（4）绘制左边第一段。用 OFFSET 命令向右偏移线段 B，向上、向下偏移线段 A，如图 10-12 所示。修剪多余线条，结果如图 10-13 所示。

图 10-11　画轴线及左、右端面线

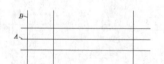

图 10-12　绘制左边第一段

图 10-13　修剪结果

当绘制图形局部细节时，为了方便绘图，常用矩形窗口把局部区域放大。绘制完成后，再返回前一次的显示状态，以观察图样全局。

（5）用 OFFSET 和 TRIM 命令绘制轴的其余各段，如图 10-14 所示。

（6）用 OFFSET 和 TRIM 命令画退刀槽和卡环槽，如图 10-15 所示。

（7）用 LINE、CIRCLE 和 TRIM 命令画键槽，如图 10-16 所示。

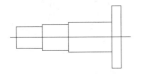

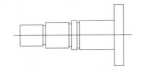

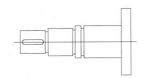

图 10-14　绘制轴的其余各段　　　图 10-15　画退刀槽和卡环槽　　　图 10-16　画键槽

（8）用 LINE、MIRROR 等命令画孔，如图 10-17 所示。

（9）用 OFFSET、TRIM 及 BREAK 命令画孔，如图 10-18 所示。

（10）画线段 A、B 及圆 C，如图 10-19 所示。

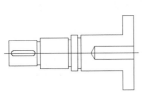

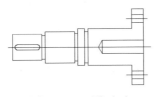

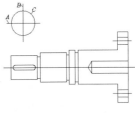

图 10-17　画孔（1）　　　　　图 10-18　画孔（2）　　　　　图 10-19　画线段及圆

（11）用 OFFSET、TRIM 命令画键槽剖面图，如图 10-20 所示。

（12）复制线段 D、E 等，如图 10-21 所示。

（13）用 SPLINE 命令画断裂线，再绘制过渡圆角 G，然后用 SCALE 命令放大图形 H，结果如图 10-22 所示。

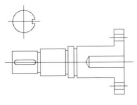

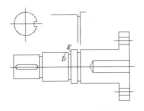

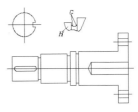

图 10-20　画键槽剖面图　　　　图 10-21　复制线段　　　　图 10-22　画局部放大图

（14）画断裂线 K，再倒角，结果如图 10-23 所示。

（15）画剖面图案，如图 10-24 所示。

（16）将轴线、圆的定位线等修改到中心线层上，将剖面图案修改到剖面线层上，结果如图 10-25 所示。

（17）打开素材文件 "dwg\第 10 章\10-A3.dwg"，该文件包含 A3 幅面的图框、表面粗糙度符号及基准代号。利用 Windows 的复制/粘贴功能将图框及标注符号复制到零件图中。用 SCALE 命令缩放它们，缩放比例为 1.5。然后把零件图布置在图框中，结果如图 10-26 所示。

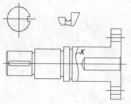

图 10-23　画断裂线并倒角

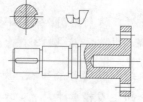
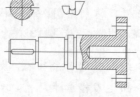

图 10-24　画剖面图案

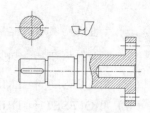

图 10-25　改变对象所在图层

（18）切换到标注层，标注尺寸及表面粗糙度，结果如图 10-27 所示。本图仅为了示意工程图标注后的真实结果。尺寸文字的字高为 3.5，标注全局比例因子为 1.5（当以 1∶1.5 比例打印图纸时，标注字高为 3.5）。

（19）书写技术要求文字，其中"技术要求"字高为 5×1.5=7.5，其余文字的字高为 3.5×1.5=5.25，结果如图 10-27 所示。

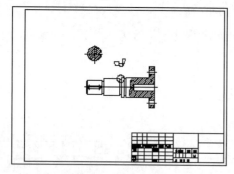

图 10-26　插入图框

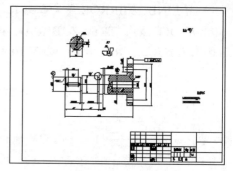

图 10-27　标注尺寸

【例 10-2】　绘制如图 10-28 所示的轴类零件。

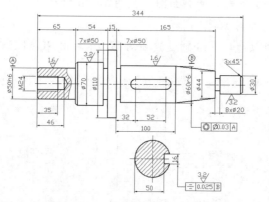

例 10-2

图 10-28　绘制轴类零件（2）

10.3

画叉架类零件

与轴类零件相比，叉架类零件的结构要复杂一些。其视图表达的一般原则是将主视图以工作位置摆放，投影方向根据机件的主要结构特征去选择。叉架类零件中经常有支撑板、支撑孔、螺孔及相互垂直的安装面等结构，这些局部特征通常采用局部视图、局部剖视图或剖面图等来表达。

10.3.1　叉架类零件的画法特点

机械设备中，叉架类零件是比较常见的，它比轴类零件复杂。如图 10-29 所示的托架是典型的叉架类零件，它的结构中包含了"T"形支撑肋、安装面及装螺栓的沉孔等。下面简要介绍该零件图的绘制过程。

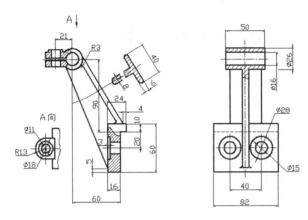

图 10-29　托架

1. 绘制零件主视图

先画托架左上半部分圆柱体的投影，再以投影圆的轴线为基准线，使用 OFFSET 命令和 TRIM 命令画出主视图的右下部分，这样就形成了主视图的大致形状，如图 10-30 所示。

接下来，使用 LINE、OFFSET、TRIM 等命令形成主视图的其余细节部分，如图 10-31 所示。

图 10-30　画主视图的大致形状

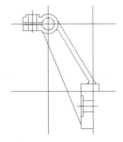

图 10-31　画其余细节部分

2. 从主视图向左视图投影几何特征

左视图可利用画辅助投影线的方法来绘制，如图 10-32 所示。用 XLINE 命令画水平构造线，把主要的形体特征从主视图向左视图投影，再在屏幕的适当位置画左视图的对称线，这样就形成了左视图的主要作图基准线。

3. 绘制零件左视图

前面已经绘制了左视图的主要作图基准线，接下来就可用 LINE、OFFSET、TRIM 等命令画出左视图的细节部分，如图 10-33 所示。

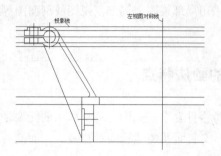

图 10-32　形成左视图的主要作图基准线

图 10-33　画零件左视图的细节部分

10.3.2　绘制叉架类零件实例

例 10-3 和例 10-4 为绘制叉架类零件实例。

【例 10-3】　绘制如图 10-34 所示的支架零件图。

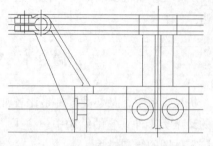

例 10-3

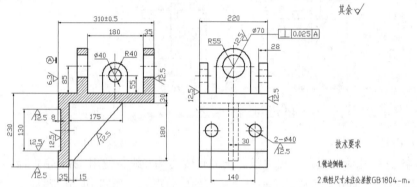

图 10-34　支架零件图

（1）打开极轴追踪、对象捕捉及捕捉追踪功能，设置极轴追踪角度的增量为 90°，设定对象捕捉方式为端点、交点，设置仅沿正交方向进行捕捉追踪。

（2）画水平及竖直作图基准线 A、B，线段 A 的长度约为 450，线段 B 的长度约为 400，如图 10-35 所示。

（3）用 OFFSET、TRIM 命令绘制线框 C，如图 10-36 所示。

（4）利用关键点编辑方式拉长线段 D，如图 10-37 所示。

图 10-35　画水平及竖直线　　　图 10-36　绘制线框 C　　　图 10-37　拉长线段 D

（5）用 OFFSET、TRIM 及 BREAK 命令绘制图形 E 和 F，如图 10-38 所示。

（6）画平行线 G、H，如图 10-39 所示。

（7）用 LINE、CIRCLE 命令画图形 A，如图 10-40 所示。

图 10-38　绘制图形 *E*、*F*

图 10-39　画平行线 *G*、*H*

图 10-40　画图形 *A*

（8）用 LINE 命令画线段 *B*、*C*、*D* 等，如图 10-41 所示。

（9）用 XLINE 命令画水平投影线，用 LINE 命令画竖直线，如图 10-42 所示。

图 10-41　画线段 *B*、*C* 及 *D* 等

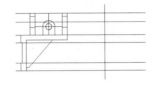
图 10-42　画水平投影线及竖直线

（10）用 OFFSET、CIRCLE 及 TRIM 等命令绘制图形细节 *E* 和 *F*，如图 10-43 所示。

（11）画投影线 *G*、*H*，再画平行线 *I*、*J*，如图 10-44 所示。修剪多余线条，结果如图 10-45 所示。

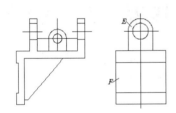
图 10-43　绘制图形细节 *E*、*F*

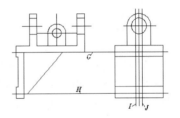
图 10-44　画投影线及平行线

（12）画投影线及直线 *A*、*B* 等，再绘制圆 *C*、*D*，如图 10-46 所示。修剪多余线条，打断过长的线段，结果如图 10-47 所示。

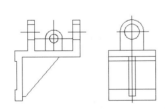
图 10-45　修剪结果（1）

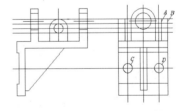
图 10-46　画投影线及线段等

（13）修改线型，调整一些线条的长度，结果如图 10-48 所示。

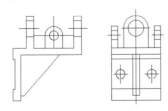
图 10-47　修剪结果（2）

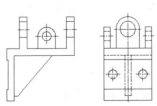
图 10-48　改变线型及调整线条长度

【例 10-4】 绘制图 10-49 所示的托架零件图。

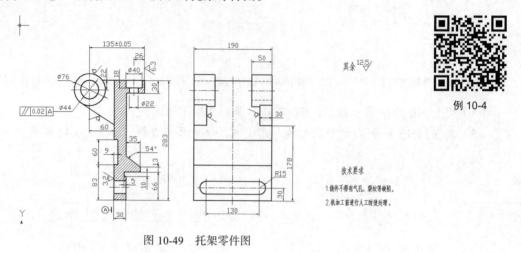

例 10-4

图 10-49　托架零件图

10.4 画箱体类零件

与轴类、叉架类零件相比，箱体类零件的结构最为复杂，表现此类零件的视图往往也较多，如主视图、左视图、俯视图、局部视图及局部剖视图等。绘图时，用户应考虑采取合适的绘图步骤，使整个绘制工作有序地进行，从而提高绘图效率。

10.4.1　箱体类零件的画法特点

箱体类零件是构成机器或部件的主要零件之一，由于其内部要安装其他各类零件，因而形状较为复杂。在机械图中，为表现箱体结构，所采用的视图往往较多，除基本视图外，还经常使用辅助视图、剖面图及局部剖视图等。图 10-50 所示为减速器箱体的零件图，下面简要介绍该零件图的绘制过程。

1. 画主视图

先画出主视图中重要的轴线、端面线等，这些线条构成了主视图的主要布局线，如图 10-51 所示。再将主视图划分为 3 个部分：左部分、右部分和下部分，然后以布局线作为绘图基准线，用 LINE、OFFSET、TRIM 等命令逐一画出每一个部分的细节。

2. 从主视图向左视图投影几何特征

画水平投影线，把主视图的主要几何特征向左视图投影，再画左视图的对称轴线及左、右端面线。这些线条构成了左视图的主要布局线，如图 10-52 所示。

3. 画左视图的细节

把左视图分为两个部分（中间部分和底板部分），然后以布局线作为绘图基准线，用 LINE、OFFSET、TRIM 等命令分别画出每一个部分的细节，如图 10-53 所示。

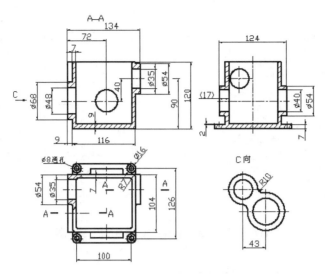

图 10-50　减速器箱体的零件图

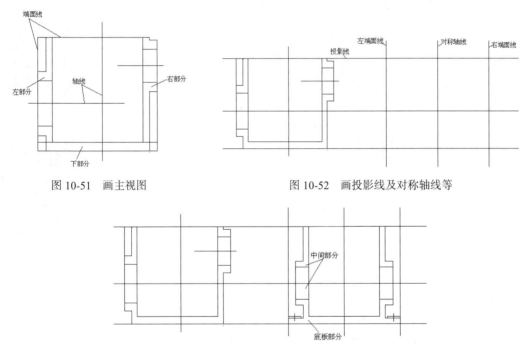

图 10-51　画主视图　　　　　　　　图 10-52　画投影线及对称轴线等

图 10-53　画左视图的细节

4．从主视图、左视图向俯视图投影几何特征

绘制完成主视图及左视图后，俯视图的布局线就可通过主视图及左视图投影得到，如图 10-54 所示。为方便从左视图向俯视图投影，用户可将左视图复制到新位置并旋转–90°，这样就可以 很方便地画出投影线了。

5．画俯视图的细节

把俯视图分为 4 个部分：左部分、中间部分、右部分及底板部分，然后以布局线作为绘图 基准线，用 LINE、OFFSET、TRIM 等命令分别画出每一个部分的细节，或者通过从主视图及 左视图投影，获得图形细节，如图 10-55 所示。

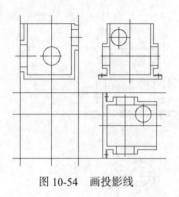

图 10-54　画投影线

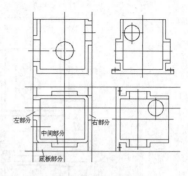

图 10-55　画俯视图的细节

10.4.2　绘制箱体类零件实例

例 10-5 和例 10-6 为绘制箱体类零件实例。

【例 10-5】　绘制如图 10-56 所示的箱体零件图。

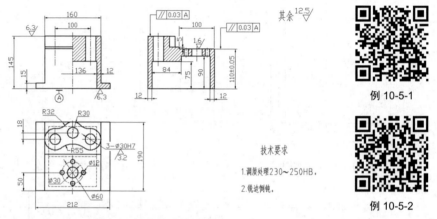

图 10-56　箱体零件图（1）

（1）打开极轴追踪、对象捕捉及捕捉追踪功能，设置极轴追踪角度的增量为 90°，设定对象捕捉方式为端点、交点，设置仅沿正交方向进行捕捉追踪。

（2）画主视图底边线 A 及对称线 B，如图 10-57 所示。

（3）以线段 A、B 作为绘图基准线，用 OFFSET、TRIM 等命令形成主视图的主要轮廓线，如图 10-58 所示。

图 10-57　画主视图的底边线等

图 10-58　画主视图的主要轮廓线

（4）用 OFFSET、TRIM 等命令绘制主视图的细节 C、D，如图 10-59 所示。

（5）画竖直投影线及俯视图前、后端面线，如图 10-60 所示。

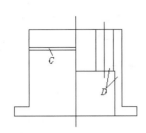

图 10-59　绘制主视图的细节

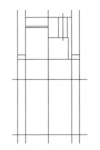

图 10-60　画竖直投影线等

（6）形成俯视图的主要轮廓线，如图 10-61 所示。

（7）绘制俯视图的细节 *E*、*F*，如图 10-62 所示。

（8）复制俯视图并将其旋转 90°，然后从主视图、俯视图向左视图投影，结果如图 10-63 所示。

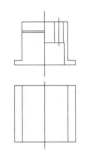

图 10-61　画主要轮廓线

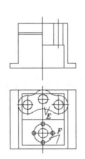

图 10-62　绘制细节

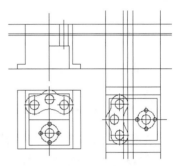

图 10-63　复制并旋转俯视图等

（9）形成左视图的主要轮廓线，如图 10-64 所示。

（10）绘制左视图的细节 *G*、*H*，结果如图 10-65 所示。

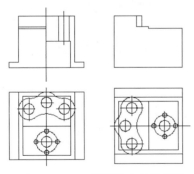

图 10-64　画左视图的主要轮廓线

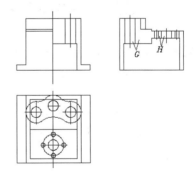

图 10-65　绘制左视图的细节

【例 10-6】　绘制图 10-66 所示的箱体零件图。

例 10-6-1

例 10-6-2

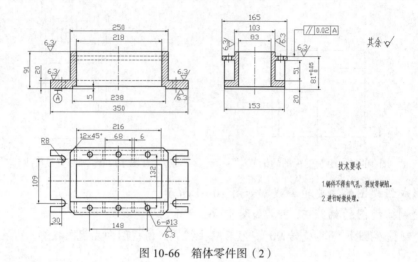

图 10-66 箱体零件图（2）

10.5 装配图

绘制装配图一般包含以下两种情况。

- 开发全新的产品，绘制新产品的装配图。
- 对于已有的产品，可根据产品零件图绘制装配图。

下面介绍这两种情况下装配图的绘制方法。

10.5.1 绘制新产品的装配图——详细的结构设计

确定新产品的总体方案后，接下来就要对产品的各部件进行详细的结构设计（绘制详细的装配图），这一阶段主要完成以下工作。

- 确定各零件的主要形状及尺寸，尺寸数值要精确，不能随意。对于关键结构及有装配关系的地方，更应精确地绘制。在这一点上，与手工设计是不同的。
- 轴承、螺栓、挡圈、联轴器、电动机等要按正确尺寸绘制出外形图，特别是安装尺寸要准确。
- 利用 MOVE、COPY、ROTATE 等命令模拟运动部件的工作位置，以确定关键尺寸及重要参数。
- 利用 MOVE、COPY 等命令调整链轮和带轮的位置，以获得最佳的传动布置方案。对于带长及链长，可利用创建面域并查询周长的方法获得。

绘制产品装配图的主要作图步骤如下。

（1）绘制主要定位线及作图基准线。

（2）绘制出主要零件的外形轮廓。

（3）绘制主要的装配干线。先绘制出该装配干线上的一个重要零件，再以该零件为基准件依次绘制其他零件。要求零件的结构尺寸要精确，为以后拆画零件图做好准备。

（4）绘制次要的装配干线。

图 10-67 所示为完成主要结构设计的绕簧支架，该图是一张细致的产品装配图，各部分尺寸都是精确无误的，用户可依据此图拆画零件图。

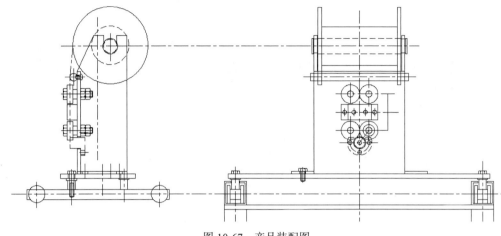

图 10-67　产品装配图

10.5.2　由装配图拆画零件图

绘制了精确的装配图后，就可利用 AutoCAD 的复制及粘贴功能从该图拆画零件图，具体过程如下。

（1）将结构图中某个零件的主要轮廓复制到剪贴板上。

（2）通过样板文件创建一个新文件，然后将剪贴板上的零件图粘贴到当前文件中。

（3）在已有零件图的基础上进行详细的结构设计，要求精确地进行绘制，以便以后利用零件图检验装配尺寸的正确性，详见 10.5.3 小节。

例 10-7

【例 10-7】　打开素材文件"dwg\第 10 章\10-7.dwg"，如图 10-68 所示，由部件装配图拆画零件图。

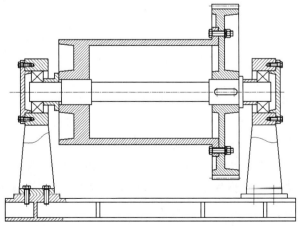

图 10-68　由部件装配图拆画零件图

（1）创建新图形文件，文件名为"筒体.dwg"。

（2）切换到素材文件"10-7.dwg"，在图形窗口中单击鼠标右键，弹出快捷菜单，选择【剪贴板】/【带基点复制】命令，然后选择筒体零件并指定复制的基点为 *A* 点，如图 10-69 所示。

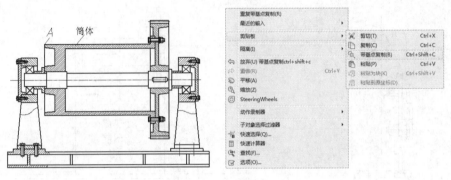

图 10-69　复制筒体零件

（3）切换到素材文件"筒体.dwg"，在图形窗口中单击鼠标右键，弹出快捷菜单，选择【剪贴板】/【粘贴】命令，结果如图 10-70 所示。

（4）对筒体零件进行必要的编辑，结果如图 10-71 所示。

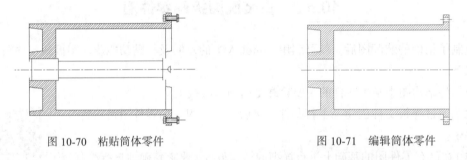

图 10-70　粘贴筒体零件　　　　　　　　图 10-71　编辑筒体零件

10.5.3　"装配"零件图以检验配合尺寸的正确性

复杂的机器设备常常包含成百上千个零件，这些零件要正确地装配在一起，就必须保证所有零件配合尺寸的正确性，否则就会产生干涉。如果技术人员按一张张图样去核对零件的配合尺寸，工作量非常大，而且容易出错。怎样才能更有效地检查配合尺寸的正确性呢？用户可以先通过 AutoCAD 的复制及粘贴功能将零件图"装配"在一起，然后查看"装配"后的图样就能迅速判定配合尺寸是否正确。

【例 10-8】　打开素材文件"dwg\第 10 章\10-8-A.dwg""10-8-B.dwg"和"10-8-C.dwg"，将它们装配在一起以检验配合尺寸的正确性。

（1）创建新图形文件，文件名为"装配检验.dwg"。

（2）切换到图形"10-8-A.dwg"，关闭标注层，如图 10-72 所示。在图形窗口中单击鼠标右键，弹出快捷菜单，选择【剪贴板】/【带基点复制】命令，复制零件主视图。

（3）切换到图形"装配检验.dwg"，在图形窗口中单击鼠标右键，弹

例 10-8

出快捷菜单，选择【剪贴板】/【粘贴】命令，结果如图 10-73 所示。

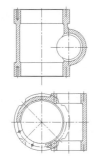

图 10-72　复制零件主视图

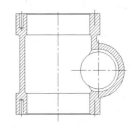

图 10-73　粘贴零件主视图

（4）切换到图形"10-8-B.dwg"，关闭标注层。在图形窗口中单击鼠标右键，弹出快捷菜单，选择【剪贴板】/【带基点复制】命令，复制零件主视图。

（5）切换到图形"装配检验.dwg"，在图形窗口中单击鼠标右键，弹出快捷菜单，选择【剪贴板】/【粘贴】命令，结果如图 10-74 左图所示。

（6）用 MOVE 命令将两个零件装配在一起，结果如图 10-74 右图所示。由图可以看出，两个零件正确地配合在一起，它们的装配尺寸是正确的。

（7）用上述方法将零件"10-8-C"与"10-8-A"也装配在一起，结果如图 10-75 所示。

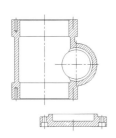
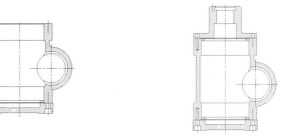

图 10-74　将两个零件装配在一起　　　　　　图 10-75　将多个零件装配在一起

10.5.4　由零件图组合装配图

若已绘制了机器或部件的所有零件图，当需要一张完整的装配图时，可考虑利用零件图来拼画装配图，这样能避免重复劳动，提高工作效率。拼画装配图的方法如下。

（1）创建一个新文件。

（2）打开所需的零件图，关闭尺寸所在的图层，利用复制及粘贴功能将零件图复制到新文件中。

（3）利用 MOVE 命令将零件图组合在一起，再进行必要的编辑，形成装配图。

【例 10-9】　打开素材文件"dwg\第 10 章\10-9-A.dwg""10-9-B.dwg""10-9-C.dwg"和"10-9-D.dwg"，将 4 张零件图"装配"在一起，形成装配图。

（1）创建新图形文件，文件名为"装配图.dwg"。

例 10-9

（2）切换到图形"10-9-A.dwg"，在图形窗口中单击鼠标右键，弹出快捷菜单，选择【剪贴板】/【带基点复制】命令，复制零件主视图。

（3）切换到图形"装配图.dwg"，在图形窗口中单击鼠标右键，弹出快捷菜单，选择【剪贴板】/【粘贴】命令，结果如图10-76所示。

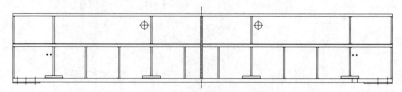

图 10-76　粘贴零件主视图

（4）切换到图形"10-9-B.dwg"，在图形窗口中单击鼠标右键，弹出快捷菜单，选择【剪贴板】/【带基点复制】命令，复制零件左视图。

（5）切换到图形"装配图.dwg"，在图形窗口中单击鼠标右键，弹出快捷菜单，选择【剪贴板】/【粘贴】命令，再重复粘贴操作，结果如图10-77所示。

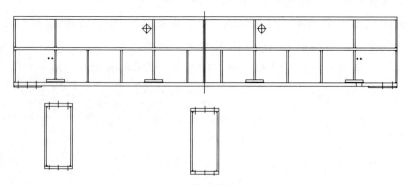

图 10-77　粘贴零件左视图

（6）用 MOVE 命令将零件图装配在一起，结果如图10-78所示。

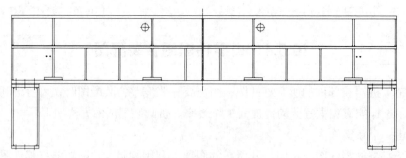

图 10-78　将零件图装配在一起（1）

（7）用与上述类似的方法，将零件图"10-9-C.dwg"与"10-9-D.dwg"也插入装配图中，并进行必要的编辑，结果如图10-79所示。

（8）打开素材文件"dwg\第 10 章\标准件.dwg"，将该文件中的 M20 螺栓、螺母、垫圈等标准件复制到"装配图.dwg"中，然后用 MOVE 和 ROTATE 命令将这些标准件装配到正确的位置，结果如图10-80所示。

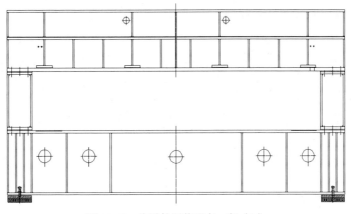

图 10-79　将零件图装配在一起（2）

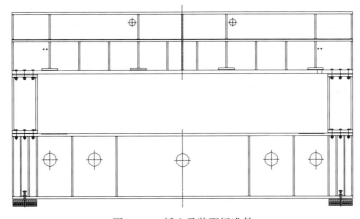

图 10-80　插入及装配标准件

操作与练习

1. 绘制图 10-81 所示的轴零件图。

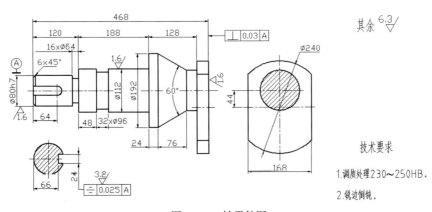

图 10-81　轴零件图

2. 绘制图 10-82 所示的箱体零件图。

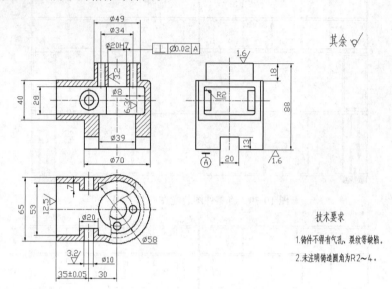

图 10-82　箱体零件图

第11章

三维建模

在 AutoCAD 中，用户可以创建三维实体及曲面模型，并能编辑实体的表面。实体模型具有面及体的特征，可对其进行打孔、挖槽或添加材料等操作，从而形成逼真的三维模型。此外，用户还可以从实体模型中获得许多物理特性数据，如体积、质心等。

通过对本章的学习，读者要掌握创建及编辑三维模型的主要命令，并了解利用布尔运算构建复杂模型的方法。

【学习目标】

- 观察三维模型。
- 创建长方体、球体、圆柱体等基本立体。
- 拉伸或旋转二维对象形成三维实体及曲面。
- 通过扫掠及放样形成三维实体或曲面。
- 阵列、旋转及镜像三维对象。
- 拉伸、移动及旋转实体表面。
- 使用用户坐标系。
- 利用布尔运算构建复杂模型。

11.1 三维建模空间

创建三维模型时可切换至 AutoCAD 三维工作空间。单击状态栏上的 ⚙ 按钮，弹出快捷菜单，选择"三维建模"选项，就切换至该空间。在默认的情况下，三维建模空间包含【建模】面板、【网格】面板、【实体编辑】面板及【视图】面板等，如图 11-1 所示。这些面板的功能介绍如下。

- 【建模】面板：包含创建基本立体、回转体及其他曲面立体等的命令按钮。
- 【网格】面板：利用该面板中的命令按钮可将实体或曲面转化为网格对象，提高或降低网格的平滑度。
- 【实体编辑】面板：利用该面板中的命令按钮可对实体表面进行拉伸、旋转等操作。
- 【视图】面板：通过面板中的命令按钮可设定观察模型的方向，形成不同的模型视图。

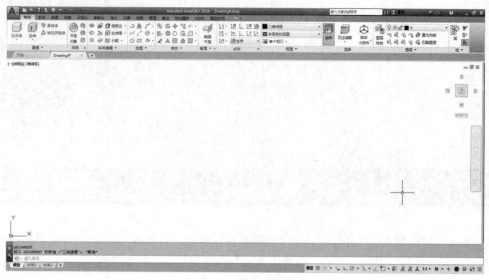

图 11-1　三维建模空间

11.2

观察三维模型

三维建模过程中，常需要从不同方向观察模型。AutoCAD 提供了多种观察模型的方法，以下介绍常用的几种。

11.2.1　用标准视点观察模型

任何三维模型都可以从任意一个方向观察。进入三维建模空间，该空间的"常用"选项卡中"视图"面板上的"三维导航"下拉列表提供了 10 种标准视点，如图 11-2 所示。通过这些视点就能获得 3D 对象的 10 种视图，如前视图、后视图、左视图及东南等轴测图等。

【例 11-1】　利用标准视点观察如图 11-3 所示的三维模型。

（1）打开素材文件 "dwg\第 11 章\11-1.dwg"，如图 11-3 所示。

（2）选择"三维导航"下拉列表中的"前视"选项，然后发出消隐命令 HIDE，结果如图 11-4 所示。此图是三维模型的前视图。

例 11-1

图 11-2　视图控制下拉列表

（3）选择"三维导航"下拉列表中的"左视"选项，然后发出消隐命令 HIDE，结果如图 11-5 所示。此图是三维模型的左视图。

（4）选择"三维导航"下拉列表中的"东南等轴测"选项，然后发出消隐命令 HIDE，结果如图 11-6 所示。此图是三维模型的东南轴测视图。

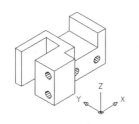

图 11-3　用标准视点观察模型

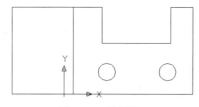

图 11-4　前视图

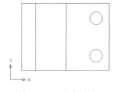

图 11-5　左视图

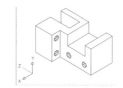

图 11-6　东南轴测视图

11.2.2　三维动态旋转

3DFORBIT 命令将激活交互式的动态视图，用户通过单击并拖动光标的方法来改变观察方向，从而能够非常方便地获得不同方向的 3D 视图。使用此命令时，用户可以选择观察全部对象或模型中的一部分对象，AutoCAD 围绕待观察的对象形成一个辅助圆，该圆被 4 个小圆分成四等份，如图 11-7 所示。辅助圆的圆心是观察目标点，当用户按住鼠标左键并拖动时，待观察的对象（或目标点）静止不动，而视点绕着 3D 对象旋转，显示结果是视图在不断地转动。

当用户想观察整个模型的部分对象时，应先选择这些对象，然后启动 3DFORBIT 命令。此时，仅所选对象显示在屏幕上。若其没有处在动态观察器的大圆内，就单击鼠标右键，在弹出的快捷菜单中选择【范围缩放】命令。

三维动态旋转命令的启动方法如下。

- 菜单命令：【视图】/【动态观察】/【自由动态观察】。
- 命令行：3DFORBIT。

启动 3DFORBIT 命令，AutoCAD 窗口中就出现一个大圆和 4 个均布的小圆，如图 11-7 所示。当光标移至圆的不同位置时，其形状将发生变化，不同形状的光标表明了当前视图的旋转方向。

1. 球形光标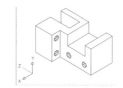

光标位于辅助圆内时，就变为这种形状。此时可假想一个球体将目标对象包裹起来。单击鼠标左键并拖动光标，就使球体沿光标拖动的方向旋转，因而模型视图也就旋转起来。

图 11-7　3D 动态视图

2. 圆形光标 ⊙

移动光标到辅助圆外，光标就变为这种形状。按住鼠标左键并将光标沿辅助圆拖动，就可以使 3D 视图旋转，旋转轴垂直于屏幕并通过辅助圆心。

3. 水平椭圆形光标 ⊕

移动光标到左、右两个小圆的位置时，光标就变为这种形状。单击鼠标左键并拖动光标就可以使视图绕着一个铅垂轴线转动，此旋转轴线经过辅助圆心。

4．竖直椭圆形光标

移动光标到上、下两个小圆的位置时，光标就变为该形状。单击鼠标左键并拖动光标将使视图绕着一个水平轴线转动，此旋转轴线经过辅助圆心。

当 3DFORBIT 命令激活时，单击鼠标右键，弹出快捷菜单，如图 11-8 所示。此菜单中常用命令的功能介绍如下。

- 【其他导航模式】：对三维视图执行平移和缩放等操作。
- 【缩放窗口】：用矩形窗口选择要缩放的区域。
- 【范围缩放】：将所有 3D 对象构成的视图缩放到图形窗口的大小。
- 【缩放上一个】：动态旋转模型后再回到旋转前的状态。
- 【平行模式】：激活平行投影模式。
- 【透视模式】：激活透视投影模式，透视图与眼睛观察到的图像极为接近。
- 【重置视图】：将当前的视图恢复到激活 3DFORBIT 命令时的视图。
- 【预设视图】：该选项提供了常用的标准视图，如前视图、左视图等。
- 【命名视图】：选择要使用的命名视图。
- 【视觉样式】：详见 11.2.3 小节。

图 11-8　快捷菜单

11.2.3　视觉样式

视觉样式用于改变模型在视口中的显示外观，它是一组控制模型显示方式的设置，这些设置包括面设置、环境设置、边设置等。面设置控制视口中面的外观，环境设置控制阴影和背景，边设置控制如何显示边。当选择一种视觉样式时，AutoCAD 在视口中按样式规定的形式显示模型。

AutoCAD 提供了以下 10 种默认视觉样式，用户可在"视图"面板的"视觉样式"下拉列表中进行选择，或者通过菜单命令【视图】/【视觉样式】指定。

- 【二维线框】：通过使用直线和曲线表示边界的方式显示对象，如图 11-9（a）所示。
- 【概念】：着色对象，效果缺乏真实感，但可以清晰地显示模型细节，如图 11-9（b）所示。
- 【隐藏】：用三维线框表示模型并隐藏不可见线条，如图 11-9（c）所示。
- 【真实】：对模型表面进行着色，显示已附着于对象的材质，如图 11-9（d）所示。
- 【着色】：将对象平面着色，着色的表面较光滑，如图 11-9（e）所示。
- 【带边缘着色】：用平滑着色和可见边显示对象，如图 11-9（f）所示。
- 【灰度】：用平滑着色和单色灰度显示对象，如图 11-9（g）所示。
- 【勾画】：用线延伸和抖动边修改器显示手绘效果的对象，如图 11-9（h）所示。
- 【线框】：用直线和曲线表示模型，如图 11-9（i）所示。
- 【X 射线】：以局部透明度显示对象，如图 11-9（j）所示。

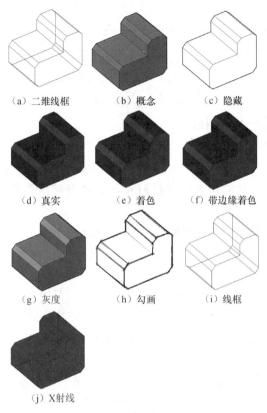

（a）二维线框　　（b）概念　　（c）隐藏

（d）真实　　（e）着色　　（f）带边缘着色

（g）灰度　　（h）勾画　　（i）线框

（j）X射线

图 11-9　视觉样式示例

11.3

创建三维基本立体

　　AutoCAD 能生成长方体、球体、圆柱体、圆锥体、楔形体、圆环体等基本立体。"建模"工具栏上包含了创建这些立体的命令按钮，表 11-1 所示为这些按钮的功能及操作时要输入的主要参数。

表 11-1　　　　　　　　　　　　　创建基本立体的命令按钮

按钮	功能	输入参数
长方体	创建长方体	指定长方体的一个角点，再输入另一个角点的相对坐标
球体	创建球体	指定球心，输入球半径
圆柱体	创建圆柱体	指定圆柱体底面的中心点，输入圆柱体点的半径及高度
圆锥体	创建圆锥体及圆锥台	指定圆锥体底面的中心点，输入锥体底面半径及锥体高度 指定圆锥台底面的中心点，输入锥台底面半径、顶面半径及锥台高度
楔体	创建楔形体	指定楔形体的一个角点，再输入另一个对角点的相对坐标
圆环体	创建圆环	指定圆环中心点，输入圆环体半径及圆管半径

续表

按钮	功能	输入参数
◇ 棱锥体	创建棱锥体及棱锥台	指定棱锥体底面边数及中心点，输入锥体底面半径及锥体高度 指定棱锥台底面边数及中心点，输入棱锥台底面半径、顶面半径及棱锥台高度

【**例 11-2**】　创建长方体及圆柱体。

（1）进入"**三维建模**"工作空间。打开"视图"面板上的"三维导航"下拉列表，选择"**东南等轴测**"选项，切换到东南等轴测视图。再通过"视图"面板中的"视觉样式"下拉列表，设定当前模型显示方式为二维线框。

例 11-2

（2）单击"建模"面板上的 长方体 按钮，AutoCAD 提示如下。

```
命令：_box
指定第一个角点或[中心（C）]：                      //指定长方体角点 A，如图 11-10 左图所示
指定其他角点或[立方体（C）/长度（L）]：@100,200,300
                                                 //输入另一个角点 B 的相对坐标
```

（3）单击"建模"面板上的 圆柱体 按钮，AutoCAD 提示如下。

```
命令：_cylinder
指定底面的中心点或[三点（3P）/两点（2P）/切点、切点、半径（T）/椭圆（E）]：
                                                 //指定圆柱体底面中心，如图 11-10 右图所示
指定底面半径或[直径（D）] <80.0000>：80             //输入圆柱体半径
指定高度或[两点（2P）/轴端点（A）] <300.0000>：300
                                                 //输入圆柱体高度
```

结果如图 11-10 所示。

（4）改变实体表面网格线的密度。

```
命令：isolines
输入 ISOLINES 的新值 <4>：40                        //设置实体表面网格线的数量，详见 11.15 节
```

选择菜单命令【视图】/【重生成】，重新生成模型，实体表面网格线变得更加密集。

（5）控制实体消隐后表面网格线的密度。

```
命令：facetres
输入 FACETRES 的新值 <0.5000>：5                    //设置实体消隐后的网格线密度，详见 11.15 节
```

启动 HIDE 命令，结果如图 11-10 所示。

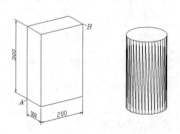

图 11-10　创建长方体及圆柱体

11.4 | 将二维对象拉伸成实体或曲面

　　EXTRUDE 命令可以拉伸二维对象，生成 3D 实体或曲面。若拉伸闭合对象，则生成实体，否则生成曲面。操作时，用户可以指定拉伸高度值及拉伸对象的锥角，还可以沿某一条直线或曲线路径进行拉伸。

　　EXTRUDE 命令的启动方法如下。

- 菜单命令：【绘图】/【建模】/【拉伸】。
- 面板："常用"选项卡中"建模"面板上的 按钮。
- 命令：EXTRUDE 或简写为 EXT。

例 11-3

【例 11-3】　使用 EXTRUDE 命令拉伸面域及多段线。

（1）打开素材文件 "dwg\第 11 章\11-3.dwg"，用 EXTRUDE 命令创建实体。

（2）将图形 A 创建成面域，再将连续线 B 编辑成一条多段线，如图 11-11（a）和图 11-11（b）所示。

（3）用 EXTRUDE 命令拉伸面域及多段线，形成实体和曲面。

```
命令: _extrude
选择要拉伸的对象或[模式(MO)]: 找到 1 个              //选择面域 A，如图 11-11（a）所示
选择要拉伸的对象或[模式(MO)]:                        //按 Enter 键
指定拉伸的高度或[方向(D)/路径(P)/倾斜角(T)/表达式(E)] <262.2213>: 260
                                                  //输入拉伸高度

命令:EXTRUDE                                       //重复命令
选择要拉伸的对象或[模式(MO)]: 找到 1 个              //选择多段线 B，如图 11-11（b）所示
选择要拉伸的对象或[模式(MO)]:                        //按 Enter 键
指定拉伸的高度或[方向(D)/路径(P)/倾斜角(T)/表达式(E)] <260.0000>: p
                                                  //使用"路径（P）"选项
选择拉伸路径或[倾斜角]:                              //选择样条曲线 C
```

　　结果如图 11-11（c）和图 11-11（d）所示。

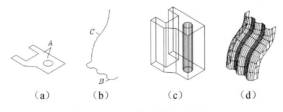

（a）　　　　（b）　　　　（c）　　　　（d）

图 11-11　拉伸面域及多段线

系统变量 SURFU 和 SURFV 控制曲面上素线的密度。选中曲面，启动 PROPERTIES 命令，该命令将列出这两个系统变量的值，修改它们，曲面上素线的数量就发生变化。

11.5 旋转二维对象形成实体或曲面

REVOLVE 命令可以旋转二维对象，生成 3D 实体。若二维对象是闭合的，则生成实体，否则生成曲面。用户通过选择直线，指定两点或 x、y 轴来确定旋转轴。

REVOLVE 命令的启动方法如下。

- 菜单命令：【绘图】/【建模】/【旋转】。
- 面板："常用"选项卡中"建模"面板上的 按钮。
- 命令：REVOLVE 或简写为 REV。

【例 11-4】 使用 REVOLVE 命令将二维对象旋转成 3D 实体。

例 11-4

打开素材文件 "dwg\第 11 章\11-4.dwg"，用 REVOLVE 命令创建实体。

```
命令: _revolve
选择要旋转的对象或[模式(MO)]: 找到 1 个      //选择要旋转的对象，该对象是面域，如图 11-12 左图所示
选择要旋转的对象或[模式(MO)]:                          //按 Enter 键
指定轴起点或根据以下选项之一定义轴[对象(O)/X/Y/Z] <对象>:  //捕捉端点 A
指定轴端点:                                             //捕捉端点 B
指定旋转角度或[起点角度(ST)/反转(R)/表达式(EX)] <360>: st  //使用"起点角度(ST)"选项
指定起点角度 <0.0>: -30                                 //输入回转起始角度
指定旋转角度或[起点角度(ST)/表达式(EX)] <360>: 210        //输入回转角度
```

再启动 HIDE 命令，结果如图 11-12 右图所示。

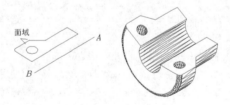

图 11-12 将二维对象旋转成 3D 实体

 若拾取两点指定旋转轴，则轴的正方向是从第一个点指向第二个点。旋转角的正方向按右手螺旋法则确定。

11.6 通过扫掠创建实体或曲面

SWEEP 命令可以将平面轮廓沿二维或三维路径进行扫掠，生成实体或曲面。若二维轮廓

是闭合的，则生成实体，否则生成曲面。扫掠时，轮廓一般会被移动并调整到与路径垂直的方向。在默认的情况下，轮廓形心将与路径起始点对齐，但也可指定轮廓的其他点作为扫掠对齐点。

SWEEP 命令的启动方法如下。

- 菜单命令：【绘图】/【建模】/【扫掠】。
- 面板："常用"选项卡中"建模"面板上的 按钮。
- 命令：SWEEP。

【例 11-5】 使用 SWEEP 命令将面域沿路径扫掠。

（1）打开素材文件 "dwg\第 11 章\11-5.dwg"。

（2）利用 PEDIT 命令将路径曲线 A 编辑成一条多段线。

（3）用 SWEEP 命令将面域沿路径扫掠。

例 11-5

```
命令：_sweep
选择要扫掠的对象或[模式(MO)]：找到 1 个              //选择轮廓面域，如图 11-13 左图所示
选择要扫掠的对象或[模式(MO)]：                       //按 Enter 键
选择扫掠路径或[对齐（A）/基点（B）/比例（S）/扭曲（T）]：b    //使用"基点（B）"选项
指定基点： end 于                                    //捕捉 B 点
选择扫掠路径或[对齐（A）/基点（B）/比例（S）/扭曲（T）]：     //选择路径曲线 A
```

再启动 HIDE 命令，结果如图 11-13 右图所示。

图 11-13　将面域沿路径扫掠

11.7 通过放样创建实体或曲面

LOFT 命令可对一组平面轮廓曲线进行放样，生成实体或曲面。若所有轮廓是闭合的，则生成实体，否则生成曲面，如图 11-14 所示。注意，放样时，轮廓线或全部闭合或全部开放，不能使用既包含开放轮廓又包含闭合轮廓的选择集。

放样实体或曲面中间轮廓的形状可利用放样路径控制，如图 11-14 左图所示。放样路径始于第一个轮廓所在的平面，止于最后一个轮廓所在的平面。导向曲线是另一种控制放样形状的方法，将轮廓上对应的点通过

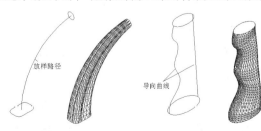

图 11-14　放样

导向曲线连接起来，使轮廓按预定方式进行变化，如图 11-14 右图所示。轮廓的导向曲线可以有多条，每条导向曲线必须与各轮廓相交，始于第一个轮廓，止于最后一个轮廓。

LOFT 命令的启动方法如下。

- 菜单命令：【绘图】/【建模】/【放样】。
- 面板："常用"选项卡中"建模"面板上的按钮。
- 命令：LOFT。

【例 11-6】 使用 LOFT 命令通过放样创建实体。

（1）打开素材文件 "dwg\第 11 章\11-6.dwg"。

（2）利用 PEDIT 命令将线条 *A*、*D*、*E* 编辑成多段线，如图 11-15（a）和图 11-15（b）所示。

（3）用 LOFT 命令在轮廓 *B*、*C* 间放样，路径曲线是 *A*。

```
命令: _loft
按放样次序选择横截面或[点(PO)/合并多条边(J)/模式(MO)]:总计 2 个
                                        //选择轮廓 B、C，如图 11-15（a）所示
按放样次序选择横截面或[点(PO)/合并多条边(J)/模式(MO)]:          //按 Enter 键
输入选项[导向(G)/路径(P)/仅横截面(C)/设置(S)] <仅横截面>: P
                                        //使用"路径（P）"选项
选择路径轮廓:                                   //选择路径曲线 A
```

结果如图 11-15（c）所示。

（4）用 LOFT 命令在轮廓 *F*、*G*、*H*、*I* 及 *J* 间放样，导向曲线是 *D*、*E*。

```
命令: _loft
按放样次序选择横截面或[点(PO)/合并多条边(J)/模式(MO)]:总计 5 个
                            //选择轮廓 F、G、H、I 及 J，如图 11-15（b）所示
按放样次序选择横截面或[点(PO)/合并多条边(J)/模式(MO)]:          //按 Enter 键
输入选项[导向(G)/路径(P)/仅横截面(C)/设置(S)] <仅横截面>: G
                                        //使用"导向（G）"选项
选择导向轮廓或[合并多条边(J)]:总计 2 个                //导向曲线是 D、E
选择导向轮廓或[合并多条边(J)]:                    //按 Enter 键
```

结果如图 11-15（d）所示。

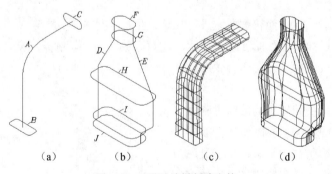

图 11-15　通过放样创建实体

11.8 加厚曲面形成实体

THICKEN 命令可以加厚任何类型的曲面来形成实体。

单击【实体编辑】面板上的 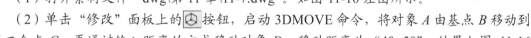 按钮，或者选取菜单命令【修改】/【三维操作】/【加厚】，启动 THICKEN 命令。选择要加厚的曲面，再输入厚度值，曲面就转化为实体。

11.9 三维移动

用户可以使用 MOVE 命令在三维空间中移动对象，其操作方式与在二维空间中一样，只不过当通过输入距离来移动对象时，必须输入沿 x 轴、y 轴和 z 轴的距离值。

AutoCAD 提供了专门用来在三维空间中移动对象的命令 3DMOVE，该命令还能移动实体的面、边及顶点等子对象（按 Ctrl 键可选择子对象）。3DMOVE 命令的操作方式与 MOVE 命令类似，但前者使用起来更形象、更直观。

三维移动命令的启动方法如下。

- 菜单命令：【修改】/【三维操作】/【三维移动】。
- 面板："常用"选项卡中"修改"面板上的 ⊕ 按钮。
- 命令：3DMOVE 或简写为 3M。

例 11-7

【例 11-7】 使用 3DMOVE 命令移动对象。

（1）打开素材文件 "dwg\第 11 章\11-7.dwg"。如图 11-16 左图所示。

（2）单击"修改"面板上的 ⊕ 按钮，启动 3DMOVE 命令，将对象 A 由基点 B 移动到第二个点 C，再通过输入距离的方式移动对象 D，移动距离为 "40,-50"，结果如图 11-16 右图所示。

（3）重复命令，选择对象 E，按 Enter 键，AutoCAD 显示移动控件，该控件 3 个轴的方向与当前坐标轴的方向一致，如图 11-17 左图所示。

（4）将鼠标指针悬停在小控件的 y 轴上，直至其变为黄色并显示出移动辅助线，单击鼠标左键确认，物体的移动方向被约束到与轴的方向一致。

（5）若将鼠标指针移动到两轴间的矩形边处，直至矩形变成黄色，则表明移动被限制在矩形所在的平面内。

（6）向左下方移动鼠标指针，物体随之移动，输入移动距离 50，结果如图 11-17 右图所示。也可通过单击一点来移动对象。

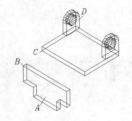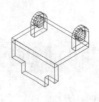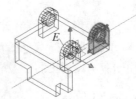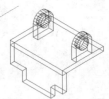

图 11-16　通过指定点或输入距离的方式移动对象　　　图 11-17　用移动控件移动对象

11.10

三维旋转

使用 ROTATE 命令仅能使对象在 xy 平面内旋转，即旋转轴只能是 z 轴。ROTATE3D 及 3DROTATE 命令是 ROTATE 的 3D 版本，这两个命令能使对象绕 3D 空间中的任意轴旋转。此外，ROTATE3D 命令还能旋转实体的表面（按住 Ctrl 键选择实体表面）。下面介绍这两个命令的用法。

三维旋转命令的启动方法如下。

- 菜单命令：【修改】/【三维操作】/【三维旋转】。
- 面板："常用"选项卡中"修改"面板上的 ⊕ 按钮。
- 命令：3DROTATE 或简写为 3R。

【例 11-8】　使用 3DROTATE 命令旋转对象。

（1）打开素材文件 "dwg\第 11 章\11-8.dwg"。

例 11-8

（2）单击"修改"面板上的 ⊕ 按钮，启动 3DROTATE 命令，选择要旋转的对象，按 Enter 键，AutoCAD 显示附着在鼠标指针上的旋转控件，如图 11-18 左图所示，该控件包含表示旋转方向的 3 个辅助圆。

（3）移动光标到 A 点处，并捕捉该点，旋转控件就被放置在此点，如图 11-18 左图所示。

（4）将光标移动到圆 B 处，停住光标直至圆变为黄色，同时出现以圆为回转方向的回转轴，单击鼠标左键确认。回转轴与当前坐标系的坐标轴是平行的，且轴的正方向与坐标轴的正方向一致。

图 11-18　利用辅助工具旋转对象

（5）输入回转角度值 "−90"，结果如图 11-18 右图所示。角度正方向按右手螺旋法则确定。用户也可以单击一点指定回转起点，然后再单击一点指定回转终点。

ROTATE3D 命令没有提供指示回转方向的辅助工具，但使用此命令时，可通过拾取两点来设置回转轴。3DROTATE 命令则不能这样做，而只能沿与当前坐标轴平行的方向来设置回转轴。

【例 11-9】　使用 ROTATE3D 命令旋转 3D 对象。

打开素材文件 "dwg\第 11 章\11-9.dwg"，用 ROTATE3D 命令旋转 3D 对象。

例 11-9

命令：_rotate3d	//输入 ROTATE3D 命令
选择对象：找到 1 个	//选择要旋转的对象
选择对象：	//按 Enter 键

指定轴上的第一个点或定义轴依据[对象（O）/最近的（L）/视图（V）/X 轴（X）/Y 轴（Y）/Z 轴（Z）/两点（2）]：

	//指定旋转轴上的第一个点 A，如图 11-19 右图所示
指定轴上的第二个点：	//指定旋转轴上的第二个点 B
指定旋转角度或[参照（R）]：60	//输入旋转的角度值

结果如图 11-19 右图所示。

使用 ROTATE3D 命令时，用户应注意确定旋转轴的正方向。当旋转轴是坐标轴时，坐标轴的正方向就是旋转轴的正方向。若用户通过两点来指定旋转轴，那么轴的正方向是从第一个选取点指向第二个选取点。

图 11-19　使对象绕一轴旋转

11.11 三维阵列

3DARRAY 命令是二维 ARRAY 命令的 3D 版本。通过此命令，用户可以在三维空间中创建对象的矩形阵列或环形阵列。

三维阵列命令的启动方法如下。

- 菜单命令：【修改】/【三维操作】/【三维阵列】。
- 命令：3DARRAY。

【例 11-10】　使用 3DARRAY 命令创建对象的三维矩形阵列和三维环形阵列。

例 11-10

打开素材文件 "dwg\第 11 章\11-10.dwg"，用 3DARRAY 命令创建矩形及环形阵列。

命令：_3darray	
选择对象：找到 1 个	//选择要阵列的对象，如图 11-20 所示
选择对象：	//按 Enter 键
输入阵列类型[矩形（R）/环形（P）] <矩形>：	//指定矩形阵列
输入行数　（---）<1>：2	//输入行数，行的方向平行于 x 轴
输入列数　（|||）<1>：3	//输入列数，列的方向平行于 y 轴
输入层数　（...）<1>：3	//指定层数，层数表示沿 z 轴方向的分布数目
指定行间距　（---）：50	//输入行间距，如果输入负值，阵列方向将沿 x 轴的反方向
指定列间距　（|||）：80	//输入列间距，如果输入负值，阵列方向将沿 y 轴的反方向
指定层间距　（...）：120	//输入层间距，如果输入负值，阵列方向将沿 z 轴的反方向

启动 HIDE 命令，结果如图 11-20 所示。

如果选择 "环形（P）" 选项，就能建立环形阵列，AutoCAD 提示如下。

```
输入阵列中的项目数目：6                    //输入环形阵列的数目
指定要填充的角度 （+=逆时针，-=顺时针）<360>：
                                        //输入环行阵列的角度值，可以输入正值或负值，角度正
方向由右手螺旋法则确定
旋转阵列对象？[是（Y）/否（N）]<是>：      //按 Enter 键，则阵列的同时还旋转对象
指定阵列的中心点：                       //指定旋转轴的第一个点 A，如图 11-21 所示
指定旋转轴上的第二点：                    //指定旋转轴的第二个点 B
```

启动 HIDE 命令，结果如图 11-21 所示。

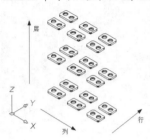

图 11-20　三维矩形阵列

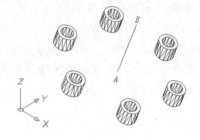

图 11-21　三维环形阵列

旋转轴的正方向是从第一个指定点指向第二个指定点，沿该方向伸出大拇指，则其他 4 个手指的弯曲方向就是旋转角的正方向。

11.12 三维镜像

如果镜像线是当前坐标系 *xy* 平面内的直线，则使用常见的 MIRROR 命令就可对 3D 对象进行镜像复制。但若想以某个平面作为镜像平面来创建 3D 对象的镜像复制，就必须使用 MIRROR3D 命令。如图 11-22 所示，把 *A*、*B*、*C* 点定义的平面作为镜像平面，对实体进行镜像。

三维镜像命令的启动方法如下。

* 菜单命令：【修改】/【三维操作】/【三维镜像】。
* 面板："常用"选项卡中"修改"面板上的 按钮。
* 命令：MIRROR3D。

【例 11-11】 使用 MIRROR3D 命令创建对象的三维镜像。

打开素材文件 "dwg\第 11 章\11-11.dwg"，用 MIRROR3D 命令创建对象的三维镜像。

例 11-11

```
命令：_mirror3d
选择对象：找到 1 个              //选择要镜像的对象
选择对象：                      //按 Enter 键
指定镜像平面 （三点）的第一个点或[对象（O）/最近的（L）/Z 轴（Z）/视图（V）/XY 平面（XY）/YZ 平
面（YZ）/ZX 平面（ZX）/三点（3）]<三点>：
                              //利用 3 点指定镜像平面，捕捉第一个点 A，如图 11-22 左图所示
```

在镜像平面上指定第二个点：	//捕捉第二个点 B
在镜像平面上指定第三个点：	//捕捉第三个点 C
是否删除源对象？[是（Y）/否（N）]＜否＞：	//按 Enter 键不删除源对象

结果如图 11-22 右图所示。

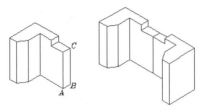

图 11-22　三维镜像

11.13
三维倒圆角及倒角

FILLET、CHAMFER 命令可以对二维对象倒圆角及倒角，它们的用法已在第 3 章中介绍过。对于三维实体，用户同样可以用这两个命令创建圆角和倒角，但此时的操作方式与二维绘图时略有不同。

【例 11-12】　在 3D 空间使用 FILLET、CHAMFER 命令。

打开素材文件 "dwg\第 11 章\11-12.dwg"，用 FILLET、CHAMFER 命令给 3D 对象倒圆角及倒角。

例 11-12

命令：_fillet	
选择第一个对象或[放弃（U）/多段线（P）/半径（R）/修剪（T）/多个（U）]：	
	//选择棱边 A，如图 11-23 左图所示
输入圆角的半径或[表达式（E）]＜10.0000＞：15	//输入圆角的半径
选择边或[链（C）/环（L）/半径（R）]：	//选择棱边 B
选择边或[链（C）/环（L）/半径（R）]：	//选择棱边 C
选择边或[链（C）/环（L）/半径（R）]：	//按 Enter 键结束
命令：_chamfer	
选择第一条直线或[放弃（U）/多段线（P）/距离（D）/角度（A）/修剪（T）/方式（E）/多个（M）]：	
	//选择棱边 E，如图 11-23 左图所示
基面选择...	//平面 D 高亮显示，该面是倒角基面
输入曲面选择选项[下一个（N）/当前（OK）]＜当前＞：	//按 Enter 键
指定基面的倒角距离或[表达式（E）]＜15.0000＞：10	//输入基面内的倒角距离
指定其他曲面的倒角距离或[表达式（E）]＜10.0000＞：30	//输入另一个平面内的倒角距离
选择边或[环（L）]：	//选择棱边 E
选择边或[环（L）]：	//选择棱边 F
选择边或[环（L）]：	//选择棱边 G
选择边或[环（L）]：	//选择棱边 H
选择边或[环（L）]：	//按 Enter 键结束

结果如图 11-23 右图所示。

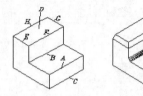

图 11-23　三维倒圆角及倒角

11.14

编辑实体的表面

用户除了可对实体进行倒角、阵列、镜像及旋转等操作外，还能编辑实体模型的表面。常用的表面编辑功能主要包括拉伸面、旋转面、压印、抽壳等。

11.14.1　拉伸面

AutoCAD 可以根据指定的距离拉伸面或将面沿某条路径进行拉伸。拉伸时，如果是输入拉伸距离值，那么还可以输入锥角，这样将使拉伸所形成的实体锥化。图 11-24 所示为将实体表面按指定的距离、锥角及沿路径进行拉伸的示例。

【例 11-13】　拉伸面。

（1）打开素材文件"dwg\第 11 章\11-13.dwg"，利用 SOLIDEDIT 命令拉伸实体表面。

（2）单击"实体编辑"面板上的 拉伸面 按钮，AutoCAD 主要提示如下。

例 11-13

```
命令：_solidedit
选择面或[放弃（U）/删除（R）]：找到一个面。            //选择实体表面 A，如图 11-24 左上图所示
选择面或[放弃（U）/删除（R）/全部（ALL）]：            //按 Enter 键
指定拉伸高度或[路径（P）]：50                         //输入拉伸的距离
指定拉伸的倾斜角度 <0>：5                             //指定拉伸的锥角
```

结果如图 11-24 右上图所示。

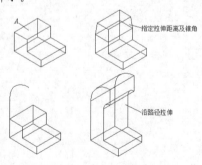

图 11-24　拉伸实体表面

11.14.2　旋转面

通过旋转实体的表面就可改变面的倾斜角度，或者将一些结构特征（如孔、槽等）旋转到新的方位。如图 11-25 所示，将 A 面的倾斜角修改为 120°，并把槽旋转 90°。

在旋转面时，用户可通过拾取两点、选择某条直线或设定旋转轴平行于坐标轴等方法来指定旋转轴。另外，应注意确定旋转轴的正方向。

例 11-14

【例 11-14】　旋转面。

（1）打开素材文件"dwg\第 11 章\11-14.dwg"，利用 SOLIDEDIT 命令旋转实体表面。

（2）单击"实体编辑"面板上的 ⌐ 旋转面 按钮，AutoCAD 主要提示如下。

```
命令: _solidedit
选择面或[放弃(U)/删除(R)]: 找到一个面。        //选择表面 A，如图 11-25 左图所示
选择面或[放弃(U)/删除(R)/全部(ALL)]:          //按 Enter 键
指定轴点或[经过对象的轴(A)/视图(V)/X轴(X)/Y轴(Y)/Z轴(Z)] <两点>:
                                              //捕捉旋转轴上的第一个点 D
在旋转轴上指定第二点:                           //捕捉旋转轴上的第二个点 E
指定旋转角度或[参照(R)]: -30                    //输入旋转角度
```

结果如图 11-25 右图所示。

图 11-25　旋转面

11.14.3　压印

压印（Imprint）可以把圆、直线、多段线、样条曲线、面域及实心体等对象压印到三维实体上，使其成为实体的一部分。用户必须使被压印的几何对象在实体表面内或与实体表面相交，压印操作才能成功。压印时，AutoCAD 将创建新的表面，该表面以被压印的几何图形及实体的棱边作为边界，用户可以对生成的新面进行拉伸和旋转等操作。如图 11-26 所示，将圆压印在实体上，并将新生成的面向上拉伸。

【例 11-15】　压印。

（1）打开素材文件"dwg\第 11 章\11-15.dwg"，压印对象。

（2）单击"实体编辑"面板上的 ⌐ 压印 按钮，AutoCAD 主要提示如下。

```
选择三维实体:                        //选择实体模型
选择要压印的对象:                     //选择圆 A，如图 11-26 左图所示
是否删除源对象? <N>: y                //删除圆 A
选择要压印的对象:                     //按 Enter 键
```

（3）单击 图拉伸面 按钮，AutoCAD 主要提示如下。

选择面或[放弃（U）/删除（R）]：找到一个面。	//选择表面 B，如图 11-26 中图所示
选择面或[放弃（U）/删除（R）/全部（ALL）]：	//按 Enter 键
指定拉伸高度或[路径（P）]：10	//输入拉伸高度
指定拉伸的倾斜角度 <0>：	//按 Enter 键

结果如图 11-26 右图所示。

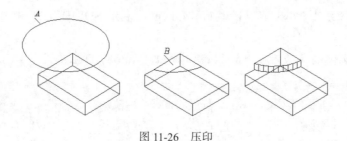

图 11-26　压印

11.14.4　抽壳

用户可以利用抽壳的方法将一个实体模型生成一个空心的薄壳体。在使用抽壳功能时，要先指定壳体的厚度，然后 AutoCAD 把现有的实体表面偏移指定的厚度值，以形成新的表面，这样原来的实体就变为一个薄壳体。如果指定正的厚度值，AutoCAD 就在实体内部创建新面，否则在实体的外部创建新面。另外，在抽壳操作过程中还能将实体的某些面去除，以形成开口的薄壳体。图 11-27 右图所示为把实体进行抽壳并去除其顶面的结果。

【例 11-16】　抽壳。

（1）打开素材文件 "dwg\第 11 章\11-16.dwg"，利用 SOLIDEDIT 命令创建一个薄壳体。

（2）单击"实体编辑"面板上的 图抽壳 按钮，AutoCAD 主要提示如下。

例 11-16

选择三维实体：	//选择要抽壳的对象
删除面或[放弃（U）/添加（A）/全部（ALL）]：找到一个面，已删除 1 个	
	//选择要删除的表面 A，如图 11-27 左图所示
删除面或[放弃（U）/添加（A）/全部（ALL）]：	//按 Enter 键
输入抽壳偏移距离：10	//输入壳体厚度

结果如图 11-27 右图所示。

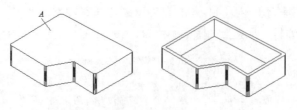

图 11-27　抽壳

11.15 与实体显示有关的系统变量

与实体显示有关的系统变量有 3 个：ISOLINES、FACETRES 及 DISPSILH，分别介绍如下。

- ISOLINES：用于设定实体表面网格线的数量，如图 11-28 所示。
- FACETRES：用于设置实体消隐或渲染后的表面网格密度。此变量值的范围为 0.01 ~ 10.0，值越大表明网格越密，消隐或渲染后表面越光滑，如图 11-29 所示。
- DISPSILH：用于控制消隐时是否显示出实体表面网格线。若此变量值为 0，则显示网格线；变量值为 1 时，不显示网格线，如图 11-30 所示。

（a）ISOLINES=10 （b）ISOLINES=30

图 11-28　ISOLINES 变量

（a）FACETRES=1.0 （b）FACETRES=10.0

图 11-29　FACETRES 变量

（a）DISPSILH=0 （b）DISPSILH=1

图 11-30　DISPSILH 变量

11.16 用户坐标系

在默认的情况下，AutoCAD 坐标系是世界坐标系，是一个固定坐标系。用户也可在三维空间中建立自己的坐标系（UCS），该坐标系是一个可变动的坐标系，坐标轴正方向按右手螺旋法则确定。三维绘图时，UCS 坐标系特别有用，因为用户可以在任意位置、沿任意方向建立 UCS，从而使得三维绘图变得更加容易。

在 AutoCAD 中，多数 2D 命令只能在当前坐标系的 *xy* 平面或与 *xy* 平面平行的平面内执行。若用户想在 3D 空间的某一个平面内使用 2D 命令，则应在此平面位置上创建新的 UCS。

【例 11-17】　在三维空间中创建坐标系。

（1）打开素材文件 "dwg\第 11 章\11-17.dwg"。

（2）改变坐标原点。输入 UCS 命令，AutoCAD 提示如下。

例 11-17

```
命令：UCS
指定 UCS 的原点或 [面（F）/命名（NA）/对象（OB）/上一个（P）/视图（V）/世界（W）/X/Y/Z/Z 轴（ZA）]
<世界>：                          //捕捉 A 点
指定 X 轴上的点或 <接受>：          //按 Enter 键
```

结果如图 11-31 所示。

（3）将 UCS 坐标系绕 x 轴旋转 90°。

命令:UCS
指定 UCS 的原点或 [面（F）/命名（NA）/对象（OB）/上一个（P）/视图（V）/世界（W）/X/Y/Z/Z 轴（ZA）]
<世界>: x   //使用"x"选项
指定绕 X 轴的旋转角度 <90>: 90   //输入旋转角度

结果如图 11-32 所示。

（4）利用三点定义新坐标系。

命令:UCS
指定 UCS 的原点或 [面（F）/命名（NA）/对象（OB）/上一个（P）/视图（V）/世界（W）/X/Y/Z/Z 轴（ZA）]
<世界>: end 于   //捕捉 B 点
指定 X 轴上的点或 <接受>: end 于   //捕捉 C 点
指定 XY 平面上的点或 <接受>: end 于   //捕捉 D 点

结果如图 11-33 所示。

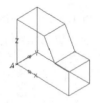

图 11-31　改变坐标原点

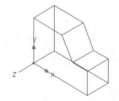

图 11-32　旋转坐标系

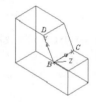

图 11-33　用三点定义新坐标系

除了可以用 UCS 命令改变坐标系外，也可以打开动态 UCS 功能，使 UCS 坐标系的 xy 平面在绘图过程中自动与某一个平面对齐。按 F6 键或按下状态栏上的 按钮，即可打开动态 UCS 功能。启动二维或三维绘图命令，将光标移动到要绘图的实体面，该实体面亮显，表明坐标系的 xy 平面临时与实体面对齐，绘制的对象将处于此面内。绘图完成后，UCS 坐标系又返回到原来状态。

11.17 利用布尔运算构建复杂实体模型

前面已经介绍了如何生成基本三维实体及怎样由二维对象转换得到三维实体。本节介绍如何将这些简单的实体放在一起，然后进行布尔运算，构建出复杂的三维模型。

布尔运算包括并集、差集和交集。

- 并集操作：UNION 命令将两个或多个实体合并在一起，形成新的单一实体。操作对象既可以是相交的，也可以是分离开的。

- 差集操作：SUBTRACT 命令将实体构成的一个选择集从另一个选择集中减去。操作时，用户首先选择被减对象，构成第一个选择集，然后选择要减去的对象，构成第二个选择集。操作结果是第一个选择集减去第二个选择集后形成的新对象。

- 交集操作：INTERSECT 命令创建由两个或多个实体重叠部分构成的新实体。

例 11-18

【例 11-18】 并集操作。

（1）打开素材文件 "dwg\第 11 章\11-18.dwg"，用 UNION 命令进行并运算。

（2）单击"实体编辑"面板上的⬭按钮或输入 UNION 命令，AutoCAD 提示如下。

```
命令：_union
选择对象：找到 2 个        //选择圆柱体及长方体，如图 11-34 左图所示
选择对象：                //按 Enter 键
```

结果如图 11-34 右图所示。

【例 11-19】 差集操作。

（1）打开素材文件 "dwg\第 11 章\11-19.dwg"，用 SUBTRACT 命令进行差运算。

（2）单击"实体编辑"面板上的⬭按钮或输入 SUBTRACT 命令，AutoCAD 提示如下。

例 11-19

图 11-34 并集操作

```
命令：_subtract
选择对象：找到 1 个        //选择长方体，如图 11-35 左图所示
选择对象：                //按 Enter 键
选择对象：找到 1 个        //选择圆柱体
选择对象：                //按 Enter 键
```

结果如图 11-35 右图所示。

【例 11-20】 交集操作。

（1）打开素材文件 "dwg\第 11 章\11-20.dwg"，用 INTERSECT 命令进行交运算。

（2）单击"实体编辑"面板上的⬭按钮或输入 INTERSECT 命令，AutoCAD 提示如下。

例 11-20

```
命令：_intersect
选择对象：                //选择圆柱体和长方体，如图 11-36 左图所示
选择对象：                //按 Enter 键
```

结果如图 11-36 右图所示。

图 11-35 差集操作

图 11-36 交集操作

【例 11-21】 绘制图 11-37 所示的支撑架实体模型，通过此例来演示三维建模的过程。

（1）创建一个新图形。

（2）选取菜单命令【视图】/【三维视图】/【东南等轴测】，切换到东南轴测视图。在 xy 平面绘制底板的轮廓形状，并将其创建成面域，如图 11-38 所示。

例 11-21

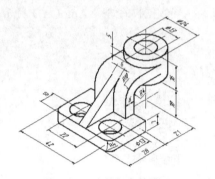

图 11-37 支撑架实体模型

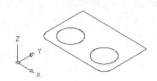

图 11-38 绘制底板的轮廓形状并创建面域

（3）拉伸面域形成底板的实体模型，结果如图 11-39 所示。

（4）建立新的用户坐标系，在 xy 平面内绘制弯板及三角形筋板的二维轮廓，并将其创建成面域，如图 11-40 所示。

（5）拉伸面域 A、B，形成弯板及筋板的实体模型，结果如图 11-41 所示。

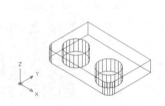

图 11-39 拉伸面域

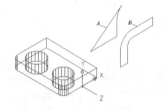

图 11-40 绘制弯板及筋板等

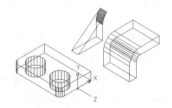

图 11-41 拉伸面域 A、B

（6）用 MOVE 命令将弯板及筋板移动到正确的位置，结果如图 11-42 所示。

（7）建立新的用户坐标系，如图 11-43 左图所示。再绘制两个圆柱体，结果如图 11-43 右图所示。

（8）合并底板、弯板、筋板及大圆柱体，使其成为单一实体，然后从该实体中去除小圆柱体，结果如图 11-44 所示。

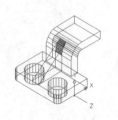

图 11-42 移动弯板及筋板

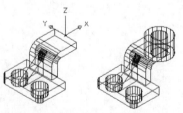

图 11-43 创建新坐标系及绘制圆柱体

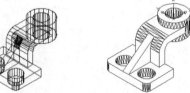

图 11-44 执行并运算及差运算

【例 11-22】 绘制图 11-45 所示的轴架实体模型。

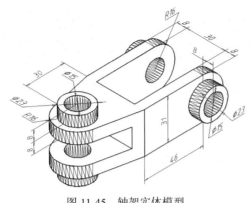

图 11-45 轴架实体模型

例 11-22

11.18 实体建模综合练习

读者可通过例 11-23 和例 11-24 进行实体建模综合练习。

【例 11-23】 绘制图 11-46 所示的立体的实体模型。

主要作图步骤如图 11-47 所示。

例 11-23

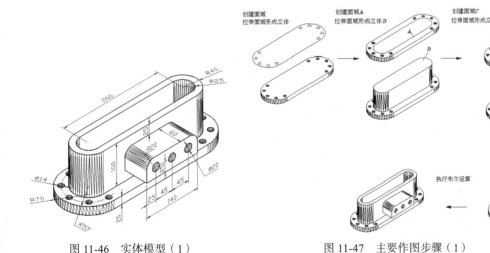

图 11-46 实体模型（1）　　　图 11-47 主要作图步骤（1）

【例 11-24】 绘制图 11-48 所示的立体的实体模型。

主要作图步骤如图 11-49 所示。

例 11-24

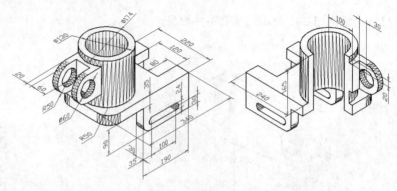

图 11-48　实体模型（2）

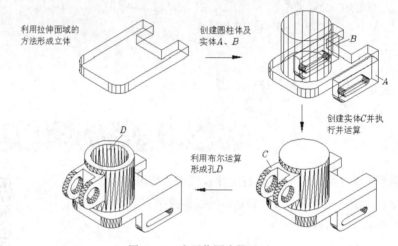

图 11-49　主要作图步骤（2）

操作与练习

1. 绘制图 11-50 所示的立体的实心体模型。
2. 绘制图 11-51 所示的平面立体的实心体模型。

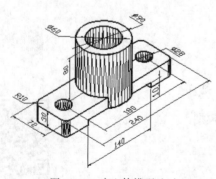

图 11-50　实心体模型（1）

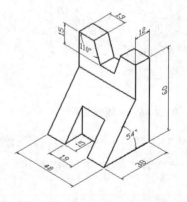

图 11-51　平面立体的实心体模型

3. 绘制图 11-52 所示的曲面立体的实心体模型。
4. 绘制图 11-53 所示的立体的实心体模型。

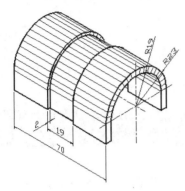

图 11-52　曲面立体的实心体模型

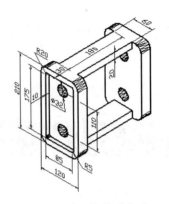

图 11-53　实心体模型（2）

5. 绘制图 11-54 所示的立体的实心体模型。
6. 绘制图 11-55 所示的立体的实心体模型。

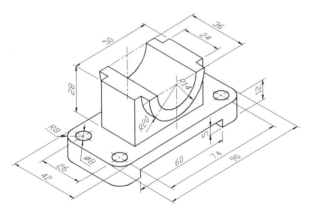

图 11-54　实心体模型（3）

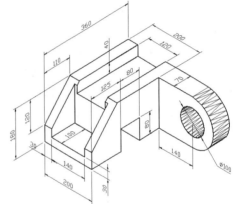

图 11-55　实心体模型（4）

第12章

打印图形

图形设计的最后一步是出图打印，通常意义上的打印是把图形打印在图纸上。在 AutoCAD 中，用户也可以生成一份电子图纸，以便在互联网上访问。打印图形的关键问题之一是打印比例。图样是按 1∶1 的比例绘制的，输出图形时，需考虑选用图纸的幅面大小及图形的缩放比例，有时还要调整图形在图纸上的位置及方向等。

通过对本章的学习，读者可以掌握从模型空间打印图形的方法，并学会如何将多个图样布置在一起打印的技巧。

【学习目标】

- 指定打印设备，设置打印设备的参数。
- 打印样式的基本概念。
- 选择图纸幅面，设定打印区域。
- 调整打印方向和位置，输入打印比例。
- 将小幅面图纸组合成大幅面图纸进行打印。

12.1 打印图形的过程

在模型空间中将工程图样布置在标准幅面的图框内，标注尺寸及书写文字后，就可以输出图形了。输出图形的主要过程如下。

（1）指定打印设备。打印设备可以是 Windows 系统打印机，也可以是 AutoCAD 内部的打印机。

（2）选择图纸幅面及打印份数。

（3）设定要输出的内容。例如，可指定将某一个矩形区域的内容输出，或者将包围所有图形的最大矩形区域输出。

（4）调整图形在图纸上的位置及方向。

（5）选择打印样式，详见 12.2.2 小节。若不指定打印样式，则按对象的原有属性进行打印。

（6）设定打印比例。

（7）预览打印效果。

【例12-1】 从模型空间打印图形。

例12-1

（1）打开素材文件 "dwg\第12章\12-1.dwg"。

（2）选取菜单命令【文件】/【绘图仪管理器】，打开 "Plotters" 界面，利用该界面的 "添加绘图仪向导" 配置一台绘图仪 "DesignJet 450C C4716A"。

（3）选取菜单命令【文件】/【打印】，打开 "打印" 对话框，如图12-1所示。在该对话框中完成以下设置。

- 在 "打印机/绘图仪" 分组框的 "名称" 下拉列表中选择打印设备 "DesignJet 450C C4716A.pc3"。
- 在 "图纸尺寸" 下拉列表中选择A2幅面图纸。
- 在 "打印份数" 文本框中输入打印份数。
- 在 "打印范围" 下拉列表中选择 "范围" 选项。
- 在 "打印比例" 分组框中设置打印比例为 "1∶5"。
- 在 "打印偏移" 分组框中指定打印原点为（80,40）。
- 在 "图形方向" 分组框中设定图形打印方向为 "横向"。
- 在 "打印样式表" 下拉列表中选择打印样式 "monochrome.ctb"（将所有颜色打印为黑色）。

（4）单击 预览(P)... 按钮，预览打印效果，如图12-2所示。若满意，单击 🖶 按钮开始打印，否则按 Esc 键返回 "打印" 对话框，重新设定打印参数。

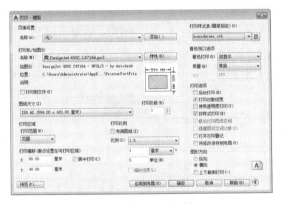

图12-1 "打印" 对话框

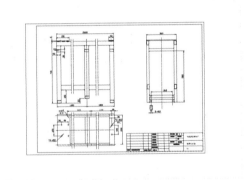

图12-2 预览打印效果

12.2

设置打印参数

在AutoCAD中，用户可使用内部打印机或Windows系统打印机输出图形，并能方便地修改打印机设置及其他打印参数。选取菜单命令【文件】/【打印】，AutoCAD打开 "打印" 对话框，如图12-3所示。在该对话框中可配置打印设备及选择打印样式，还能设定图纸幅面、打印比例、打印区域等参数。下面介绍该对话框的主要功能。

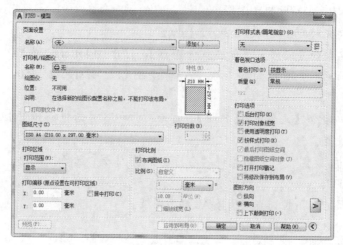

图 12-3 "打印"对话框

12.2.1 选择打印设备

在"打印机/绘图仪"的"名称"下拉列表中，用户可选择 Windows 系统打印机或 AutoCAD 内部打印机（".pc3"文件）作为输出设备。请读者注意，这两种打印机名称前的图标是不一样的。当用户选定某种打印机后，"名称"下拉列表下面将显示被选中设备的名称、连接端口及其他有关打印机的注释信息。

如果用户想修改当前打印机设置，可单击 特性(R)... 按钮，打开"绘图仪配置编辑器"对话框，如图 12-4 所示。在该对话框中，用户可以重新设定打印机端口及其他输出设置，如打印介质、图形、物理笔配置、自定义特性、校准及自定义图纸尺寸等。

图 12-4 "绘图仪配置编辑器"对话框

"绘图仪配置编辑器"对话框包含"基本""端口"及"设备和文档设置"3 个选项卡，各选项卡的功能介绍如下。

- "常规"：该选项卡包含打印机配置文件（".pc3"文件）的基本信息，如配置文件名称、驱动程序信息、打印机端口等。用户可在此选项卡的"说明"列表框中加入其他注释信息。
- "端口"：通过此选项卡，用户可修改打印机与计算机的连接设置，如选定打印端口、指定打印到文件、后台打印等。

 若使用后台打印，则允许用户在打印的同时运行其他应用程序。

- "设备和文档设置"：在该选项卡中用户可以指定图纸的来源、尺寸和类型，并能修改颜色深度、打印分辨率等。

12.2.2　使用打印样式

在"打印"对话框的"打印样式表"下拉列表中选择打印样式，如图 12-5 所示。打印样式是对象的一种特性，与颜色、线型一样，用于修改打印图形的外观。若为某个对象选择了一种打印样式，则输出图形后，对象的外观由样式决定。AutoCAD 提供了几百种打印样式，并将其组合成一系列打印样式表。

图 12-5　"打印样式表"分组框

打印样式表有以下两种类型。

- 颜色相关打印样式表：颜色相关打印样式表以 ".ctb" 为文件扩展名保存。该表以对象颜色为基础，共包含 255 种打印样式，每种 ACI 颜色对应一个打印样式，样式名分别为 "颜色 1" "颜色 2" 等。用户不能添加或删除颜色相关的打印样式，也不能改变它们的名称。若当前图形文件与颜色相关打印样式表相连，则系统自动根据对象的颜色分配打印样式。用户不能选择其他打印样式，但可以对已分配的样式进行修改。
- 命名相关打印样式表：命名相关打印样式表以 ".stb" 为文件扩展名保存。该表包括一系列已命名的打印样式，用户可以修改打印样式的设置及其名称，还可以添加新的样式。若当前图形文件与命名相关打印样式表相连，则用户可以不考虑对象的颜色，直接给对象指定样式表中的任意一种打印样式。

"打印样式表"下拉列表中包含了当前图形中的所有打印样式表，用户可选择其中之一。若要修改打印样式，单击此下拉列表右边的 █ 按钮，打开"打印样式表编辑器"对话框，利用该对话框可以查看或改变当前打印样式表中的参数。

 选取菜单命令【文件】/【打印样式管理器】，打开 "Plot Styles" 界面。该界面中包含打印样式文件及创建新打印样式的快捷方式，单击此快捷方式就能创建新打印样式。

AutoCAD 新建的图形处于"颜色相关"模式或"命名相关"模式下，这和创建图形时选择的样板文件有关。若是采用无样板方式新建图形，则可事先设定新图形的打印样式模式。发出 OPTIONS 命令，系统打开"选项"对话框，进入"打印和发布"选项卡，再单击 █████打印样式表设置(S)...█████ 按钮，打开"打印样式表设置"对话框，如图 12-6 所示。通过该对话框设置新图形的默认打印样式模式。当选择"使用命名打印样式"单选项并指定打印样式表后，用户还可从样式表中选取对象或图层 0 所采用的默认打印样式。

图 12-6　"打印样式表设置"对话框

12.2.3　选择图纸幅面

在"打印"对话框的"图纸尺寸"下拉列表中指定图纸大小，如图 12-7 所示。"图纸尺寸"下拉列表中包含了选定打印设备可用的标准图纸尺寸。当选择某种幅面图纸时，该列表右上角出现所选图纸及实际打印范围的预览图像（打印范围用阴影表示出来，可在"打印区域"分组

框中设定）。将光标移动到图像上面，在光标位置处就
显示出精确的图纸尺寸及图纸上可打印区域的尺寸。

图纸尺寸(Z)

ISO A4 (210.00 x 297.00 毫米)

图 12-7　"图纸尺寸"下拉列表

除了从"图纸尺寸"下拉列表中选择标准图纸外，
用户也可以创建自定义的图纸。此时，用户需修改所选打印设备的配置。

【例 12-2】　创建自定义图纸。

（1）在"打印"对话框的"打印机/绘图仪"分组框中单击 特性(R)...
按钮，打开"绘图仪配置编辑器"对话框，在"设备和文档设置"选项
卡中选择"自定义图纸尺寸"选项，如图 12-8 所示。

例 12-2

（2）单击 添加(A)... 按钮，打开"自定义图纸尺寸"对话框，如图 12-9 所示。

（3）连接单击 下一步(N) > 按钮，并根据 AutoCAD 的提示设置图纸参数，最后单击 完成(F)
按钮结束。

图 12-8　"设备和文档设置"选项卡

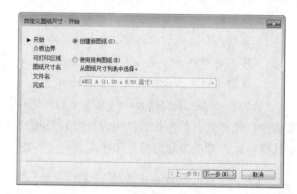

图 12-9　"自定义图纸尺寸"对话框

（4）返回"打印"对话框，AutoCAD 将在"图纸尺寸"下拉列表中显示自定义的图纸
尺寸。

12.2.4　设定打印区域

在"打印"对话框的"打印区域"分组框中设置要输出的图形范围，如图 12-10 所示。

该分组框的"打印范围"下拉列表中包含 4 个选项，用户可利用如图 12-11 所示的图样了
解它们的功能。

　在"草图设置"对话框中取消对"自适应栅格"及"显示超出界限的栅格"复选
项的选择，界面中才出现如图 12-11 所示的栅格。

- **【图形界限】**：从模型空间打印时，"打印范围"下拉列表将列出"图形界限"选项。选
  择该选项，系统就把设定的图形界限范围（用 LIMITS 命令设置图形界限）打印在图纸
  上，如图 12-12 所示。

从图纸空间打印时，"打印范围"下拉列表将列出"布局"选项。选取该选项，系统将打印
虚拟图纸可打印区域内的所有内容。

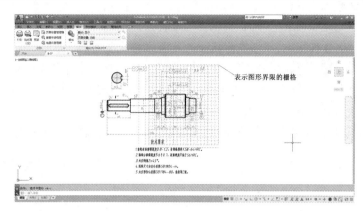

图 12-10　"打印区域"分组框　　　　　　图 12-11　设置打印区域

- ● 【范围】：打印图样中的所有图形对象，如图 12-13 所示。
- ● 【显示】：打印整个图形窗口，如图 12-14 所示。

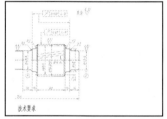　　　　　　　　　　　　　　　　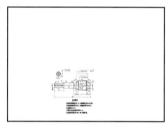

图 12-12　应用"图形界限"选项　　　图 12-13　应用"范围"选项　　　图 12-14　应用"显示"选项

- ● 【窗口】：打印用户自己设定的区域。选择此选项后，系统提示指定打印区域的两个角点，同时在"打印"对话框中显示 [窗口(O)<] 按钮，单击此按钮，可重新设定打印区域。

12.2.5　设定打印比例

在"打印"对话框的"打印比例"分组框中设置出图比例，如图 12-15 所示。用户在绘制阶段根据实物按 1∶1 比例绘图，出图阶段则需要依据图纸尺寸确定打印比例，该比例是图纸尺寸单位与图形单位的比值。当测量单位为 mm，打印比例设定为 1∶2 时，表示图纸上的 1mm 代表两个图形单位。

"比例"下拉列表中包含了一系列标准缩放比例值。此外，还有"自定义"选项，该选项使用户可以指定打印比例。

从模型空间打印时，"打印比例"的默认设置是"布满图纸"。

图 12-15　"打印比例"分组框

此时，系统将缩放图形以充满所选定的图纸。

12.2.6　调整图形打印方向和位置

图形在图纸上的打印方向通过"图形方向"分组框中的选项调整，如图 12-16 所示。该分组框包含一个图标，此图标表明图纸的放置方向，图标中的字母代表图形在图纸上的打印方向。

"图形方向"包含以下 3 个选项。

- 【纵向】：图形在图纸上的放置方向是水平的。
- 【横向】：图形在图纸上的放置方向是竖直的。
- 【上下颠倒打印】：使图形颠倒打印，此选项可与【纵向】【横向】结合使用。

图形在图纸上的打印位置由"打印偏移"分组框中的选项确定，如图 12-17 所示。默认情况下，AutoCAD 从图纸左下角打印图形。打印原点处在图纸左下角位置，坐标是（0,0），用户可在"打印偏移"分组框中设定新的打印原点，这样图形在图纸上将沿 x 轴和 y 轴移动。

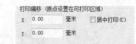

图 12-16 "图形方向"分组框   图 12-17 "打印偏移"分组框

该分组框包含以下 3 个选项。

- 【居中打印】：在图纸正中间打印图形（自动计算 x 和 y 的偏移值）。
- 【X】：指定打印原点在 x 轴方向的偏移值。
- 【Y】：指定打印原点在 y 轴方向的偏移值。

 如果用户不能确定打印机如何确定原点，可试着改变打印原点的位置并预览打印结果，然后根据图形的移动距离推测原点位置。

12.2.7 预览打印效果

打印参数设置完成后，用户可通过打印预览观察图形的打印效果。如果设置不合适，用户可以重新进行调整，以免浪费图纸。

单击"打印"对话框下面的 预览(P)... 按钮，AutoCAD 显示实际的打印效果。由于系统要重新生成图形，因此对于复杂图形需耗费较多的时间。

预览时，鼠标光标变成"🔍"，用户可以进行实时缩放操作。查看完毕后，按 Esc 键或 Enter 键，返回"打印"对话框。

12.2.8 保存打印设置

用户选择打印设备并设置打印参数（图纸幅面、比例、方向等）后，可以将所有这些参数保存在页面设置中，以便以后使用。

在"打印"对话框"页面设置"分组框的"名称"下拉列表中显示了所有已命名的页面设置。若要保存当前页面设置就单击该列表右边的 添加(.)... 按钮，打开"添加页面设置"对话框，如图 12-18 所示。在该对话框的"新页面设置名"文本框中输入页面名称，然后单击 确定(O) 按钮，存储页面设置。

用户也可以从其他图形中输入已定义的页面设置。在"页面设置"分组框的"名称"下拉列表中选择"输入"选项，打开"从文件选择页面设置"对话框，选择并打开所需的图形文件，打开"输入页面设置"对话框，如图 12-19 所示。该对话框显示图形文件中包含的页面设置，选择其中之一，单击 确定(O) 按钮完成。

图 12-19 "输入页面设置"对话框

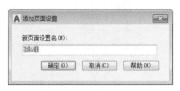

图 12-18 "添加页面设置"对话框

12.3 添加打印设备及打印图形实例

前面几节介绍了许多有关打印方面的知识，下面介绍两个相关的实例。

【例 12-3】 添加 AutoCAD 绘图仪。

（1）选择菜单命令【文件】/【绘图仪管理器】，打开 "Plotters" 界面，该界面显示了在 AutoCAD 中已安装的所有绘图仪，再双击 "添加绘图仪向导" 图标，打开 "添加绘图仪" 对话框。

（2）单击 下一步(N) > 按钮，打开 "添加绘图仪-开始" 对话框，在此对话框中设置新绘图仪的类型，选择【我的电脑】单选项，如图 12-20 所示。

例 12-3

（3）单击 下一步(N) > 按钮，打开 "添加绘图仪-绘图仪型号" 对话框，如图 12-21 所示。在 "生产商" 列表框中选择绘图仪的制造商 "HP"，在 "型号" 列表框中指定绘图仪的型号为 "DesignJet 430 C4713A"。

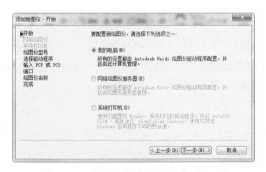

图 12-20 "添加绘图仪-开始"对话框

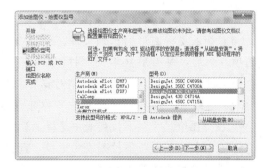

图 12-21 "添加绘图仪-绘图仪型号"对话框

（4）单击 下一步(N) > 按钮，打开 "添加绘图仪-输入 PCP 或 PC2" 对话框，如图 12-22 所示。若用户想使用 AutoCAD 早期版本的打印机配置文件（".pcp" 或 ".pc2" 文件），可以单击 输入文件(I)... 按钮，然后输入这些文件。

（5）单击 下一步(N) > 按钮，打开"添加绘图仪-端口"对话框，如图 12-23 所示，选择"打印到端口"单选项，然后在列表框中指定输出到绘图仪的端口。

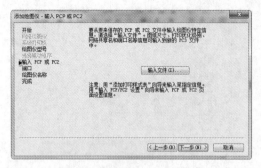

图 12-22 "添加绘图仪-输入 PCP 或 PC2"对话框　　　　图 12-23 "添加绘图仪-端口"对话框

（6）单击 下一步(N) > 按钮，打开"添加绘图仪-绘图仪名称"对话框，如图 12-24 所示。在"绘图仪名称"文本框中列出了绘图仪的名称，用户可在此文本框中输入新的名称。

（7）单击 下一步(N) > 按钮，再单击 完成(F) 按钮，新添加的绘图仪即可出现在"Plotters"界面中。

图 12-24 "添加绘图仪-绘图仪名称"对话框

【例 12-4】 添加打印设备及打印图形。

（1）打开素材文件"dwg\第 12 章\12-4.dwg"。

（2）选取菜单命令【文件】/【打印】，打开"打印"对话框，如图 12-25 所示。

（3）如果想使用以前创建的页面设置，就在"页面设置"分组框的"名称"下拉列表中选择它。

例 12-4

（4）在"打印机/绘图仪"分组框的"名称"下拉列表中指定打印设备。若要修改打印机特性，可单击下拉列表右边的 特性(R)... 按钮，打开"绘图仪配置编辑器"对话框。通过该对话框用户可修改打印机端口、介质类型，还可自定义图纸的大小。

（5）在"打印份数"分组框的文本框中输入打印份数。

（6）如果要将图形输出到文件，则应在"打印机/绘图仪"分组框中选择"打印到文件"复选项。此后，每当用户单击"打印"对话框中的 确定 按钮时，AutoCAD 就打开"浏览打印文件"对话框，用户通过该对话框指定输出文件的名称及地址。

（7）继续在"打印"对话框中作以下设置。

- 在"图纸尺寸"下拉列表中选择 A3 图纸。
- 在"打印范围"下拉列表中选择"范围"选项。
- 设定打印比例为 1∶1.5。
- 设定图形打印方向为"横向"。
- 指定打印原点为"居中打印"。
- 在"打印样式表"分组框的下拉列表中选择打印样式"monochrome.ctb"（将所有颜色打印为黑色）。

（8）单击 预览(P)... 按钮，预览打印效果，如图 12-26 所示。若满意，按 Esc 键返回"打印"对话框，再单击 确定 按钮开始打印。

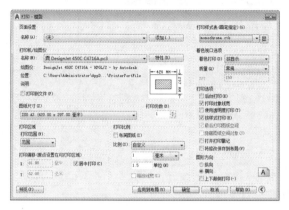

图 12-25 "打印"对话框

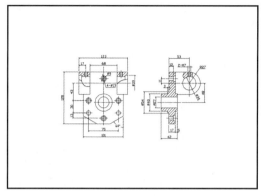

图 12-26 预览打印效果

12.4

将多个图样布置在一起打印

为了节省图纸，用户常常需要将几个图样布置在一起打印，示例如下。

例 12-5

【例 12-5】 素材文件"dwg\第 12 章\12-5-A.dwg"和"12-5-B.dwg"都采用 A2 幅面图纸，绘图比例分别为 1：3 和 1：4，现将它们布置在一起输出到 A1 幅面的图纸上。

（1）创建一个新文件。

（2）选取菜单命令【插入】/【DWG 参照】，打开"选择参照文件"对话框，找到素材文件"12-5-A.dwg"。单击 打开(O) 按钮，打开"外部参照"对话框，利用该对话框插入图形文件。插入时的缩放比例为 1：1。

（3）用 SCALE 命令缩放图形，缩放比例为 1：3（图样的绘图比例）。

（4）用与步骤 2、3 相同的方法插入素材文件"12-5-B.dwg"，插入时的缩放比例为 1：1。插入图样后，用 SCALE 命令缩放图形，缩放比例为 1：4。

（5）用 MOVE 命令调整图样的位置，让其组成 A1 幅面图纸，如图 12-27 所示。

（6）选取菜单命令【文件】/【打印】，打开"打印"对话框，如图 12-28 所示。

在该对话框中作以下设置。

- 在"打印机/绘图仪"分组框的"名称"下拉列表中选择打印设备"DesignJet 450C C4716A.pc3"。
- 在"图纸尺寸"下拉列表中选择 A1 幅面图纸。
- 在"打印样式表"分组框的下拉列表中选择打印样式"monochrome.ctb"（将所有颜色打印为黑色）。
- 在"打印范围"下拉列表中选择"范围"选项。

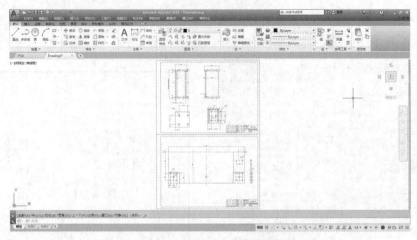

图 12-27　让图样组成 A1 幅面图纸

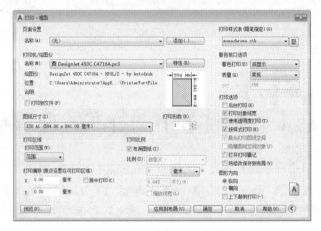

图 12-28　"打印"对话框

- 在"打印比例"分组框中选择"布满图纸"复选项。
- 在"图形方向"分组框中选择"纵向"单选项。

（7）单击 预览(P)... 按钮，预览打印效果，如图 12-29 所示。用户若满意预览打印效果，则单击 🖨 按钮开始打印。

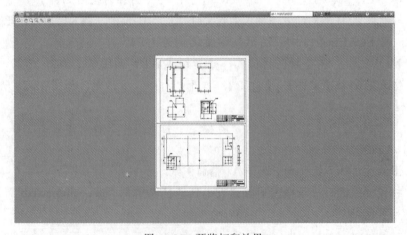

图 12-29　预览打印效果

12.5 | 创建电子图纸

用户可通过 AutoCAD 的电子打印功能将图形存为 Web 上可用的 ".dwf" 格式文件中，此种格式文件具有以下特点。

（1）是矢量格式的图形。

（2）可使用 Internet 浏览器或 AutoDesk 的 DWF Viewer 软件查看和打印，并能对其进行平移和缩放操作，还可控制图层、命名视图等。

（3）".dwf" 文件是压缩格式文件，便于在 Web 上传输。

系统提供了用于创建 ".dwf" 文件的 "DWF6 ePlot.pc3" 文件，利用它可生成针对打印和查看而优化的电子图形，这些图形具有白色背景和图纸边界。用户可以修改预定义的 "DWF6 ePlot.pc3" 文件或通过 "绘图仪管理器" 的 "添加绘图仪" 向导创建新的 ".dwf" 打印机配置。

【例 12-6】 创建 ".dwf" 文件。

（1）选取菜单命令【文件】/【打印】，打开 "打印" 对话框，如图 12-30 所示。

（2）在 "打印机/绘图仪" 分组框的 "名称" 下拉列表中选择 "DWF6 ePlot.pc3" 打印机。

（3）设定图纸幅面、打印区域及打印比例等参数。

（4）单击 确定 按钮，打开 "浏览打印文件" 对话框，通过该对话框指定要生成 ".dwf" 文件的名称和位置。

例 12-6

图 12-30 "打印" 对话框

操作与练习

1. 将素材文件"dwg\第 12 章\12-6.dwg"输出到 A4 幅面的图纸上，单色打印，并使图样尽量充满图纸，如图 12-31 所示。

2. 素材文件"dwg\第 12 章\12-7-A.dwg""12-7-B.dwg"和"12-7-C.dwg"的绘图比例分别为（1.5:1）、（1:1）和（1:1），试将它们布置在一起输出到 A2 幅面的图纸上，预览打印效果如图 12-32 所示。

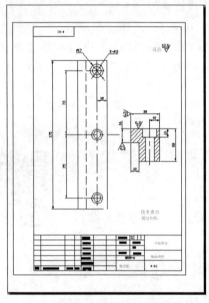

图 12-31　打印单张图纸

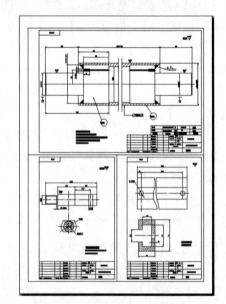

图 12-32　打印多张图纸